JN234867

レーザーと現代社会

— レーザーが開く新技術への展望 —

レーザー技術総合研究所 編

コロナ社

執筆者および執筆箇所 (執筆順)

氏名	所属	執筆箇所
山中 千代衛	(財)レーザー技術総合研究所	(1, 2, 7, 13 章)
末田 正	大阪大学名誉教授	(2 章)
佐々木 孝友	大阪大学	(3 章)
張 吉夫	岡山県立大学	(3 章)
橋新 裕一	近畿大学	(4 章)
北川 米喜	大阪大学	(4 章)
西原 浩	放送大学	(5 章)
山中 正宣	大阪大学	(5 章)
望月 孝晏	姫路工業大学	(6 章)
谷口 誠治	(財)レーザー技術総合研究所	(6 章)
山中 龍彦	大阪大学	(7, 10 章)
中井 貞雄	高知工業高等専門学校	(7, 11, 13 章)
中塚 正大	大阪大学	(8 章)
吉田 國雄	大阪工業大学	(8 章)
三間 圀興	大阪大学	(9 章)
西原 功修	大阪大学	(9 章)
矢部 孝	東京工業大学	(9 章)
長友 英夫	大阪大学	(9 章)
井澤 靖和	大阪大学	(10, 6 章)
今崎 一夫	(財)レーザー技術総合研究所	(11 章)
藤田 雅之	(財)レーザー技術総合研究所	(11 章)
内田 成明	(財)レーザー技術総合研究所	(11 章)
島田 義則	(財)レーザー技術総合研究所	(11 章)
加藤 義章	日本原子力研究所	(12, 13 章)
難波 進	長崎総合科学大学	(13 章)
鈴木 胖	姫路工業大学	(13 章)

(所属は 2002 年 8 月現在)

激光 XII 号レーザー装置（右側　12 ビーム，出力 30 kJ，55 TW）とペタワットレーザー
（左側のビームライン　出力 1 kJ，1 PW，パルス幅：1 ピコ秒）
　レーザー核融合研究に用いられる世界最大級のレーザー装置。激光 XII 号の 12 本のレーザービームを直径 1 mm の核融合燃料ターゲットに均等照射し，燃料圧縮して高密度状態にします。ついでペタワットレーザーにより追加熱し，核融合高速点火を行います（7 章 参照）。

20W級銅蒸気レーザー

出力20W，繰返し周波数5kHzの銅蒸気レーザーは管内の銅蒸気を放電により励起させることにより緑（510.6 nm），黄（578.2 nm）発振が得られます。高繰返しが可能で，効率も高いことから，レーザー同位体分離や医療分野などに用いられています（6章参照）。

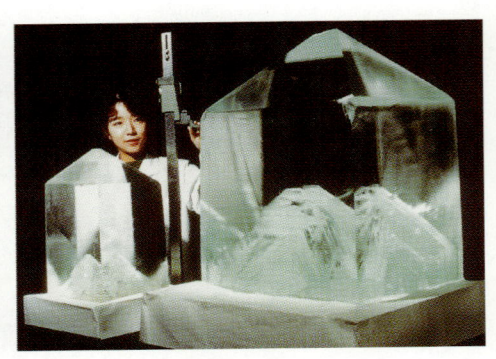

大形非線形光学結晶（KDP）

激光XII号レーザー装置に使用された大形非線形光学結晶。レーザーの波長を変換して高調波を発生させることができます。メートル級の大形結晶が育成可能です（3章参照）。

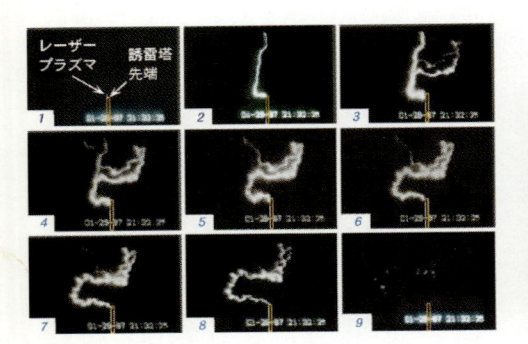

レーザー誘雷（フレーム 1～9まで：360ミリ秒）

誘雷塔先端に大出力レーザーでプラズマチャネルを生成することにより発生した上向きリーダの連続写真（11章参照）。

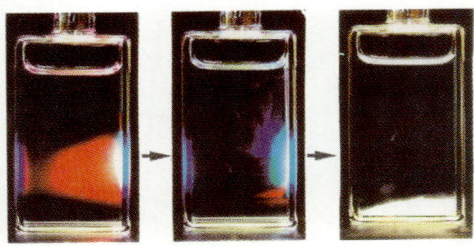

レーザーによる群分離

Eu^{3+}の光還元。Eu^{3+}（ユーロピウム）が溶解している媒質（左：赤い蛍光）にXeClエキシマレーザーを照射することにより，Eu^{3+}がEu^{2+}（中央：青い蛍光）に変化し，Eu^{2+}は溶解度が小さいのでEu^{2+}塩として沈殿して分離（右）します（6章参照）。

まえがき

　「はじめに光ありき」とよくいわれます。宇宙森羅万象を貫いてシグナルを伝えるもの，それが光なのです。もろもろの光の中，規則正しく波の形で伝搬するのがレーザー光です。この性質をコヒーレンスといいます。1960年にレーザーが誕生しましたが，それから50年近くたって，光の時代となり，フォトニクスの分野が確立してきました。かつては「魔法の光」とマスコミに取り上げられたレーザーも，いまでは成熟の域に入り，すばらしい成長を遂げ，私たちの日常生活の中で不可欠の存在になっています。「20世紀最大の発明」といわれたレーザーはまったくそれにふさわしい魅力を備えていたのです。この本でどのようにレーザーは機能し，人間社会に役立つか調べてみましょう。

　レーザーの原理とその仕組みを学習することはきわめて興味をそそる課題です。レーザーは原子や分子の持つ性質をうまくエレクトロニクスに持ち込んだ新しい光技術なのです。いわゆる量子効果というものは原子・分子のミクロ世界にしか出現しない現象ですが，レーザーでは原子や分子内の量子効果が集約されて，マクロの世界に発現し，われわれの五感に直接働きかけてくるのです。ほかには超伝導と超流動しかこんな例はありません。

　コヒーレントなレーザー光は電波と同様の波の性質を持ち，ホログラムという立体的イメージを形成し，3次元像を描くことができます。レーザー計測や光ファイバ通信，CD，インターネットなどIT時代のキーテクノロジーとしてレーザーは欠くことができないのです。

　また，レーザーはエネルギーの旗手でもあり，レーザー加工，レーザープロセッシング，レーザー医療や手術などに用いられ，産業応用にも大きな地歩を築いています。また科学技術研究ではいまや不可欠の手法となっています。特にレーザーによる光化学は注目の焦点です。さらに新しい人類のエネルギー源

としてレーザー核融合研究も進められています。

　レーザー産業はオプトロニクスという名称のもと，工業生産額は7兆円の規模となり，今後さらに大きな発展が期待されています。レーザーは現代社会とますます深いかかわりを持ち，二千年紀に大きなインパクトを与えることでしょう。

　本書は，レーザー科学技術の第一線で活躍中の研究者による著述を編者が校閲編集したもので全13章よりなっています。本書の出版の動機は大阪大学テレビ放送講座のため作ったテキストにあります。その内容の評判がたいへん高かったので，今回全面的な加筆を行い新版として刊行することになりました。レーザーに興味を持たれる方々，企業の人々，学生諸君に新しい魅力を伝えることができれば幸いです。

　おわりに執筆者ならびに協力願った人達に厚く御礼申し上げます。

2002年8月

レーザー技術総合研究所　所長

山中　千代衛

目　　次

1.　　21世紀は光の時代

1.1　はじめに …………………………………………………… 1
1.2　レーザーの原理 …………………………………………… 2
1.3　メーザーの誕生 …………………………………………… 4
1.4　レーザーの誕生 …………………………………………… 5
1.5　レーザーの光波としての応用 …………………………… 8
1.6　レーザーの光エネルギーとしての応用 ………………… 12
1.7　レーザーによるエネルギー開発 ………………………… 13
1.8　おわりに …………………………………………………… 14

2.　　レーザーの仕組み

2.1　レーザーとは ……………………………………………… 17
2.2　レーザー光と自然光の違い ……………………………… 19
2.3　原子の内部共振 …………………………………………… 22
2.4　誘導放出と反転分布 ……………………………………… 24
2.5　レーザー発振の仕組み …………………………………… 26
2.6　いろいろなレーザー ……………………………………… 29

3. レーザーは虹の七色

- 3.1 非線形光学とは ……………………………………… 34
- 3.2 非線形光学現象の原理 ………………………………… 35
- 3.3 高調波光の発生 ………………………………………… 37
- 3.4 強い光を出すための条件―位相整合 ………………… 38
- 3.5 和周波, 差周波の光の発生 …………………………… 40
- 3.6 誘導ラマン散乱, ブリユアン散乱 …………………… 41
- 3.7 魔法の鏡―位相共役鏡 ………………………………… 42
- 3.8 レーザー光の色を変える―波長変換 ………………… 43
- 3.9 新結晶の探索 …………………………………………… 46
- 3.10 お わ り に …………………………………………… 52

4. レーザーが開いた新しい医療

- 4.1 太陽と虫眼鏡とレーザー ……………………………… 53
- 4.2 レーザー目玉焼き ……………………………………… 55
- 4.3 あざ, しみ, ほくろのレーザー消しゴム …………… 57
- 4.4 光で血を出さずに体を切る (レーザーメス) ……… 59
- 4.5 切らずに治るレーザー内視鏡凝固 …………………… 62
- 4.6 レーザー鍼灸治療 ……………………………………… 64
- 4.7 レーザーがん退治 ……………………………………… 66
- 4.8 レーザー虫歯予防と治療 ……………………………… 67
- 4.9 お わ り に …………………………………………… 68

5. レーザーと情報化社会

5.1 光通信の幕開け ……………………………………………… 70
5.2 光ファイバの仕組み …………………………………………… 71
5.3 半導体レーザー ………………………………………………… 73
5.4 光ファイバ通信システム ……………………………………… 74
5.5 光ディスク ……………………………………………………… 77
5.6 ピックアップとサーボ機構 …………………………………… 80
5.7 光ディスクの応用 ……………………………………………… 83
5.8 レーザープリンタ ……………………………………………… 86
5.9 バーコードリーダ ……………………………………………… 87
5.10 これからの光部品—光集積回路 ……………………………… 88
5.11 光コンピュータ ………………………………………………… 89
5.12 おわりに ………………………………………………………… 90

6. レーザーによる光化学

6.1 原子・分子によるレーザー光の吸収 ………………………… 91
6.2 レーザー光化学のおもなプロセス …………………………… 94
6.3 レーザー光化学の新領域 ……………………………………… 98
6.4 レーザー光化学の応用 ………………………………………… 101

7. レーザーで作るミニ太陽

7.1 未来のエネルギーは核融合 …………………………………… 107
7.2 レーザー核融合とは …………………………………………… 109
7.3 レーザー核融合はどのようにして進められるのか ………… 114

7.4　激しい国際競争と今後の展望 ………………………………………… *120*

8.　ジャイアントレーザー

8.1　はじめに …………………………………………………………………… *122*
8.2　大出力ガラスレーザーシステム ………………………………………… *124*
8.3　ジャイアントレーザーの構成 …………………………………………… *126*
8.4　ターゲットを狙うジャイアントレーザー ……………………………… *131*
8.5　追加熱用超高強度レーザー ……………………………………………… *133*
8.6　大形システムの安定性と自動化 ………………………………………… *134*
8.7　短波長化へ向けて ………………………………………………………… *136*
8.8　大出力用光学部品 ………………………………………………………… *137*
8.9　ガラスレーザーの保守と検査 …………………………………………… *144*

9.　コンピュータはスーパーマン

9.1　ミニ太陽を設計する ……………………………………………………… *148*
9.2　コンピュータシミュレーション ………………………………………… *153*
9.3　ミニ太陽の容器―21世紀の夢　核融合発電所 ………………………… *159*

10.　レーザーは細工師

10.1　レーザー加工の仕組みと特徴 ………………………………………… *164*
10.2　レーザーによる熱加工 ………………………………………………… *166*
10.3　レーザー誘起化学反応を利用したマイクロ加工 …………………… *171*
10.4　EUV（極紫外線）リソグラフィー …………………………………… *178*
10.5　フェムト秒レーザー加工 ……………………………………………… *179*
10.6　おわりに ………………………………………………………………… *181*

11. レーザーとビーム

- 11.1 大出力ビーム …………………………………… *183*
- 11.2 大出力粒子ビーム発生技術 ……………………… *184*
- 11.3 炭酸ガスレーザー ………………………………… *189*
- 11.4 粒子ビームとレーザーとの相互作用 …………… *193*
- 11.5 宇宙とレーザー …………………………………… *202*
- 11.6 レーザー誘雷 ……………………………………… *205*
- 11.7 大空で活躍する白色のレーザー ………………… *206*

12. レーザーの新しい仲間

- 12.1 はじめに …………………………………………… *209*
- 12.2 代表的なレーザーとその進歩 …………………… *210*
- 12.3 固体レーザーの高出力化 ………………………… *219*
- 12.4 X線レーザー ……………………………………… *223*

13. レーザートピア

- 13.1 ハイテクノロジーとレーザー …………………… *229*
- 13.2 レーザー応用の開花 ……………………………… *231*
- 13.3 日本の技術展開 …………………………………… *233*
- 13.4 創造性とレーザー ………………………………… *235*
- 13.5 研究開発と付加価値 ……………………………… *238*
- 13.6 21世紀の情報産業 ………………………………… *239*
- 13.7 情報とエネルギー ………………………………… *242*
- 13.8 21世紀のエネルギー ……………………………… *243*

13.9　宇宙とレーザー ………………………………………………… 245
13.10　技術開発のけん引力 ……………………………………………… 247
13.11　21世紀を迎えて …………………………………………………… 249

語　句　説　明 ……………………………………………………………… 254
参　考　文　献 ……………………………………………………………… 266
索　　　　引 ………………………………………………………………… 272

1 21世紀は光の時代

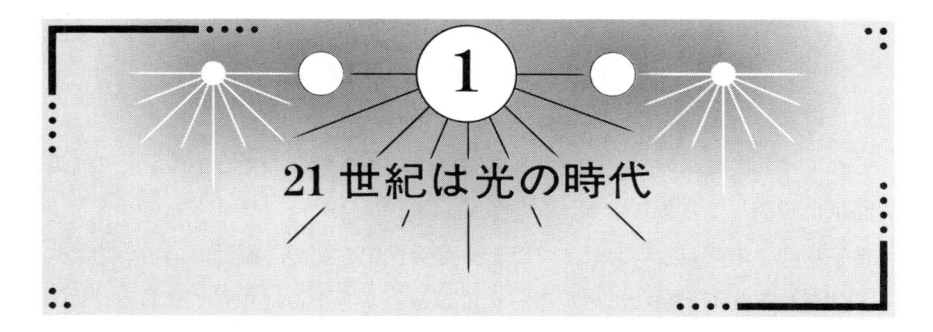

　レーザーは原子，分子の内部に蓄えられたエネルギーを集約的に取り出し，コヒーレントな光の波を発生します。この章では以下について述べます。
　（1） メーザーからレーザーへ電波から光波への発展の背景と，コヒーレントの意味
　（2） 光通信やコンパクトディスク，ホログラムなど情報産業における目新しいレーザーの応用
　（3） レーザーによる物質処理，光化学，レーザー医療，レーザー核融合などレーザーの未来

1.1　は　じ　め　に

　レーザーが新しい光を初めて放射したのは1960年です。それから50年近くの年月がたち，レーザーは成人の域に達しました。当初，魔法の光などとマスコミに騒がれましたが，20世紀最大の発明といわれるレーザーにはそう呼ばれるだけのすばらしい魅力があるようです。コヒーレントなレーザー光線は人々の心をとらえて放しません。夢幻的な3次元のイメージを浮かび上がらせるホログラムから，光通信やレーザーレーダ，さらには医学用のレーザーメス，物質の加工，光化学，同位体分離，そのほかもろもろの計測に幅広く使われ，最近では人類の新しい希望の星である核融合にも適用されています。レーザーには限りない可能性が秘められています。

1.2 レーザーの原理

それではこの魔法の光,レーザーとはどういうものなのでしょう。その原理を簡単に説明してみましょう。

量子物理学の原点といわれるプランクは今世紀の初め,振動のいろいろのモードはそれぞれ不連続なエネルギーを持つという考えを打ち立てました。これを原子内の電子軌道に結びつけたのがボーアの原子模型です。

ボーア (N. Bohr)　1885年,デンマークに生まれ,コペンハーゲン大学卒業後,イギリスに留学。ラザフォードらの指導を受けました。帰国後,母校の理論物理学の教授となり,1922年,「原子構造および原子から出る放射の研究」によってノーベル物理学賞を与えられました。今世紀の量子力学早創期の巨人の一人です

さて,振動のモードを考えてみましょう。バイオリンの弦の振動,フルートの音響振動,パイプオルガン,日光東照宮の鳴龍(なきりゅう)など,みな,固有の振動モードを持っています。バイオリンを例にとると,弦の長さを1/2波長とする振動が最低音程で,その上に1波長,3/2波長というような高次モードが現れます。

この様子と類似して,ミクロな原子や分子にもモードが考えられます。原子では,原子核の周りの電子軌道がつぎつぎと大きくなることで,異なったモードが与えられます。この各軌道は,**図1.1**に示したように,おのおの固有のエネルギーを持ちます。図では,レベルが上方へいくほどエネルギーが高いことを示しています。このレベルをエネルギー準位といいます。

原子や分子はどのようにして発光するのでしょう。太陽や電灯のように発光体は普通高温です。発光体を構成している原子は熱エネルギーを与えられ,高

1.2 レーザーの原理

図1.1 エネルギー準位

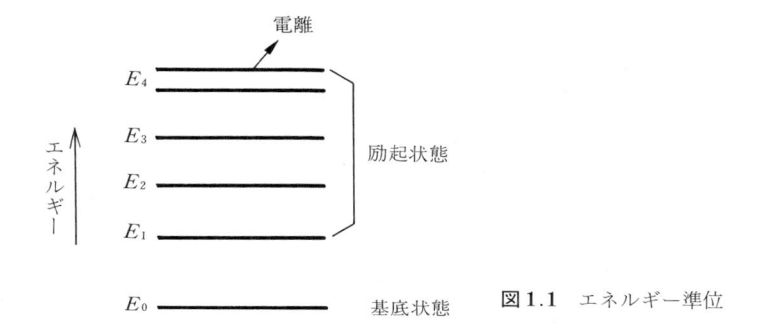

(図中ラベル: エネルギー, 電離, E_4, E_3, E_2, E_1 励起状態, E_0 基底状態)

いエネルギー準位に上げられています。これらの原子は，しばらく上の準位にとどまっていますが，自然に下の状態へ戻っていきます。

このとき，準位間のエネルギーの差を光として放出します。このような放出を自然放出といいますが，多くの光源はこのようにして熱エネルギーを光に変換しているのです。

原子による光の自然放出以外にも，外界から誘発されて電子がエネルギー準位間を移動して，光を放出したり吸収したりする現象があります。この光を放出する現象を，特に誘導放出[*†]と呼びます。

これらは原子と原子の衝突や光と原子との出合いの際に発生します。もし，原子や分子が大多数低い準位にあれば，光の吸収のほうが放出を上回ることになります。この逆に，上位準位にいる原子や分子の数を，下位準位にいるものよりはるかに多くして，ここに光を入射すると，誘導放出によって入射光は増強されることになります。しかし，普通の状態ではエネルギーの低い準位にいる原子や分子のほうが，エネルギーの高い準位にいるものより必ず数が多いのです。したがって，このような原子や分子の状態では光の増幅作用は起こりません。

---

† ＊は本書「語句説明」において解説しています。

1.3 メーザーの誕生

1964年にアメリカのタウンズ，旧ソ連（現 ロシア）のバソフとプロコロフは，メーザーの原理の発明により，ノーベル賞を授けられました。メーザーとは，microwave amplification by stimulated emission of radiation の頭文字 maser からなる合成語で，「放射の誘導放出によるマイクロ波の増幅」を意味しています。先に述べた誘導放出が電磁波の増幅に登場するのです。

タウンズ（C.H. Townes）　アメリカの物理学者。マイクロ波による分子構造の研究の中からメーザーの開発に成功（1954年）。今世紀最大の発明といわれるレーザーの生みの親となりました。1964年，ノーベル物理学賞を受賞

バソフ（N.G. Basov，左）とプロコロフ（A.M. Prokhorov，右）ともに旧ソ連の物理学者，科学アカデミー付属レーベデフ物理学研究所で共同研究を進め，1952年にメーザーを着想，後にその開発に成功しました。1964年のノーベル物理学賞をタウンズと同時に受賞

1954年に作られた最初のメーザーは，アンモニア気体分子の低いエネルギー準位を利用するもので，上下エネルギー準位の差は周波数で示すと 23 870 MHz（メガヘルツ），波長では約 1.25 cm になります。

タウンズは，エネルギーの高い状態の分子を低い状態の分子から分離する方

法に気がついたのです．アンモニアの分子をビーム状にして真空中に噴出させます．そのビームに電界を加えると高いエネルギー状態の分子は，高電界の領域から低電界の領域へ移動します．低いエネルギー状態の分子は，逆方向に動きます．

したがって，電界を加えた領域を通過した分子ビームでは，高いエネルギーを持った励起分子だけのビームを，そうでないものから分離することができるのです．この分子ビームの通過するところに，23 870 MHz の電磁波に共鳴する金属の箱を置くと，この共鳴器の中で，自然放出の電磁波を火種にして誘導放出が成長し，メーザーは発振器として動作します．しかし，このようなメーザーは出力がきわめて低く，10 億分の 1 W（ワット）程度にしかすぎませんが，分子の基本的性質を，電磁波の発生に利用できることがわかったのです．

1.4　レーザーの誕生

レーザー* は，先のメーザーが電波の領域で成功したのに比べ，非常に高い周波数の電磁波，すなわち光の波長で動作します．初期のころ，レーザーは光メーザーと呼ばれたりしましたが，現在ではレーザーという言葉が普通に使われています．語源は light amplification by stimulated emission of radiation の頭文字を並べた合成語です．

メーザーの成功が光の増幅や発振の研究を強く刺激することになり，多くの研究者が熱狂的にこの分野の研究に突進し始めたのです．1958 年に，シャウ

レーザーはメーザーの発展したものと考えることができます

ロウとタウンズが光発振器の可能性に関する理論を発表しました。レーザー実現の一番乗りはその1年半後で，1960年半ば，アメリカのメイマンがその栄誉を手にしました。

　彼はピンクルビーの結晶を使って，波長694.3 nm〔1 nm(ナノメートル)＝10^{-9} m＝10Å(オングストローム)〕の赤色光を発生させることに成功したのです。このとき，レーザーの歴史が華々しく開かれたのです。もともとシャウロウらの理論的提案は気体を使って連続的に発振を持続するという考えでしたが，メイマンの方法はこの考えとは違い，透明サファイアの中に，わずかにクロムを溶かし込んだピンクルビーの固体結晶を用いて，パルス的な発振を行わせることに成功したのです。この業績を追いかけるように，1960年末にはジャバンが，ヘリウムとネオンの混合ガスを用いて発振に成功し，連続的に出力が維持できる気体レーザーを実現しました。

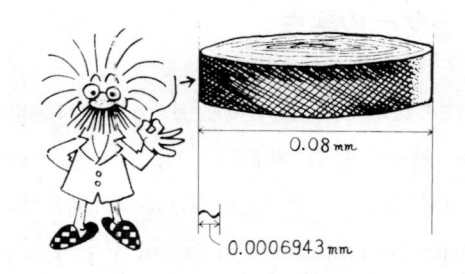

最初に発明されたレーザーの波長は，人間の髪の毛の直径と比べても約1/115という短いものでした

　この後は激しいレーザーの発振競争になり，1962年には半導体レーザーが，ついで有機液体レーザー，色素レーザーが発振し，1970年ごろまでには発振スペクトル域を拡張しようとする探索研究は一通り終了してしまいました（**表1.1参照**）。

　レーザーの動作原理はメーザーと同じです。それではなにが人々を熱狂させ，なにが新しい魅力なのでしょうか。それはレーザーが自然界には存在しない新しい光を提供するということ，つまりコヒーレントな光を出すという点にあります。

1.4 レーザーの誕生

表1.1 レーザー開発の年表

年	レーザー開発	研究者
1916	誘導放出の理論	A. Einstein
1950	光ポンピング	A. Kastler
1951	核スピンの反転分布	E. M. Purcell, R. V. Pound
1954	アンモニアメーザー	J. P. Gordon, H. J. Zeiger, C. H. Townes
1958	レーザーの考察	A. L. Schawlow, C. H. Townes
1960	ルビーレーザー	T. H. Maiman
	4準位レーザー	P. P. Sorokin, M. J. Stevenson
	He-Neレーザー	A. Javan, W. R. Bennett, D. R. Herriott
1961	Qスイッチ発振	F. J. McClung, R. W. Hellwarth
	外部鏡気体レーザー	W. W. Rigrod ら
1962	ガラスレーザー	E. Snitzer
	光励起 Cs レーザー	P. Rabinowitz ら
	キレートレーザー	A. Lempicki, H. Samelson
	ラマンレーザー	E. J. Woodburg, W. K. Ng
	半導体レーザー	M. I. Nathan ら
1963	リングレーザー	W. M. Macek ら
	N_2 分子レーザー	L. E. S. Mathias, J. T. Parker
	紫外レーザー（N_2）	H. G. Heard
1964	Ar イオンレーザー	W. B. Bridges
	可飽和色素 Q スイッチ	P. P. Sorokin ら
	モード同期	L. E. Hargrove ら
	CO_2 レーザー	C. K. N. Patel
	室温 YAG 連続発振	J. E. Geusic ら
	電子ビーム励起 CdS レーザー	N. G. Basov ら
1965	化学レーザー	J. V. V. Kasper, G. C. Pimentel
	光パラメトリック発振	J. A. Giord maine, R. C. Miller
	FM レーザー	S. E. Harris, D. P. Mc Duff
	色中心レーザー	B. Fritz, E. Menke
1966	無機液体レーザー	A. Heller
	有機色素レーザー	P. P. Sorokin, J. R. Lankard
	ピコ秒パルス（Nd ガラス）	A. J. De Maria ら
1967	レーザー周波数測定	L. D. Hocker, A. Javan
1968	光励起 BCl_3 分子レーザー	N. V. Karlov ら
1969	サブピコ秒パルス	E. B. Treacy
1970	TEA CO_2 レーザー	AJ. Beaulieu
	Xe_2 エキシマレーザー	N. G. Basov ら
	ガスダイナミックレーザー	E. T. Gerry
	CW 色素レーザー	O. G. Peterson ら
	室温 CW 半導体レーザー	I. Hayashi ら
	スピンフリップラマンレーザー	C. K. N. Patel ら
	光励起 CH_3F 遠赤外発振	T. Y. Chang, T. J. Bridges
1971	分布帰還形色素レーザー	H. Kogelnik, C. V. Shank
1972	導波形半導体レーザー	T. J. Bridges ら
1973	DFB 半導体レーザー	M. Nakamura ら
1974	CW 色中心レーザー	L. F. Mollenauer, D. H. Olson
1975	ヘテロエキシマ XeBr レーザー	S. K. Searles, G. A. Hart
	量子井戸レーザー	J. P. Vanderziel
1976	自由電子レーザー	L. R. Elias ら
	ファイバラマンレーザー	K. O. Hill ら
1979	面発光レーザー	K. Oga ら
1980	アレキサンドレーザー	J. C. Walling ら
1982	チタンサファイアレーザー	P. F. Moulton
1984	X 線レーザー	D. L. Matthew, S. Suckewer ら
1985	チャープパルス増幅	G. Mourou ら
1987	Er ドープファイバアンプ	P. C. Becker ら
1993	セラミック YAG レーザー	H. Nishimura ら
1994	量子ドットレーザー	H. Kristaedter
1995	青色窒化ガリウム半導体レーザー	S. Nakamura
2000	有機結晶注入型レーザー	J. H. Shoen ら

1.5 レーザーの光波としての応用

　まったく新しい光を科学が実現したという意味で，レーザーは革命的な技術といえます。レーザーからの光は理想的な平行ビームとして進行し，38万kmの距離にある月面でも，3kmの直径にしか広がりません。また，電波に比べ，比較にならないほど高い周波数でありながら，波としての特徴は，電波と同じ規則性を備えています。したがって，電波で開発された無線工学のすべての手法が光においても原理的に適用できることになりました。ビームの平行度がよいので，一点に集光すると，焦点に極端に大きいエネルギーを集中することができます。その局所のエネルギー密度は従来の常識をはるかに超えた強度に達します。

　2章以降で，レーザーの仕組み，その応用などを紹介しますが，レーザーの数多くの可能性のあらましを理解いただきたいと思います。

　次章は，レーザーの仕組みについてより詳細に述べ，それ以降では，レーザーの産業やエネルギー問題などへの応用，さらには私たちの身近なものへの応用について紹介します。最後には，より新しいレーザーの可能性も探り，レーザーが描く未来社会を展望します。それでは，レーザーの特徴を利用してどのような応用が可能か考えてみることにします（図1.2参照）。

　（a）　**情報通信・計測**　　レーザーは，日ごろ私たちが使いなれている電波に比べ，1万倍も周波数が高く（図1.3参照），しかも電波ができることはすべてレーザーもこなしうるといっていいでしょう。そこでこの周波数の高いメリットが生かされるわけです。

　電波として最もよくその特徴を生かした応用は，通信，レーダなどでしょう。周波数が高いのでマイクロ波通信に代わって，超多重通信が可能です。通信信号を送るには，ある周波数の帯域が必要です。電話では3.4kHz（キロヘルツ），テレビでは6MHzです。レーザーの周波数はだいたい10^{15}Hz（ヘルツ）ですから，この光線1本を通じておくと，電話なら10^{10}本以上送れる勘

1.5 レーザーの光波としての応用　　9

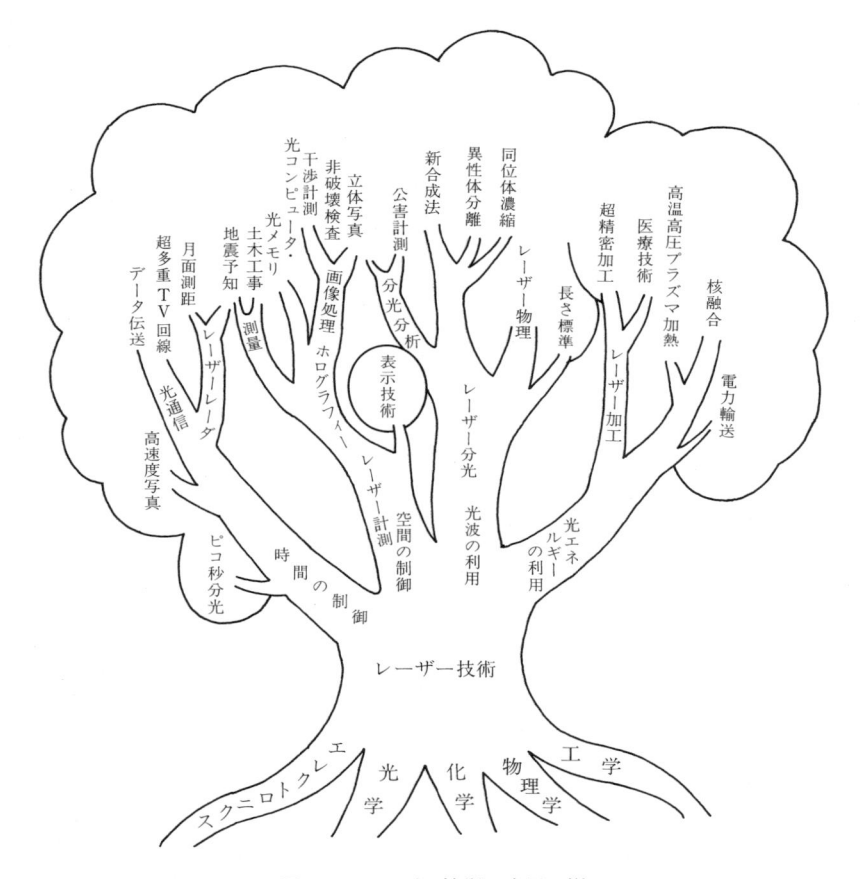

図1.2　レーザー技術の応用の樹

（樹の枝の項目）核融合，電力輸送，高温高圧プラズマ加熱，医療技術，超精密加工，長さ標準，同位体濃縮，異性体分離，新合成法，公害計測，分光分析，干渉計測，非破壊検査，立体写真，光コンピュータ・光メモリ，画像処理，ホログラフィー，土木工事，測量，地震予知，月面測距，超多重TV回線，データ伝送，光通信，高速度写真，ピコ秒分光

（幹）時間の制御，空間の制御，レーザー計測，レーザー分光，光波の利用，光エネルギーの利用，レーザー加工，レーザー物理，レーザー技術

（根）エレクトロニクス，光学，化学，物理学，工学

定になります．レーザーをパルス化したディジタル通信は外界からのノイズを受けないので最近急速に進歩してきました．

　ただし，大気中には霧，煙，水分，雲などが存在して，レーザーがこれらの物質に吸収されたり，散乱されたりするので，直接大気中を伝搬させるのは得策ではありません．このような気象条件の影響を避けるため，光を伝送する線路が考案されました．これには直径100〜300μm（マイクロメートル，ミクロン）のガラスファイバを用います．なにしろ銅線の中に電気信号を送るより，ファイバ中に光信号を送るほうが減衰量が小さいので有望です．これはファイ

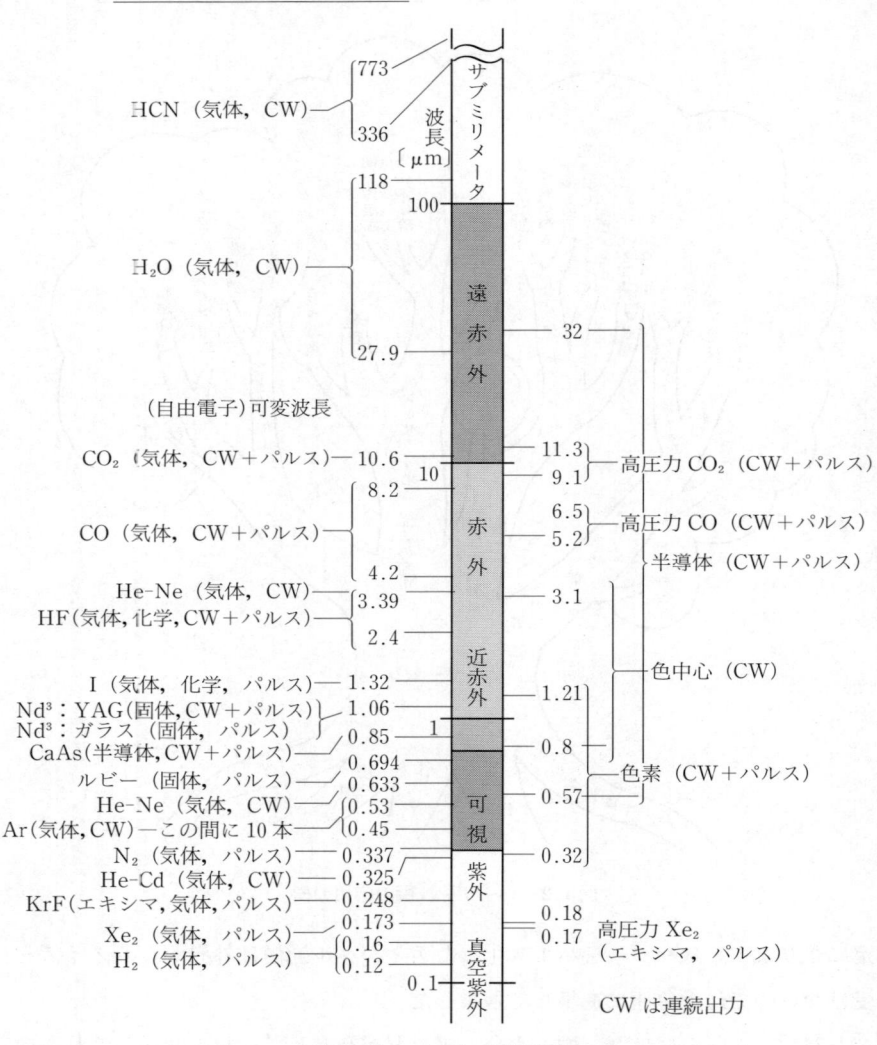

図 1.3 レーザーの波長域

バの透明度が極度に改良された成果です。材料資源の面では，銅の電線に代わってファイバ通信の時代が来ました。

逆に，吸収，散乱というレーザーの持つ欠点を利用したのがレーザーによるレーダです。大気状態を観測し，環境観測にはうってつけです。

1.5 レーザーの光波としての応用

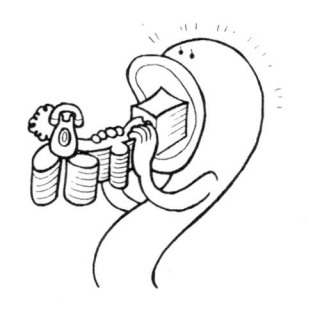

レーザー光をそのまま電話線代わりに使うとすると、現在日本で使われている総台数の150倍分が1本に収まります

同様の意味で、レーザーを用いた計測も実り豊かな領域です。電波計測に比べ、波長が1万分の1まで短いので、その測定精度は著しく高くなりました。例えば、光波としての性質の干渉効果がはっきりと現れるので、これを広く利用し距離や速度の測定などが精度よく実現されます。また、レーザー光は非常に短いパルスにすることができるので超高速現象の観測が容易になり、いまやピコ秒（10^{-12} 秒）やフェムト秒（10^{-15} 秒）の観測が行われています。

（b）ホログラム　この節の最後を飾るに最もふさわしいホープは、ホログラム*でしょう。ホログラムは一見なにも写っていそうにないフィルムや乾板にレーザー光線を当てると、そのフィルムの面から本物そっくりの物体像が浮き上がってくるものです。ホログラムとはギリシャ語のホロス、すなわち完全を意味する言葉とグラム、すなわちメッセージを意味する言葉の合成語です。言い換えると、対象物の完全な立体記録という意味になります。ホログラムの応用としてはいろいろの利用面が急速に増えています。最も興味が持たれ、価値が高いと考えられているものはテレビジョンへの応用でしょう。ホロ

ホログラムによる立体テレビ。3次元の画像が空間に躍動します

グラムは写真乾板上と同じくらい容易にテレビカメラの感光面上に作ることができますから，原理的にはホログラムテレビジョンという3次元テレビが可能です。実際にこのような3次元テレビジョンを作ることは，現在の技術よりはるかに高級な装置を必要とするので，価格面などから考えてまだ実現には時間を必要とします。

1.6 レーザーの光エネルギーとしての応用

レーザー光のもう一つの重要な応用として，それ自体が持つエネルギーを利用する技術があります。レーザー加工，光化学，医用レーザーなどです。

加工といえば古くから機械的な方法が主たるものでしたが，戦後電気応用による加工法が生まれ，放電加工とか電子ビーム加工が新しい分野を開拓してきました。レーザー加工法は最も新顔で，世紀の大発明といわれています。

レーザー加工の特徴は，微小な焦点にエネルギーを集中できるので，微細加工ができ，しかも従来の方法では加工が困難な材料，例えばセラミックス，宝石などの硬脆性物質に対しても加工が可能であることなどがあります。

最近，レーザー光の持つ指向性，集束性を応用し，エネルギーを微小な点に集中し，医用機器として活用する分野が開拓されてきました。眼底の網膜の微小点を凝固させるレーザー網膜凝固装置や，レーザーメス，レーザー手術顕微鏡などいろいろな治療に応用されようとしています。

最近注目を浴びているのがレーザーによるウラン濃縮です。元素同位体の分離には，質量分析器型の小規模のものから，ウラン濃縮に採用されている拡散工場方式や遠心分離方式など大形のものまでありますが，いずれも質量差を利用する方法が用いられています。

最近は，イオン交換樹脂を用いる方式など新顔の研究もみられますが，レーザーを用いる方式はなんといっても効率が抜群によく，耐久性が実証されれば，経費の点からも格段に優れた手段となるでしょう。

この原理は，同位体間の吸収スペクトルのわずかな違いを利用して，一方の

同位体の吸収スペクトルに精密に同調したレーザー光によってその同位体，あるいはそれを含んだ分子を選択的に励起*し，それが元の状態に戻らないうちに第2の操作によって電離し，所要の同位体のみを取り出そうとするものです．したがって，従来の質量の違いを利用する拡散法や遠心分離法と比較し，高い分離比，高効率，高経済性などの特徴があります．

1.7 レーザーによるエネルギー開発

　レーザーを用いてエネルギーを開発しようとする試みが進んでいます．エネルギーは人類の社会活動にとって最も大切な要素の一つです．エネルギー需要は年々増加の一途で，世界的にみてその伸び率は3～5％と見積もられています．全地球的な需要は，100年後には年間10Q〔$1Q=10^{21}$ J$=2.93\times10^{14}$ kW・h（キロワット時）〕に達するものと推定されています．資源として石油，石炭などの化石燃料の埋蔵量は80Q，核分裂原子力の燃料であるウラン，トリウムの埋蔵量は1800Qと推定されています．このような評価によっても，比較的近い将来世界的にエネルギー欠乏の危機が発生することになります．

　レーザー核融合　　エネルギー問題を解決するホープとして期待されているのが核融合です．太陽や星のエネルギー源が核融合反応によるものだとわかったのは1930年代のことです．以来70年，人類は人工の太陽を地上に実現することを夢見てきました．制御された核融合反応を維持するために，比較的薄い重水素プラズマを磁気容器の中に閉じ込め，これを加熱することによって核融合反応を実現しようとする研究が進められてきました．現在，トカマク装置というトーラス形（ドーナツの形をした円環状）の大形実験装置が各国で建設され，実験が行われています．

　この間，新しい核融合へのアプローチとして，慣性閉込め核融合が発達してきました．これは，レーザーなどをエネルギードライバとして重水素燃料にエネルギーを集中し，プラズマの加熱を達成して核融合反応を実現しようとするものです．実際のレーザー核融合では，球状の重水素（deuterium, D）-三重

水素（tritium, T）のペレットターゲット（粒状の標的）に高出力レーザーを照射して加熱し，表面より球対称状にプラズマを噴出させ，その反作用によってターゲットの中心部を圧縮し，固体密度の約1000倍の高密度プラズマを発生させます。その結果，中心部は核融合温度の1億°Cになり，1ナノ秒（10^{-9}秒）以下の短時間に核融合反応が点火され，照射したレーザーエネルギーの1000倍以上もの核融合エネルギーが発生するものと計算されています。この方法は磁場による閉込めを必要としないので，核融合炉を建設する科学技術的要素は，はるかに楽になるものと考えられています。また，レーザー方式が本格的に取り上げられてから急速に，磁場閉込め核融合と並びうる状態にまで発展したのは注目に値する出来事です。

1.8 おわりに

レーザーは物質の内部，すなわち原子や分子に励起状態の反転分布を実現し，これを一挙に解消することで，光の発振や増幅を行わせるものです。これは電子技術を原子や分子の世界に拡張したといえます。そのためにレーザーは

〈ひとくちメモ〉

発明は必要の母

　レーザーは新時代最大の発明といわれています。レーザーは原子や分子の内部に秘められたミクロ領域のエネルギーを，われわれ人間の五感に訴えるマクロな世界に集中的に光として取り出す技術なのです。このようにミクロの事象とマクロの世界を直結する事柄はほかに多くの例を見ない新しい物理現象です。

　このレーザーも発明以来40年，いよいよ実用の領域に深く浸透してきました。「必要は発明の母」という諺の逆が成立する時代です。

　実際，レーザーはそのあまりの精緻な性能のため，発明以来長らく科学の華としてもてはやされつつも，工学技術とは別世界の存在でありました。しかし，1990年代に入って，ついに実用分野に華々しく登場し，レーザーなくしては先端技術が語れないのです。時代の進展がついにレーザーを要求するまでに達したといえます。

1.8 おわりに

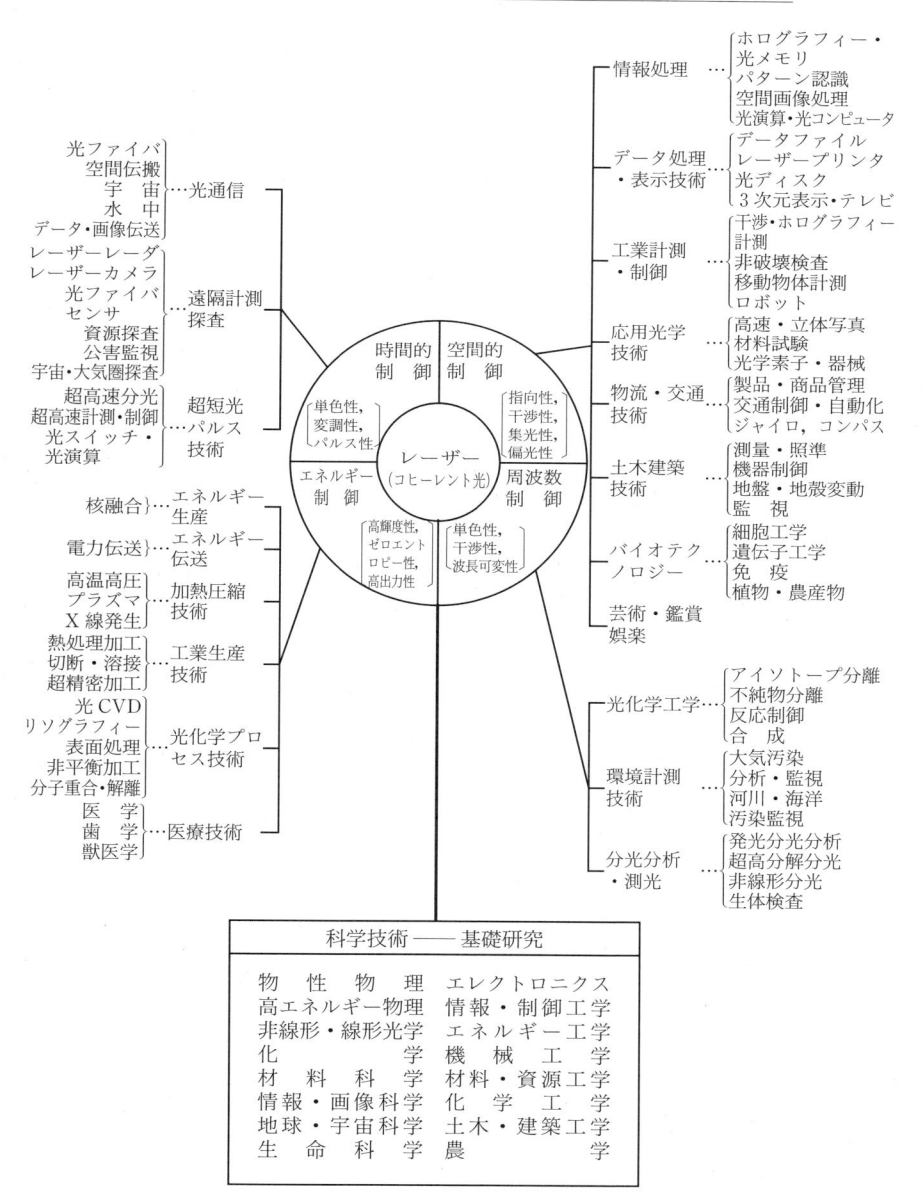

```
                                    ┌ホログラフィー・
                          情報処理 ──┤ 光メモリ
                                    │パターン認識
                                    │空間画像処理
                                    └光演算・光コンピュータ
                                    ┌データファイル
                          データ処理 │レーザープリンタ
                          ・表示技術─┤光ディスク
                                    └3次元表示・テレビ
  光ファイバ                         ┌干渉・ホログラフィー
  空間伝搬                  工業計測 │ 計測
      宇宙 ┐               ・制御 ──┤非破壊検査
      水中 ├光通信                   │移動物体計測
データ・画像伝送                       └ロボット
  レーザーレーダ                      ┌高速・立体写真
  レーザーカメラ┐           応用光学 │材料試験
  光ファイバ  ├遠隔計測      技術  ──┤光学素子・器械
    センサ   │ 探査
  資源探査   │                       ┌製品・商品管理
  公害監視   │               物流・交通│交通制御・自動化
宇宙・大気圏探査              技術  ──┤ジャイロ, コンパス
  超高速分光 ┐ 超短光                 
  超高速計測・制御┤ パルス              ┌測量・照準
  光スイッチ・│ 技術          土木建築 │機器制御
  光演算    ┘               技術  ──┤地震・地殻変動
                                      └監視
       ┌─時間的─┬─空間的─┐
       │ 制御   │ 制御   │       ┌細胞工学
     ┌─┤単色性, │指向性,  ├─┐    バイオテク│遺伝子工学
  核融合┤ 変調性,│干渉性,  │ │   ノロジー──┤免疫
    ─ ┤パルス性│集光性, │ │           └植物・農産物
エネルギー│        │偏光性  │
  生産 │ レーザー(コヒーレント光)│    芸術・鑑賞
  電力伝送┤エネルギー│周波数  │    娯楽
  ─── │ 制御   │ 制御   │
エネルギー│高輝度性,│単色性, │
  伝送 │ゼロエント│干渉性, │           ┌アイソトープ分離
       │ロピー性,│波長可変性│ 光化学工学─┤不純物分離
  高温高圧│ 高出力性│        │          │反応制御
  プラズマ┤        │        │           └合成
  X線発生│加熱圧縮│        │
  ─── │ 技術   │        │           ┌大気汚染
  熱処理加工│      │        │    環境計測│分析・監視
  切断・溶接┤      │        │     技術──┤河川・海洋
  超精密加工│工業生産│        │           └汚染監視
  光CVD  │ 技術   │        │
  リソグラフィー│    │        │           ┌発光分光分析
  表面処理┤      │        │    分光分析 │超高分解分光
  非平衡加工│光化学プロ│      │    ・測光──┤非線形分光
  分子重合・解離│セス技術│     │           └生体検査
   医学  │        │        │
   歯学  ├医療技術 │        │
   獣医学 │        │        │
                              │
         ┌──────────────┐
         │ 科学技術 ── 基礎研究 │
         │ 物性物理    エレクトロニクス │
         │ 高エネルギー物理 情報・制御工学 │
         │ 非線形・線形光学 エネルギー工学 │
         │ 化     学    機 械 工 学  │
         │ 材料科学    材料・資源工学 │
         │ 情報・画像科学 化 学 工 学  │
         │ 地球・宇宙科学 土木・建築工学 │
         │ 生命科学    農      学  │
         └──────────────┘
```

図 1.4 レーザーの基本的特性に基づく応用技術の展望

新しい技術と賞讃されるのです．オプトエレクトロニクスとか，量子エレクトロニクスとか呼ばれる科学です．

これによって電波の領域は光の波長にまで拡大されました．すなわち，波長は mm から μm 以下にまで短縮され，1万倍近く分解能が向上しました．科学技術は新天地を獲得したのです．その応用は情報通信のみならず，計測，加工，医療，物質処理，光化学，核融合，同位体分離と多方面に研究が進められています（**図 1.4** 参照）．今後の発展には予想外のものがあるでしょう．レーザーは新時代最大の発明で，産業界の希望の星として多くの人々から注目されています．

レーザーの現代社会へのインパクトはいかなるものでしょうか．とはいえ，レーザーはけっして魔法のランプではありません．科学の法則の上に厳密に成立する光源です．したがって，これを使いこなすにはレーザー物理学についての正しい理解と綿密な研究が必要となります．レーザーの持つポテンシャルは非常に高いので，その応用は使い方いかんにかかっています．現にわれわれは発明以来その育成に長年月を要しましたが，科学の華，レーザーは，いまや工業の果実にと急速に発展し続けています．

この宝の山に分け入ってレーザーという先端技術を手段にして，人類の幸福を保証する未来社会を建設したいものです．

2 レーザーの仕組み

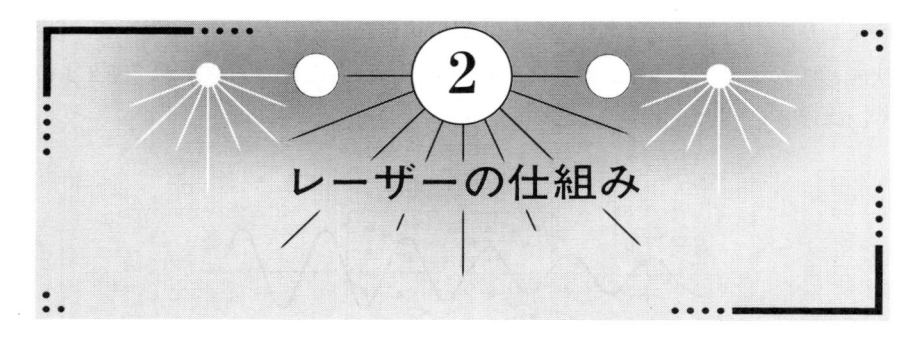

　レーザーは，電子回路の増幅器とはまったく異なった機構によって光の増幅を行うデバイスですが，同時に，これによって得られる光は強いコヒーレンス性*を持っている点に特色があります。この章では以下について述べます。
（1）　レーザー作用の概略
（2）　レーザー光と自然光との違い
（3）　レーザー作用のもととなる原子の内部共振
（4）　反転分布による増幅作用
（5）　レーザーの構成法と2，3の例

2.1　レーザーとは

　laser は，light amplification by stimulated emission of radiation の頭文字をとったもので，日本語ではレーザーまたはレーザと書きます。誘導放出 (stimulated emission) については後で詳しく考えることにして，ともかく，レーザーは誘導放出を利用した光の増幅器または発振器であるといえます。

　増幅器と聞いてすぐ頭に浮かぶのは，ICやトランジスタのような電子回路素子でしょう。これらが，固体中を移動する電子などと電気信号との相互作用を利用しているのに対し，レーザーは原子や分子の内部状態の変化を利用して増幅を行っています。以下，原子の場合について，レーザー作用の概念を簡単に説明してみましょう。

　光が増幅される原理　　原子は内部状態の変化によって種々のエネルギー状

態をとります。ここでは，そのうち2個の状態だけを考え，エネルギーの高い状態と低い状態とがあり，原子はそのいずれかにあるものとします。**図2.1**はその模様を示しています。

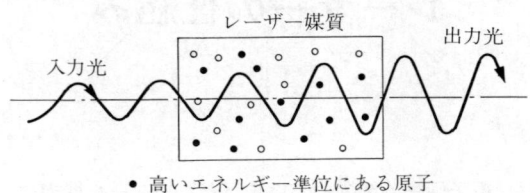

- ● 高いエネルギー準位にある原子
- ○ 低いエネルギー準位にある原子

図2.1 レーザー作用の概念

さて，原子は特定の周波数（または振動数）の電磁波に共振することが知られています。そこで，図に示すように，原子の集団にちょうどこれに共振する周波数の電磁波（この場合，光と思ってください）を入射させてみます。すると，原子の中にはこれに刺激されて，高いエネルギーの状態から低いほうへ，あるいは低いエネルギーの状態から高いほうへとエネルギー状態を変えるものが出てきます。これを遷移といいます。

遷移によって，光波と原子との間にエネルギーのやり取りが起こります。すなわち，高いエネルギー状態の原子は，エネルギーを光波に与えて低いほうの状態に移ります。低いほうの原子は逆に光波からエネルギーをもらって高いほうの状態に移ります。

2種類の遷移が同じ割合で起こるものとすれば，光がこのような原子の集団を通過するときの変化を想像することができます。もし，高いほうの原子の数が低いほうのものより多ければ，光はエネルギーをもらって，すなわち，増幅されて出ていくでしょう。逆の場合には，光はエネルギーを与えて，すなわち，減衰して（吸収されて）出ていくでしょう。普通の場合，低いほうの原子数が高いほうの原子数より多いと考えるのが自然です。すなわち，日常私たちが経験しているように，物に光を当てれば増幅ではなく吸収が起こります。

しかし，なんらかの理由で高いエネルギー状態の原子数のほうが多くなった

原子はエネルギーを吸収
したり放出したりします

とすれば（これを反転分布といいます），増幅が起こります。以上がレーザー作用の概念ですが，このような増幅作用の仕組みは，1950年代の初めに各地で検討されましたが，1954年にタウンズらがアンモニアビームを利用して初めて実験に成功しました。

このときの電磁波はマイクロ波（波長 1.25 cm）であり，メーザー（「メ」は microwave の m に対応しています）という言葉が生まれました。同じ原理を光の増幅に適用したのがレーザーということになります。最初のレーザーができたのは1960年のことで，メイマンがルビーレーザー（波長 694 nm）の成功を発表し，センセーションを起こしました。

2.2 レーザー光と自然光の違い

光は目に刺激を与える点で，われわれになじみ深い存在です。波長 555 nm 付近（緑色）で視感度は最大となり，およそ 380～770 nm の波長範囲で目は光を感じるといわれます。太陽からの光はこれらの波長成分だけでなく，さらに長波長の赤外線，短波長の紫外線も含んでいます。言い換えれば，太陽は波長幅の極端に広い光源です。電球や蛍光灯からの光も同じような事情にあるといえます。

これに比べると，レーザーは極端に波長幅の狭い光源です。電波に例えると，われわれが自然界で目にする光は，ちょうど雑音発生源からの電波に相当し，レーザー光は放送局からのきれいな電波に相当しています。このような事

情を時間コヒーレンスの概念から説明してみましょう．

（a） 時間コヒーレンス　図2.2は，いわゆるマイケルソン干渉計を示しています．光源Sから出た光は，半透明鏡によって二つに分かれ，それぞれ，固定鏡 M_1 および可動鏡 M_2 によって反射されます．反射波の一部は光検出器Dに導かれ，M_1 からの波と M_2 からの波との干渉波の強度が観測されます．M_2 を光の進行方向に沿って移動すると，Dの読み（すなわち干渉波の強度）は大きくなったり小さくなったりします．これは，M_2 の移動に従って，二つの反射波の間の位相差が変化するためです．

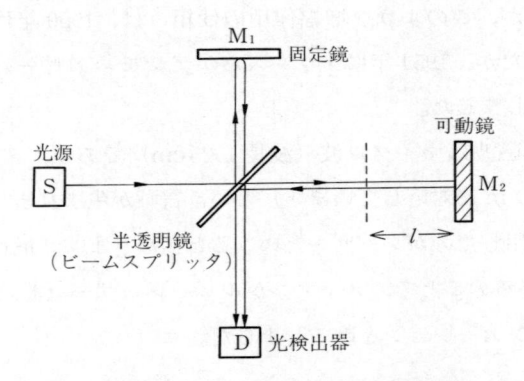

光速を c とすれば $2l/c$ だけ異なった時刻にSを出た光の干渉をDによって観測することになります

図2.2　マイケルソン干渉計の基本構成

さて，それでは，M_2 をどんどん離していったとき，どこまでこのような干渉が観測されるのでしょうか．答は光源の性質にかかっています．ある時刻にSを出た光が M_2 によって反射され検出器Dに帰ってくるものとします．これと干渉する M_1 の反射光は，光源Sを少し遅れて出発しているはずです．M_2 を移動していくということは，干渉する二つの波の出発時刻が離れていくことに相当します．

図2.3(a)に示すように，ある光源からの光が長時間一定の周期で振動しているものとします．この場合には，どの時刻に光源を出た光も一定の位相変化をするので，M_2 をいくら離しても干渉が観測されるはずです．これに対し，

(a) 時間コヒーレンスのよい光

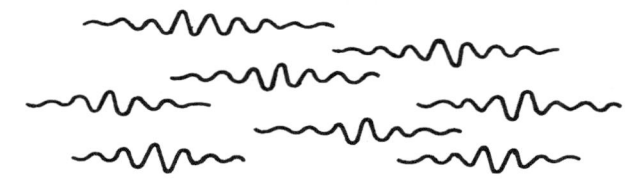

(b) 時間コヒーレンスの悪い光（例）

図 2.3　時間コヒーレンスの説明図

図(b)のように，短時間の振動が不規則に合成されたような場合には，異なった時刻に光源を出た光は相互に一定の位相関係がないので，もはや干渉を起こさなくなります。干渉が観測されるまでの時間差をコヒーレンス時間といいます。コヒーレンス時間と周波数幅の積は一定となることが数学的に示されます。したがって，時間コヒーレンスのよいレーザー光は周波数幅（または波長幅）が狭くなるといえます。

（b）空間コヒーレンス　ここで話題を変えて空間コヒーレンスについて考えてみましょう。普通，レーザー光はビーム状になっています。これは，ビーム断面上の各点における光が一定の位相関係で振動しているからです。空間の異なった点の間のコヒーレンスを空間コヒーレンスといいます。レーザーは空間コヒーレンスのよい光源です。

それでは，レーザー光はどこまでも広がらずに進むのでしょうか。答はノーです。いくら空間コヒーレンスのよい光でも，回折効果のため，およそ（波長/光ビーム直径）ラジアン程度の角度で広がっていきます。ですから，月をレーザー光で照らしたいときには，望遠鏡を用いてビーム径を拡大して広がり角を小さくします。

電球や蛍光灯のような日常われわれの身近にある光源は空間コヒーレンスが悪く，いわゆるランベルトの法則*に従って，光は四方八方に広がります。また，レンズなどを用いて平行な光ビームに直そうとしても，光源の大きさによ

2.3　原子の内部共振

　われわれの周辺の空間には，テレビ・ラジオなどの放送電波や無線通信用の電波が入り乱れて飛んでいます。これらの中から必要とするものを取り出すのに，普通，コイル（インダクタンスを L とします）とコンデンサ（容量を C とします）からなる共振回路が使われます。共振周波数は L と C の積によって決まるので，これらの値を変える（ダイヤルを回したり，チャネルを切り替えたりすることに相当します）ことによって共振周波数を変え，希望の周波数に合わせることができます。先に，「原子は特定の周波数の電磁波に共振する」といいましたが，あの小さい原子（イオンや分子の場合もありますがここでは代表して原子とします）が LC の共振回路と同じような働きをするのはたいへん興味のあることです。

　もう一つ面白いことは，原子の共振周波数はその原子に固有のものであるということです。例えば，セシウムは 9 192 MHz という固有の共振周波数を持っています。しかも，原子の持っている共振周波数は1個ではなく無数にあります。したがって，正確には，原子は固有の共振周波数系列を持っているといえます。

原子は固有の共振周波数系列を持っています

2.3 原子の内部共振

このようなことは種々の実験事実を見れば容易に理解できます。電波も光もともに電磁波の一種ですから，以下，レーザーを意識して光の例について考えてみましょう。習慣上，光に対しては周波数 f ではなく波長 λ を用います。f と λ との積は光速となりますから，いずれを使っても内容的には同じことです。

例えば，低圧のヘリウムガスを封入した放電管から出る光のスペクトルを分光器で観測すると，706.5 nm，667.8 nm，587.6 nm，…，などの波長で線スペクトルが得られます。これらの波長はヘリウム原子固有のものであり，ほかの原子，例えば，ネオンを用いると異なった波長系列が得られます。ナトリウムの D 線（589.0 nm，589.6 nm）はよく知られた例です。同じようなことは，発光だけでなく吸収からでもわかります。すなわち，物質の光透過特性を測りますと，その物質に固有の波長で強い吸収が起こります。

エネルギー準位　このような結果は，エネルギー準位の概念を使って，つぎのように説明されます。すなわち，**図 2.4** に示すように，各原子は一連の固有エネルギー準位を持っており，同じ原子の集団を考えると，1個1個の原子はこれらの準位のいずれかにあるものと考えられます。そして，これらの内の2個の準位間の遷移として上のような共振が説明されます。

2個の準位のエネルギーを，それぞれ，E_2 および E_1（$E_2 > E_1$ とします）とすれば，いわゆるボーアの振動数条件* から，共振周波数は

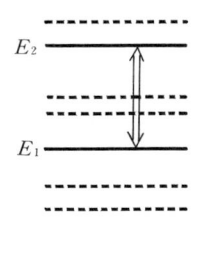

2個の準位間の遷移として原子の内部共振が説明されます

図 2.4　原子は固有のエネルギー準位を持つ

$$f = \frac{E_2 - E_1}{h} \quad \text{[Hz]} \tag{2.1}$$

となります。ここで，h はプランク定数で 6.626×10^{-34} J·s という値をとります。すなわち，準位 E_2 の原子は E_1 へ遷移することにより，エネルギー hf の光子を1個放出するものと考えられます。逆に，準位 E_1 の原子は，電磁波からエネルギー hf を吸収して E_2 へ遷移することになります。

原子は固有のエネルギー準位
を持っています

2.4 誘導放出と反転分布

　原子が光子を放出して上のエネルギー準位から下の準位へ遷移するのに二通りの機構があります。その一つは，外部からの影響には無関係に起こるもので，これを自然放出といいます。太陽光，電球や蛍光灯からの光はこれに当たります。もう一つは，外部からの光に刺激されて起こるもので，これが誘導放出です。

　このとき，放出された光は外からの光と一定の位相関係を持っています。以下，レーザー作用の原理を考えるため，自然放出の効果を無視して話を進めることにしましょう。また，単位時間に誘導放出の起こる割合を B で表すことにします。逆に，下のエネルギー準位から上への遷移には，自然過程はなく誘導過程だけなので，誘導吸収という言葉は使わず，単に吸収といいます。吸収の起こる割合も B に等しいことが示されます。

　さて，実際のレーザー媒質は多数のレーザー原子を含んでおり，これらは

2.4 誘導放出と反転分布

種々のエネルギー準位に分布しています。いま，共振周波数 f に近い周波数の光をこのような原子の集団に加えたときの吸収と放出について考えてみます。N_2 および N_1 を，それぞれ，準位 E_2 および E_1 にある原子の数とします。すると，光のエネルギーを吸収して単位時間当り下から上へ遷移する原子数は BN_1 個で，エネルギーを放出して単位時間当り上から下へ遷移する原子数は BN_2 個となります。実際にはこれらの過程は同時に起こります。

1回の遷移によって放出あるいは吸収されるエネルギーは hf ですから，差し引きして

$$P = hfB(N_1 - N_2) \tag{2.2}$$

だけの光パワーを，原子系が光から吸収することになります。

ところで，原子数の差 $(N_1 < N_2)$ はプラスなのかマイナスなのか。熱平衡状態では，原子は**図2.5**に示すようにマクスウェル・ボルツマン分布* に従って，指数関数的に各エネルギー準位に分布しています。したがって，$N_1 > N_2$ であり，当然のことながら $(N_1 - N_2)$ はプラスで吸収が起こります。

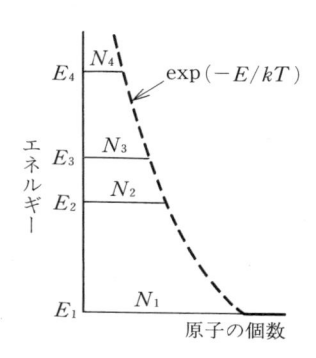

図2.5 マクスウェル・ボルツマン分布

E はエネルギー，$k = 1.38 \times 10^{-23}$ J/K はボルツマン定数，T〔K〕は熱力学温度

しかし，もしもなんらかの方法によって，$N_1 < N_2$，すなわち $(N_1 - N_2) < 0$，とすることができれば，マイナスの吸収すなわち増幅を行うことが可能となります。このように，逆転した原子数分布のことを反転分布といいます。**図2.6**に，準位1および2の間だけについて，熱平衡状態および反転分布状態の模様を示しておきます。

(a) 熱平衡状態　　　(b) 反転分布状態

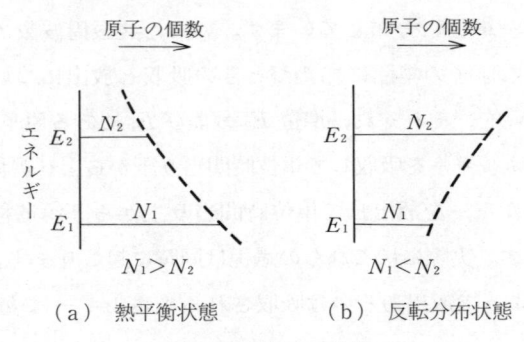

図 2.6　反転分布状態

　レーザー作用は，反転分布を利用した光増幅作用であるといえます。問題はいかにして反転分布を実現するかということでしょう。そのためには，外部からなんらかの形でエネルギーを供給する必要があります。これをポンピングと呼んでいます。ポンピングには，強い光を照射する方法（固体レーザーに多い），放電による方法（気体レーザー），注入電流による方法（半導体レーザー）などがあります。

光は外部からエネルギーをもらって増幅されます

2.5　レーザー発振の仕組み

　このように，反転分布状態の媒質は式 (2.1) の共振周波数に近い周波数の光を増幅することができます。これをレーザー媒質ということにしましょう。こうして，われわれは光の増幅器を得たことになります。それでは，コヒーレ

ント光源であるレーザー発振器（普通，これをレーザーと呼んでいます）はどのようにして実現されるのでしょうか。

　まず，電子回路の場合を考えてみましょう。ICやトランジスタなどの増幅素子から発振器を構成するときには正のフィードバックが行われます。フィードバックは，図2.7に示すように，増幅器などの出力の一部を入力側に戻すことです。そのとき，戻された信号が入力信号と同位相（たがいに強め合う）となる場合を正のフィードバック，逆位相（たがいに弱め合う）となる場合を負のフィードバックといいます。正の場合，フィードバックによって増幅度は大きくなり，逆に負の場合，増幅度は小さくなります。さらに，正の場合には，フィードバックの割合を大きくしていくと，増幅度はどんどん大きくなり，ついには発振に至ります。

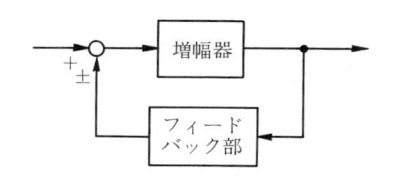

図2.7　フィードバック系

（a）レーザー発振器の構成　さて，図2.8は，レーザー発振器の構成を概念的に示しています。図で，レーザー媒質は反転分布によって光を増幅します。ポンピングは反転分布を起こすために外部から加える励起で，強力な光，放電，注入電流の場合などがあります。フィードバックは，レーザー媒質の両側に置かれた反射鏡によって行われます。これらのうち，左側のものは完全反

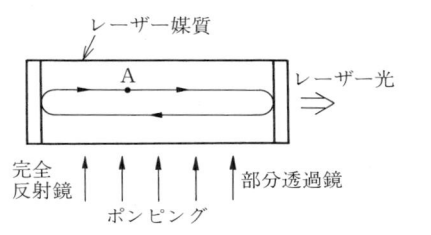

図2.8　レーザー発振器の構成

射，右側のものは一部透過（例えば，99％反射，1％透過）の特性を持っているものとします。このように，2枚の平行な反射鏡によって構成される光学系を，同名の干渉計にちなんでファブリペロー*共振器といいます。

さて，発振にはきっかけが必要です。レーザーの場合には，自然放出光がその役目をします。レーザー媒質中のある点（Aとします）から放出された自然光の内，右側の反射鏡に向かって進むものを考えてみましょう。この光は，媒質中で増幅され鏡に達します。ここで，大部分の光は反射されますが，一部の光は透過し，また若干のものは鏡の中で損失となって消えていきます。反射光は左側の鏡に向かって進みますが，このとき，レーザー媒質によって再び増幅されます。左側の鏡で若干の損失を受けて反射された光は，さらに媒質中で増幅され，元の点Aに戻ってきます。すなわち，フィードバックが起こっています。

フィードバックが正であるか負であるかは，光が点Aを出て，2度の反射を受けて戻ってくるまでの時間によります。もし，往復時間が，光の周期T（周波数の逆数）の整数倍であれば正のフィードバックが得られます。一方，フィードバックの割合は，レーザー媒質中での増幅，外部への透過，鏡の損失などによって決まります。発振はこの割合が1のとき起こります。すなわち，点Aをある振幅で出発した光が1往復して，ちょうど元の振幅で戻ってくるとすれば，いつまでもその振幅が維持されることになります。

（b）　飽和現象　フィードバックの割合が1より大きくなったらどうなるのでしょうか。一見すると，振幅は限りなく大きくなるように思われます。実際には，そのようなことはないのです。媒質中で光が増幅されると，それに

レーザー中では，光は反転分布を食べながら増幅されます

従って反転分布量を減少します。いわば，光は反転分布を食べながら増幅されるといえます。光の振幅が小さい間はよいのですが，大振幅になると，反転分布量の低下に従って増幅度が減少することになります。このような効果を飽和といいます。

結局，飽和効果によって，定常発振状態ではフィードバックの割合はいつも1になっているのです。ポンピングを強くすると，反転分布の補給力は大きくなり，比較的大振幅で定常状態となります。したがって，透過光すなわちレーザー出力光のパワーも大きくなります。

2.6 いろいろなレーザー

1960年に発表された最初のレーザーは，ルビー結晶中のクロムイオン(Cr^{3+})のエネルギー準位を利用したものです。その後，多数のレーザーが，固体，気体，液体，半導体を用いて作られています。ここではまず例として，ルビーレーザーについて考えてみましょう。

（a） ルビーレーザー ルビーレーザーは，固体レーザーの一種でクロムイオンを0.05％程度含むルビー結晶を材料として使っています。図2.9(a)

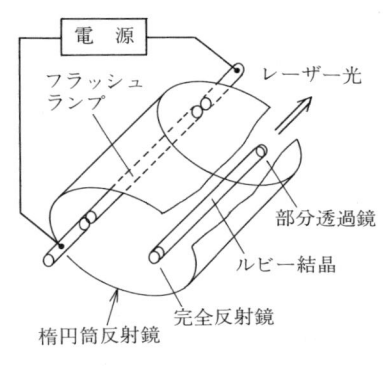

（a） ルビーレーザーの構造ランプと結晶は楕円筒の二つの焦点線上に置かれる

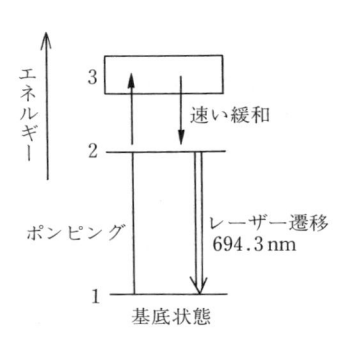

（b） クロムイオンのエネルギー準位をかなり簡略化したもの

図2.9 ルビーレーザー

のように，結晶を直径数 mm 長さ数 cm の棒状に切り出し，両端面を平行に研磨します．端面には銀などを蒸着して反射鏡とし，ファブリペロー共振器を形成します．ポンピングには，フラッシュランプからの強い光を用います．

クロムイオンのエネルギー準位のうち，関係のあるものを抜き出して整理すると，図(b)に示す3個となります．レーザー作用は準位1と準位2の間で起こります．

ポンピングを加えない状態では，ほとんどすべてのクロムイオンは最下位の準位1にいます．これは準位1-2間のエネルギー差が熱エネルギーに比べて十分大きいからです．さて，フラッシュランプからの強力なポンピング光によって，準位1のイオンは最上位の準位3へ遷移します．励起されたイオンは元の状態に戻ろうとしますが，そのとき，大部分はいったん急速に準位2に遷移し，その後，比較的ゆっくり準位1に遷移します．このような現象を緩和と呼んでいます．

$2\to1$ の緩和時間は約4ミリ秒で，$3\to2$ の緩和時間はこれよりずっと短くなっています．したがって，ポンピングを続けていくと準位1のイオン数 N_1 は減り，準位2のイオン数 N_2 は増え，ある定常状態に達することになります．ついには $N_2>N_1$ にすることができます．すなわち，反転分布が実現されます．さらに，反転分布量が十分であれば，レーザー発振が起こることになります．波長は 694.3 nm で赤色です．

（b） 気体レーザー　　図2.10は，気体レーザーの例として He-Ne（ヘリ

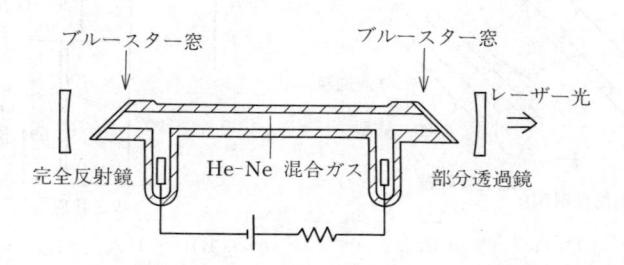

反射鏡を放電管内部に入れたものもあります

図2.10　He-Ne レーザーの構造

─〈ひとくちメモ〉─

光産業の発展

1960年代，レーザー発明当初は，レーザー光がピカッと発振しただけで，研究者は大喜びをしたものです。その当時から見ると，今日，レーザーが産業として確立している現状は隔世の観があります。レーザーが産業の中に占める位置は，しだいに大きくなってきました。

それでは，光産業の成長の例を図1に示します。

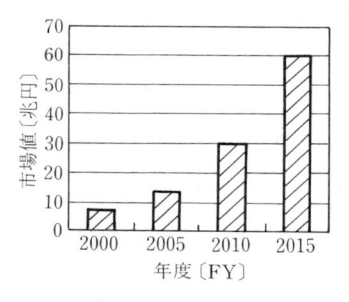

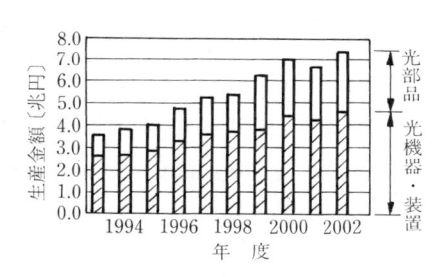

(a) 光関連装置・部品の世界市場　　(b) 光産業の国内生産額

図1　光産業の成長〔(財)光産業技術振興協会〕

図によると，日本の光産業の生産規模は，1985年の9000億円が2000年には7兆円に達しています。これは，中核技術に占めるオプトエレクトロニクスの比重が，図2に示すようにしだいに大きくなっていくのと対応します。

今後，どのような社会が実現するか，あるいはさせるべきか，いろいろ夢を描くのは楽しいものです。

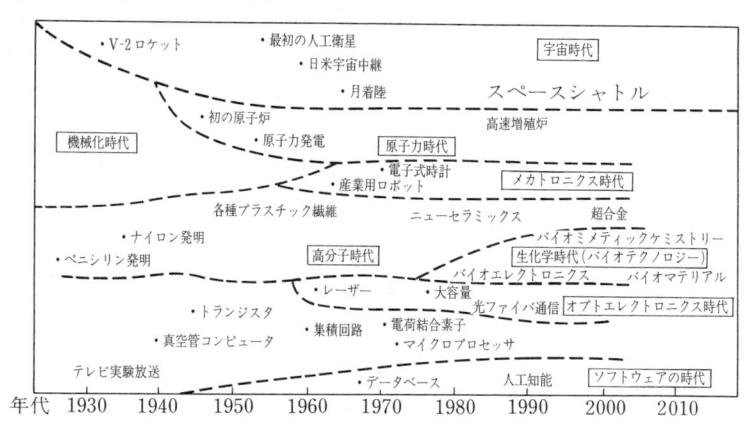

図2　科学技術時代の展開

ウム-ネオン）レーザーの概要を示しています。レーザー遷移としては Ne を利用していますが，反転分布を容易にするため He との混合ガスを用いています。ポンピングには放電を利用します。ポンピングエネルギーは He に入り，これが Ne に伝わります。両端の窓が傾いているのは，特定の偏光成分を反射なしに透過させるためで，これをブルースター窓*といいます。波長は，用いる遷移によって，632.8 nm，1.15 μm，3.39 μm などを選ぶことができますが，632.8 nm（赤色）のものが普通で，可視光半導体レーザーが普及するまでは，最もポピュラーなレーザーでした。

（c）半導体レーザー He-Ne レーザーを真空管とするならば，トランジスタに当たるのが半導体レーザーです。GaAs（Ga：ガリウム，As：ヒ素）の pn 接合を利用したレーザーは 1962 年に報告されましたが，性能がよくなかったので，なかなか実用には至らない状態でした。しかし，1970 年ごろ，ダブルヘテロ構造のものが考案され，さらに，光ファイバ通信の発展にも刺激されて開発が進み，現在ではレーザーの中で最もよく普及しています。

普通のレーザーが，原子などの内部共振を利用しているのに対し，半導体レーザーは，半導体結晶中の電子と正孔の再結合を利用している点が変わっています。発振周波数は，ほぼ，禁制帯*の幅（バンドギャップ）によって決まるので，材料を選ぶことによって，種々の波長のレーザーを作ることができます。また，同種の組成では，成分比を変えることによってかなり広い範囲で波長を変えることができます。

図 2.11 は，GaAs ダブルヘテロ半導体レーザーの説明図です。GaAs（活性

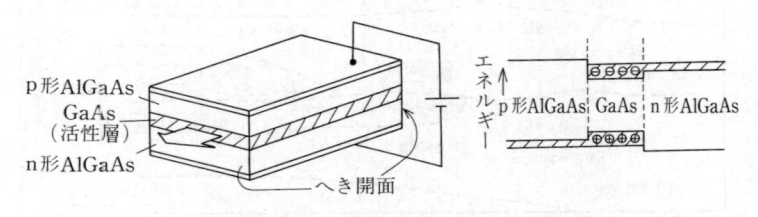

右側の図はエネルギー準位を示しています

図 2.11　GaAs-AlGaAs ダブルヘテロ半導体レーザー

層）の両側を，これよりバンドギャップの大きい p 形および n 形 AlGaAs （Al：アルミニウム）ではさんだ構造をしており，活性層における電子と正孔の再結合による発光を利用しています。波長は 850 nm 付近です。さらに，活性層にも AlGaAs を用い，Ga と Al の割合を変えてバンドギャップを調整し，波長 780 nm 程度の可視光半導体レーザーも実現されています。最近，このようなレーザーは，CD（コンパクトディスク）プレーヤ用などに年間数百万個も生産されるようになりました。現在では，赤，青の固体素子レーザーが実現しています。

3 レーザーは虹の七色

　いまでは各種のレーザーが開発され，その波長は紫外線からマイクロ波に広がってきています。しかし，個々のレーザーの波長は，たいてい固定されたもので，そう自由には変えられません。この章ではこの波長変換についての応用を述べます。
（1）　レーザー光の色をいろいろに変える技術，非線形光学（物質の持つ非線形性を利用した光学）
（2）　実際に使われている高調波発生や，和調波発生，パラメトリック発振などの例
（3）　非線形光学の波長変換以外の応用として位相共役鏡

3.1　非線形光学とは

　世の中には，真っすぐなことと曲がったこととがあります。ここでいまから述べる非線形光学は文字どおり真っすぐではない曲がったことに基づく光学です。もちろん，自然界での真っすぐや曲がったことに善悪の意味合いはありません。これらは自然界で共存し，調和を保っています。私たちは，あるときには真っすぐであることを追及し，あるときには曲がったことをあくまでも探し求めます。そうしてそれらの結果をそれぞれ，私たちの生活に役立てる技術の進歩に生かそうとします。非線形光学はこの曲がったことの効用を直接利用する科学，技術の最近の最も目覚ましい例といえるでしょう。

　現在では非常に多くの種類のレーザーが開発されていて，その波長は，紫外線からマイクロ波にまで広がってきました。しかし，レーザー光の波長は普

通，自由に（ラジオのダイアルを回すように）変えられないのです。ここでいまからお話しする非線形光学の技術を使えば，いろいろなレーザーからの光の波長，したがって色をいろいろに変えたり，混ぜ合わせたりすることが可能になります．まさに，非線形光学技術は色を変える技術，七色の虹の技術ともいえます．以下にまず非線形光学の原理を紹介し，いろいろな種類の非線形光学効果について述べます．後半ではレーザーを用いた実験についてその例を紹介し，最後に，色を変える以外の非線形光学の応用として位相共役鏡の説明をします．

3.2 非線形光学現象の原理

　非線形というのは加えた外力とそれによる結果との間に比例関係が成り立たないことをいいます．ばねばかりの伸びは，おもりの重さに比例しますが，おもりが非常に重くなるとばねは伸びきって比例関係が崩れてしまいます．非線形光学現象は，この様子とまったくよく似ています．レーザー光は非常に強いので，光が持つ電磁界は原子や分子に強力に働きかけ非線形な応答を引き起こすことになります．この様子を外力と応答との関係にして図3.1に示します．
　物質中の電子や原子はレーザー光の振動電界によって力を受け，物質中のマイナスの電荷を持つ部分とプラスの電荷を持つ部分とはそれぞれ反対方向に引き離されたり，また元に戻ったりすることになります．このように，プラスとマイナスの電荷が引き離された状態を分極* と呼んでいます．この分極は，電荷が元の状態に戻るとき光を出します．ですから，レーザー光に照らされた物質は振動する分極を含んでいて，この振動分極が物質を透過するレーザー光に影響を与えることになります．
　レーザー光が弱い間は，分極は光の強さに比例した振れ幅を持った振動をしていますが，光が強くなると図に示すように，その振れ幅が光の強さに比例しなくなります．
　この事情は先のおもりの重さとばねの場合とまったく同じです．つまり，光

3. レーザーは虹の七色

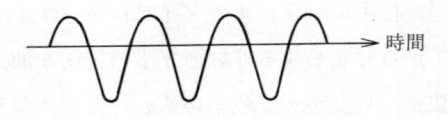

(ア) 非線形分極(波形のひずみに注意)

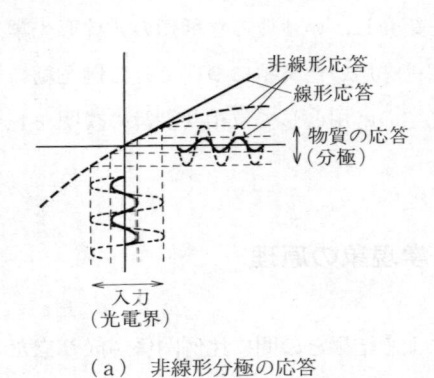

(イ) 基本波電界

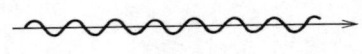

(ウ) 高調波電界

(ア)の波形は(イ)の波形と(ウ)の波形などを足し算したもので表せます

(a) 非線形分極の応答　　　(b) 非線形分極は高調波に分解できる

図3.1　非線形応答の説明図

の強さと物質の分極とは非線形な関係になってしまいます。このような非線形性が出てきますと、レーザー光の周波数を ω としたとき、物質を通過してきた光は ω 以外に2倍の ω、3倍の ω など、いわゆる高調波成分を含むことになります。また、周波数の異なる二つの光線が非線形な応答を示す物質に入射すると、これらの周波数の和や差の成分も発生したりします。

　このような性質が顕著に現れる物質としては水晶とかKDP結晶*などのいわゆる電気光学結晶*と呼ばれる結晶が有名です。このような結晶にレーザー光を入射しますと、元と周波数の異なった、したがって波長の異なったコヒーレントな光を発生させることができます。この方法によってレーザーの持つ波長領域を大幅に広げることが可能になりました。

3.3 高調波光の発生

それではどのようにして2倍，3倍の周波数を持つ光が発生するのか少し詳しく調べてみましょう。先にレーザー光の電界によって電子や原子は非線形な分極を生じると述べましたが，この関係を式で書くとつぎのようになります。

$$P = a_1 E + a_2 E^2 + a_3 E^3 + \cdots \tag{3.1}$$

ここで P は生じた分極を，E は入射レーザー光線の電界で周波数 ω を持つ光なら，時間を t として $E = E_0 \cos \omega t$ と書けます。E_0 は電界の振幅を示します。また $a_1, a_2, a_3, \cdots$，は物質で決まる定数で $a_1, a_2, a_3, \cdots$，となるにしたがい，値は小さくなっていきます。新しい波はこの分極 P から生じます。

電界 E が弱いときは式 (3.1) の第2項以下を無視することができ

$$P = a_1 E = a_1 E_0 \cos \omega t \tag{3.2}$$

となります。つまり，このときは電界と分極は比例関係にありますから，新しくできる波は入射光と同じ ω の周波数を持つだけです。

電界 E が強くなってくると電界の2乗の項 E^2 が大きくなり，a_2 が小さいにもかかわらず $a_2 E^2$ の値は大きくなり無視できなくなります。

$$\begin{aligned} P &= a_1 E + a_2 E^2 = a_1 E_0 \cos \omega t + a_2 E_0^2 \cos^2 \omega t \\ &= \frac{1}{2} a_2 E_0^2 + a_1 E_0 \cos \omega t + \frac{1}{2} a_2 E_0^2 \cos 2\omega t \end{aligned} \tag{3.3}$$

この式を見ると，生じる分極成分の中に 2ω の成分，つまり2倍の周波数を持つ成分があることがわかります。この成分が原因で2倍の周波数を持つ光が発生するのです。

光がもっと強くなると同じように式 (3.1) から3倍の成分も発生することが想像できるでしょう。

このようにレーザーという強力な電界を持つ光が出現して，初めて2倍，3倍の周波数を持つ光（これを高調波光と呼びます）を発生することが現実にできるようになったのです。

3.4 強い光を出すための条件 — 位相整合

　非線形効果によって高調波光を得る原理を前節で述べましたが，これだけでは本当に強力な高調波光を得ることはできません。さらに，位相整合という条件を満たす必要があります。

　光が透明な結晶を通過する場合を考えると入射レーザー光が物質を分極しながら伝わり，この分極により高調波を発生します。このとき入射レーザー光と高調波がともに物質中を平行に同じ速度で進んでいくことが必要となります。

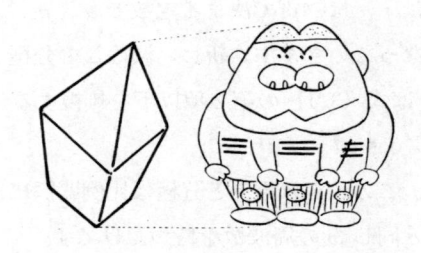

　この条件を位相整合条件と呼びます。一般に，物質の屈折率は光の周波数によって異なります。したがって，発生した高調波光は元のレーザー光線と異なった速度で伝搬してしまいます。では，どのようにしたらこの条件が得られるのでしょうか。これには複屈折を利用します。

　複屈折というのはある種の結晶，例えば方解石を通して物体を見ると2重に見える現象です。これは入射した光が図3.2のように内部で二つに分かれて進

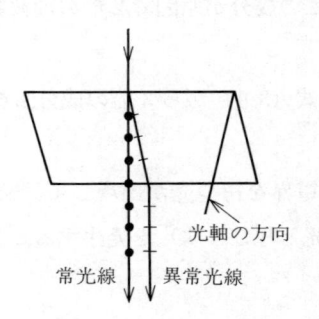

図3.2　方解石の複屈折

3.4 強い光を出すための条件 — 位相整合

むためです。一方の光線は通常の屈折の法則に従うので常光線と呼ばれ，もう一つの光線は屈折の法則に従わないので異常光線と呼ばれます。方解石の中ではこれら両光線の速度は一般に異なるのですが，同じ速度を持つ方向が結晶の中に一つまたは二つあり，この方向を結晶の光軸といいます。

常光線は光軸以外の方向でもすべて同じ速度つまり同じ屈折率を持っていますが，異常光線は方向によって異なった速度，したがって異なった屈折率を持ちます。この様子をKDP結晶を例にとって描いたものが**図3.3**です。常光線と異常光線の屈折率をそれぞれn^o，n^eで表しています。いま，元の光に対し2倍の周波数を持つ高調波発生を考えましょう。

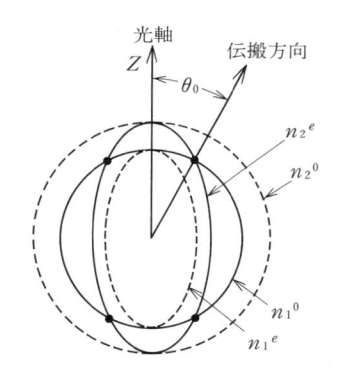

n_1^o：基本波常光線に対する屈折率
n_1^e：基本波異常光線に対する屈折率
n_2^o：2倍波常光線に対する屈折率
n_2^e：2倍波異常光線に対する屈折率

Z軸方向は光軸を示します。位相整合は光軸から角度θ_0の方向に光が入射したときに満たされます

図3.3 KDP結晶の屈折率図

それぞれの波に対する屈折率には，1，2の添字をつけます。したがって，元の光に対する常光線の屈折率n_1^oは図中の小円で示され，高調波光に対する異常光線の屈折率n_2^eは大きい楕円で示されます。この小円と楕円とは光軸からの角度θ_0のところで交点を持っています。つまり円の中心からこのθ_0の方向に二つの光が伝搬すると，つねに同じ速度で伝搬しますので位相整合条件を満たすことができ，2倍の高調波光を強力に発生することが可能になるのです。

このような複屈折を持つ結晶としてKDP結晶のほかに，ニオブ酸リチウム結晶*，バナナと称する結晶BNNなどきわめて多種の材料が開発されています。

3.5 和周波,差周波の光の発生

今度は二つの光を混ぜて新しい周波数を持つ光を作ることを考えましょう。いま周波数の異なる2種類のレーザー光があれば,これらの2倍,3倍の周波数の光だけでなく,それらの和,差に相当する周波数を持った光を発生させることができます。

二つの波をいま $E_1 \cos \omega_1 t$,$E_2 \cos \omega_2 t$ とします。式(3.1)で E^3 以下の項は小さいとして無視します。二つの波を同時に結晶に入射するので,式(3.1)の E は

$$E = E_1 \cos \omega_1 t + E_2 \cos \omega_2 t \tag{3.4}$$

と表せます。これを式(3.1)に代入します。

$$\begin{aligned}P &= a_1(E_1 \cos \omega_1 t + E_2 \cos \omega_2 t)^2 + a_2(E_1 \cos \omega_1 t + E_2 \cos \omega_2 t)^2 \\ &= \frac{1}{2}a_2(E_1^2 + E_2^2) + a_1 E_1 \cos \omega_1 t + a_1 E_2 \cos \omega_2 t + \frac{1}{2}a_2^2 E_1^2 \cos 2\omega_1 t \\ &\quad + \frac{1}{2}a_2^2 E_2^2 \cos 2\omega_2 t + a_2 E_1 E_2 \cos(\omega_1 + \omega_2)t + a_2 E_1 E_2 \cos(\omega_1 - \omega_2)t\end{aligned} \tag{3.5}$$

このように最後二つの項で和周波成分,差周波成分が発生できることがわかります。二つの波を入射したとき,和と差のどちらの成分が強く出るかは位相整合条件をどちらが満たしているかで決まります。

和周波発生は2台の可視光レーザーから紫外光を得るのに,また差周波発生は近赤外から遠赤外の光を得るのにそれぞれ用いられています。例えば,2台の色素レーザー* からの可視光をニオブ酸リチウム結晶に入れてそれらの差をとることにより,55 μm の遠赤外から5 mm のミリ波までの非常に広い周波長スペクトルをカバーする差周波発生が実験されています。

3.6 誘導ラマン散乱，ブリユアン散乱

　通常，光が粒子に当たって散乱される光は入射した光と同じ周波数を持ちます。ところが強いレーザー光をある種の物質に当てたとき，元の光の周波数と少しずれた周波数を持つ光が得られることがあります。そのずれは当てられた物質の分子または原子に付随する固有の振動によって生じる特有のずれで，このような効果をラマン効果と呼んでいます。入射光の周波数と異なる周波数の光を出すのでこの効果も非線形光学効果の一つといえます。

（a）**ラマン散乱**　　ラマン散乱では入射光の周波数を ω_0 とし，振動固有の周波数を ω_R としたとき，ω_R の整数倍だけのずれを生じます。すなわち

$$\omega = \omega_0 \pm n\omega_R \quad (n=1, 2, 3, \cdots) \tag{3.6}$$

となるわけです。このとき周波数の低くなる散乱光 $\omega = \omega_0 - n\omega_R$ をストークス線と呼び，高くなるほう $\omega = \omega_0 + n\omega_R$ を反ストークス線と呼びます。反ストークス線の光が発生するためには高い励起状態にいる粒子の数が必要となるので，一般に強度は弱くなります。

　ラマン発生の効率は物質によって数十％以上にもなり，例えばニトロベンゼンなどはきわめて強いラマン効果を示します。このラマン効果は物質内の原子，あるいは分子の特性を散乱光スペクトルに反映しますので，ラマン分光学としていろいろの応用面があります。

　強力なラマン散乱光，つまり誘導ラマン散乱光を得るにはつぎのようにします。強力なレーザー光をラマン散乱を示す物質に照射し，光共振器をおいてストークス線とレーザー光との誘導作用により強力なコヒーレントな散乱光を発生させます。これは誘導放出としてレーザーにより強制的に発生させるので，発生ラマン光はレーザー光と同様の性質を持ち，周波数がラマン振動数だけずれているわけです。このような意味でラマンレーザーと呼ばれ，元のレーザー光線とは違ったスペクトルの光を発生するのに使われます。

（b）**ブリユアン散乱**　　またラマン散乱と似た現象でブリユアン散乱があ

ります。レーザー光が非常に強力であると，光の電界によって物質中に音波を発生します。この音波がレーザー光を散乱することになり，このとき音波の周波数だけスペクトルがずれた散乱光が観測されます。これを誘導ブリユアン散乱と呼びます。周波数のずれは音波の速度によって決まります。誘導ラマン散乱に比べると誘導ブリユアン散乱は音波のエネルギーが小さいため周波数のずれはきわめてわずかです。散乱光を観測するには入射するレーザー光を相当強くすることが必要です。このような現象を利用して，散乱光のスペクトルのずれから物質中の音波の速度を求めたり，あるいは温度の測定をすることができます。

3.7 魔法の鏡 — 位相共役鏡

ここでいままでの内容とちょっと異なる非線形光学効果を紹介します。それは位相共役*鏡というものです。この鏡は通常の鏡と異なり，任意の方向に入射してきた光を元の方向に反射させる魔法の鏡です。しかも入射の途中で光の乱れがあっても反射してきた光は，まったく途中の影響がなかったかのように同じ形で元の位置に戻ります。この様子を図3.4に示します。図(a)は普通の鏡による反射を示します。広がっていく光は鏡で反射され，さらにその後どんどん広がっていきます。これに対して図(b)の位相共役鏡では広がっていく光が入っても反射された後，元の光と同じ経路を通っていき，元のビームと完全に重なった形で戻ります。

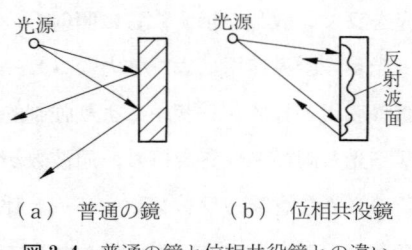

(a) 普通の鏡　　(b) 位相共役鏡

図3.4　普通の鏡と位相共役鏡との違い

このような位相共役鏡を実現するためには四つの波による光混合や誘導ラマン，ブリユアン散乱などの非線形光学効果が利用されてできる入射光波面が反射面に使われるのです。最近では，市販のレーザー装置に組み込まれたり，すでにあるレーザー装置の性能向上に用いられている非線形光学技術です。鏡までの途中の光路に存在する乱れが反射光で相殺されるという特長を生かし，応用としてビームパターンのひずみが生じやすい大出力レーザーの増幅器のひずみ補正に用いられています。また，レーザー共振器の反射鏡としての応用や，ICマスク露光などのフォトリソグラフィー* への応用などがあります。

3.8 レーザー光の色を変える ― 波長変換

以下では非線形光学効果を用いた波長変換の例として大阪大学で行われているパラメトリック発振器と新しい紫外光発生用波長変換結晶について紹介します。

（a） 連続的に波長を変える―パラメトリック発振器　パラメトリック発振器は前にお話ししました和周波発生の逆の過程といえます。つまり，周波数 ω の光から $\omega=\omega_1+\omega_2$ となるような，二つの光を同時に発生させるものです。

パラメトリック発振器の配置図を**図3.5**に示します。レーザー発振器とよく似た配置ですが共振器の中に置かれているのは，レーザー用の結晶ではなく，非線形光学結晶です。ポンピング* はフラッシュランプではなく，一端のミラーを通して周波数 ω のレーザー光を入射させて行われます。

ここで紹介するパラメトリック発振器では，非線形光学結晶にニオブ酸リチ

3. レーザーは虹の七色

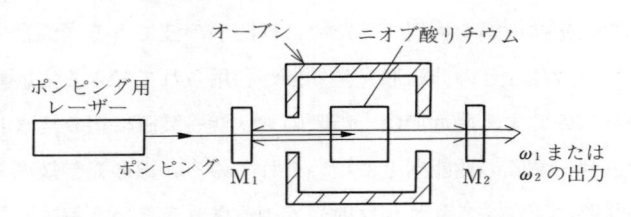

M₁, M₂ はパラメトリック発振器の反射鏡で，ω 光は通過できますが，ω_1，ω_2 光に対して大部分反射し，一部の ω_1 または ω_2 光が出力として M₂ から取り出されます

図3.5 パラメトリック発振器の配置

――〈ひとくちメモ〉――

太陽からの七色の光

レーザー光というのは，その光の色が純粋であるということに特徴があります。ところが，その純粋な色をいろいろに（文字どおり！）変えて出そうというのは，あまり得意ではありません。光の七色をつぎつぎに取り出してみせることのできるレーザーというものはないのです。

ところが，太陽の光とか電灯の光なら，これをプリズムに通して適当なスリットと組み合わせれば，つぎつぎに色を変えて取り出すことができます。信号機の赤，黄，青にしても，劇場のステージを照らす七色の光にしても，電球の前に色フィルタをつけただけのものです。

光の色を変えるということは，電球の光にとってはなんでもないことですが，レーザーの光にとってはなかなかむずかしいものです。これは，電球や太陽などの高温物体から出てくる光がもともと七色の光を含んでいるのに対して，レーザー光はただの1色だからです。太陽や電球からの光なら，その多くの混じった光を色フィルタでより分けてやるだけで，いろいろな色が得られます。一方，レーザー光はもともと1種類の色からできているので，いくら色フィルタをかけても色は変わりません。それなら，色の変えられる光は電灯で，ということになりそうですが，これは前の章でも話があったように，レーザー光に比べて光の性質があまりよくなくて，レーザー光が必要となるような高級な目的には使えません。

ここでとり上げている「レーザー光の光の色を変える」という内容は，このレーザーの純粋なただ1種類の光の色を，レーザー光の性質の良さを保ったまま，本当に変えようということなのです。

ウムを使っています。ポンピング用レーザーは，YAG レーザーからの $1\,\mu$m の光を KDP 結晶で 2 倍高調波の $0.5\,\mu$m にした緑色の光です。この緑色の光が $\omega=\omega_1+\omega_2$ の式の ω に相当します。ω でニオブ酸リチウムを照らしてやった結果，もし ω_1 という周波数の光が発生したとすると，初めの ω との間で差周波 $\omega-\omega_1=\omega_2$ が発生します。ω_2 は，また ω との間で $\omega-\omega_2=\omega_1$ を発生します。共振器の中でこのようなことが繰り返されると ω_1 と ω_2 の光がどんどん大きくなっていき，ついには発振します。これがパラメトリック発振です。

先に述べたように発生する光 ω_1，ω_2 は $\omega=\omega_1+\omega_2$ の関係を満足するわけですが，ω_1 と ω_2 とがどのように割り振られるかは，結晶中での位相整合条件によるわけです。この位相整合条件を満たす方法には，前に述べた角度を変える方法のほかに，温度を変えて行う方法があります。ここでは温度を変える方法を使っています。結晶の温度を変えることにより ω_1 と ω_2 の組合せを連続的に変えることができます。ω_1 と ω_2 は同時に発生していますが，どちらか欲しいほうを取り出して使います。非線形結晶は小さなオーブンで加熱されるようになっています。オーブンの温度を室温から約 300 °C まで変えますと，ω_1 と ω_2 の組合せを $0.6\,\mu$m の赤の波長から約 $1.5\,\mu$m の赤外の波長まで継続的に変えることができます。

このようにパラメトリック発振器は広い範囲で，連続的に波長を変えられるようなコヒーレントな光源が欲しいときに，たいへん重宝な発振器で，レーザーの波長が普通固定されているのを補うことができるわけです。

（b）　**紫外光の発生—高調波発生**　　近年，半導体プロセス，超精密加工，光計測や医療，レーザー核融合など，さまざまな分野において紫外レーザー光の需要が増加しています。ここでは，産業応用のための紫外光発生について述べます。現在，紫外レーザー光源としてはエキシマレーザーなどのガスレーザーが一般的ですが，フッ素系ガスを使用するため，寿命，経済性，そして安全性に問題があります。

そこで，Nd：YAG レーザーなどの固体レーザーと非線形光学結晶を組み合わせた全固体紫外レーザー（第 4 高調波（波長：266 nm），第 5 高調波（波

長：213 nm））の実現が期待されています．しかし，KH_2PO_4(KDP)，β-BaB_2O_4(BBO)やLiB_3O_5(LBO)などのいままであった紫外発生用非線形結晶ではその波長変換特性や結晶の生産性が十分ではありませんでした．

このような状況下において最も望まれることは，優れた波長変換特性を有し，結晶育成が容易な新結晶を開発することです．しかしながら，新結晶を発見することは簡単ではなく，理論的にどのような構造が新結晶として存在するか予測し，そのうえ，その育成が容易かどうか，その特性が優れているかどうかを判断することはほとんど不可能といえます．これまでにも中国から紫外光発生用の新非線形結晶として$KBe_2BO_3F_2$(KBBF)や$Sr_2Be_2B_2O_7$(SBBO)が報告されてきましたが，特性が優れていても育成が非常にむずかしく，現状では実用的な結晶とはとてもいえません．

実用性のある新結晶を開発することは容易ではないのですが，最近，大阪大学・佐々木研究室では紫外発生特性が既存の結晶よりも優れ，大形化が可能な新非線形光学結晶$CsLiB_6O_{10}$(CLBO)を見つけることに成功しました．新結晶探索から高品質結晶育成，そして紫外光発生特性について紹介します．

3.9 新結晶の探索

これまで，1000種類以上のボレート系材料が報告されていますが，その中で非線形光学材料として注目されるものはごく一部です．ボレート系材料とは，ホウ素と酸素のネットワークが基本構造（ボレートリング）を作り，その中にアルカリ金属やアルカリ土類金属が含まれる材料のことです．ボレート系結晶の吸収端，および非線形光学定数は陰イオン群であるボレートリングによって，複屈折率はボレートリングと結晶構造によって決まります．

例えば，非線形光学定数はB_3O_6リングのほうがB_3O_7リングよりも大きいですが，吸収端はB_3O_7リングのほうが短波長になります．また，BBOのB_3O_6リングは平面構造をとるため，非常に大きな複屈折率を生じます．これは，位相整合限界を短波長にしますが，同時に大きなウォークオフ角*と小さな角

度許容幅を生じるため変換効率が低下します。

このように，ボレートリングと結晶構造が決まると，波長変換特性が決定されるのですが，どのようなアルカリ金属やアルカリ土類金属を有するボレート系材料が所望の特性を有しているか予測することはまだできていません。

そこで，感覚的な当たりをつけて，後はトライアル&エラーを繰り返すことになります。佐々木研究室では，B_3O_7 リングを中心に，アルカリ金属の組合せを変えることでボレート系結晶の特性を制御できると考え，新結晶の探索を試みました。

そして，Cs_2CO_3，Li_2CO_3，B_2O_3 粉末をさまざまな比で混合し，980 ℃ 加熱融解後，冷却することで結晶化を行いました。結晶化し，かつ同時に非線形性を示した試料についてその結晶構造を X 線回折法で調べると，そのスペクトルは既知の材料のものとは一致せず，組成分析から化学組成が $CsLiB_6O_{10}$ となる新結晶であることがわかりましたので，"セシウム・リチウム・ボレート (CLBO)" と名づけました。

（ a ） **大形 CLBO 結晶の育成**　　CLBO は調和溶融材料であるため，メルト法，フラックス法のどちらでも育成可能であり，大形結晶化が期待できます。今回は，自己フラックスを用いる TSSG (top-seeded solution growth) 法を用いました。図 3.6 に育成に用いた円筒形抵抗加熱育成炉の概略図を示します。

原料には育成開始温度が融点よりも 3 ℃ 低くなるように化学量論* 組成から

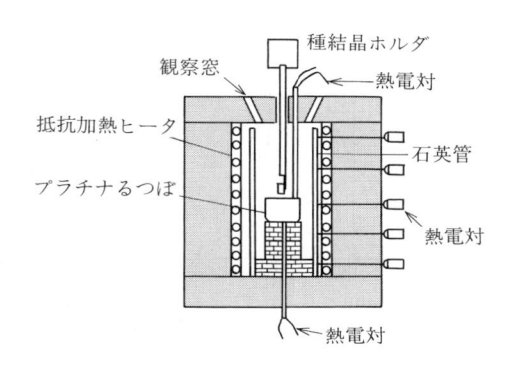

図 3.6　円筒形抵抗加熱育成炉

ずらした $Cs_2CO_3 : Li_2CO_3 : B_2O_3 = 1 : 1 : 5.5$ のモル比の組成を 10 kg 用いました。育成方位は a 軸，育成開始温度は 844.3 ℃，種結晶回転数は 15〜30 min^{-1}，用いたプラチナるつぼのサイズは直径 20 cm×高さ 20 cm です。この方法で 3 週間育成した結晶を**図 3.7** に示します。サイズは $14 \times 11 \times 11 cm^3$，重さ 1.8 kg というボレート系結晶としては世界最大の大きさです。

- $14 \times 11 \times 11 cm^3$
- 3 週間育成
- 1.8 kg

図 3.7　フラックス法による育成

(b) CLBO 結晶の波長変換特性　波長変換特性に重要となる因子は，吸収端，非線形光学定数と複屈折率です。吸収端は短いほうが，非線形光学定数は大きいほうが，そして複屈折率は，発生させたい波長に対して適当な値であることが必要となります。**図 3.8** に CLBO 結晶の紫外領域の透過スペクト

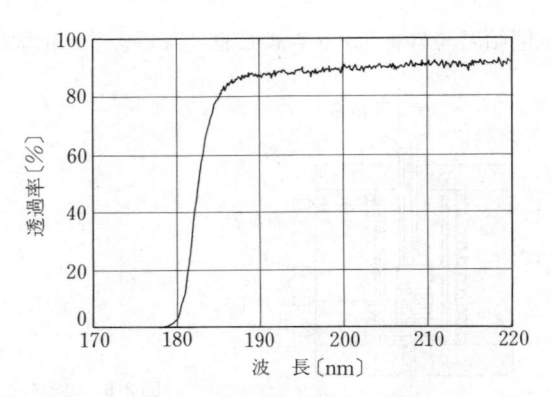

図 3.8　CLBO 結晶の紫外領域の透過スペクトル

ルを示します．CLBOのカットオフ波長* は180 nmで，BBOの値190 nmよりも短波長側ですが，同じ B_3O_7 リングから構成されるLBO (160 nm)とCBO (170 nm)の吸収端よりも長波長側にあります．

位相整合特性は複屈折率によって決まります．**図3.9**にプリズム法により測定したCLBOの屈折率の実測値と，またそれらの値より導いたセルマイヤー方程式* を式（3.7）に示します．

$$\left.\begin{array}{l}n_o^2 = 2.199\,74 + \dfrac{1.183\,88 \times 10^{-2}}{\lambda^2 - 8.770\,47 \times 10^{-3}} - 8.524\,69 \times 10^{-5}\,\lambda^2 \\[6pt] n_e^2 = 2.053\,86 + \dfrac{9.440\,3 \times 10^{-3}}{\lambda^2 - 8.624\,28 \times 10^{-3}} - 7.826\,00 \times 10^{-5}\,\lambda^2\end{array}\right\} \quad (3.7)$$

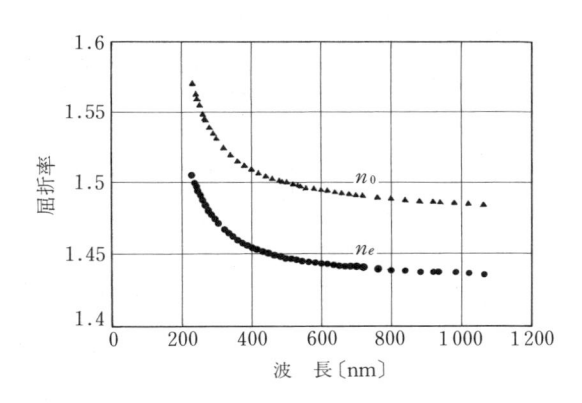

n_o は常屈折率，n_e は異常屈折率の分散を表しています

図3.9 CLBO結晶の屈折率分散

CLBOの屈折率のデータから見積もられた第2高調波発生 (SHG) の位相整合限界波長は472 nmですが，これから，LBOやCBOでは不可能であったNd:YAGレーザーの4倍高調波の発生が可能であることが示されます．

さらに，**図3.10**に示すように和周波発生が可能な波長の領域を計算で求めた結果から，CLBOはYAGレーザーの基本光と4倍高調波から5倍高調波を発生できることがわかりました．CLBOは B_3O_7 リングより構成されていることから，その非線形光学定数はLBOやCBOと同程度であることが予想されます．実際，Nd:YAGレーザーの第2高調波発生 (SHG) をCLBOと

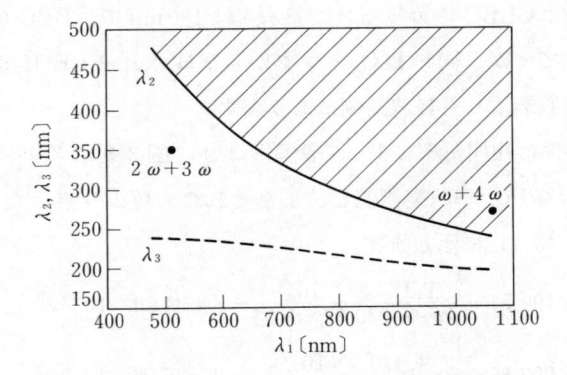

実線は入射する二つの光 λ_1 と λ_2 の関係を，破線は発生する和周波光 λ_3 と入射 λ_1 の関係を示しています。斜線部の領域は波長可能な入射光 λ_1，λ_2 の組合せを示した領域。図に示す点は，Nd：YAG レーザーの 5 倍高調波（5ω）発生を試みる場合の入射光の組合せを表しています

図 3.10 CLBO 結晶を用いたタイプ 1 和周波発生の非臨界位相整合曲線

KDP で行い，変換効率の比較から波長 $1.064\,\mu$m における CLBO の $d_{36}{}^*$ は $0.95\,\mathrm{pm/V}$ と見積もられました．この値は LBO の非線形定数とほぼ同じです．

つぎに，Nd：YAG レーザーの 4 倍，および 5 倍高調波発生に関して，CLBO と BBO の各種許容幅やウォークオフ角* を比較したものを**表 3.1** に示します．この表から，CLBO は BBO よりも 2〜4 倍大きな角度許容幅，波長許容幅，温度許容幅を，そして BBO の 1/3〜1/4 程度の小さなウォークオフ角を持つことがわかります．このように，CLBO は LBO よりは大きく，そし

表 3.1 CLBO，BBO 結晶の 266 nm，213 nm 光発生に対する非線形光学特性

波長〔nm〕	結晶	PM 角〔deg〕	d_{eff}〔pm/V〕	角度許容幅〔mrad・cm〕	波長許容幅〔nm・cm〕	温度許容幅〔°C・cm〕	ウォークオフ角〔deg〕
532+532 =266	CLBO	62	0.85	0.49	0.13	8.3	1.83
	BBO	48	1.32	0.17	0.07	4.5	4.80
1064+266 =213	CLBO	67	0.88	0.42	0.16	4.6	1.69
	BBO	51	1.26	0.11	0.08	3.1	5.34

て，BBOよりは小さな複屈折を有していることから，Nd：YAGレーザーの4倍，および5倍高調波発生には最も適当な結晶であるといえます。

最後に，CLBOを用いた全固体紫外レーザー光源の開発について紹介します。Nd：YAGレーザーの4倍高調波発生による高出力紫外光レーザー光源の開発を行っており，最近では23Wという世界最大の266nm光の発生に成功しています。このような高出力紫外レーザーは，半導体プリント基板の超精密加工に用いられます。**図3.11**に発生した紫外光の進捗状況を示しますが，だんだんと高出力化が達成されていることがわかります。

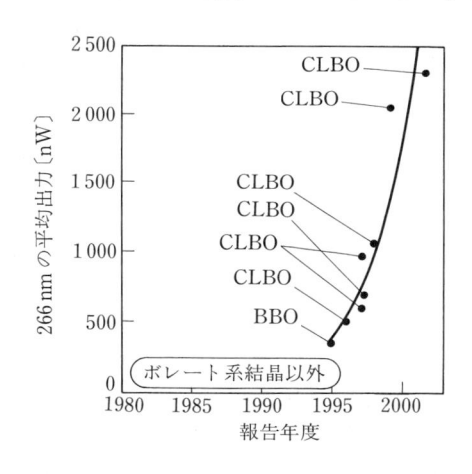

図3.11 最近の紫外光発生の進捗状況

また，産業応用では，どの程度長時間紫外光が発生できるかという寿命が重要となってきます。寿命には，結晶に含まれる欠陥やデバイス化技術が重要となってきます。大阪大学では，CLBOの高品質結晶育成方法を考案し，精密研磨技術を用いて，20Wの266nmを100時間以上も発生できるCLBO素子の開発に成功しています。短波長化については，Erドープファイバ増幅器から発生した1547nm光の8倍高調波発生という新しい方法を考案し，193nm光を高効率で（1547nmから193nm光までで7％の変換効率）発生しています。この全固体193nm光はエキシマレーザーよりもはるかにビーム品質が優れており，レーザーによる視力矯正手術や細胞加工などに応用が期待されています。一方で，CLBOはCsを含んでいるために，湿気に弱いという問題を抱

えております.それらの問題を克服するため,研究が進められています.

3.10 お わ り に

　高調波発生,和周波発生,パラメトリック発振という非線形光学技術を使って元の波長と異なるいろいろな波長を持つ光の発生を実験的にみてきました.現在では非線形光学技術のおかげで赤外から紫外に至るほとんどあらゆる領域のレーザー光線が得られるようになっています.そして物理,化学,工学さらに最近では生物,医学などの各新分野においてレーザー光線の応用が盛んに行われるようになっています.

4 レーザーが開いた新しい医療

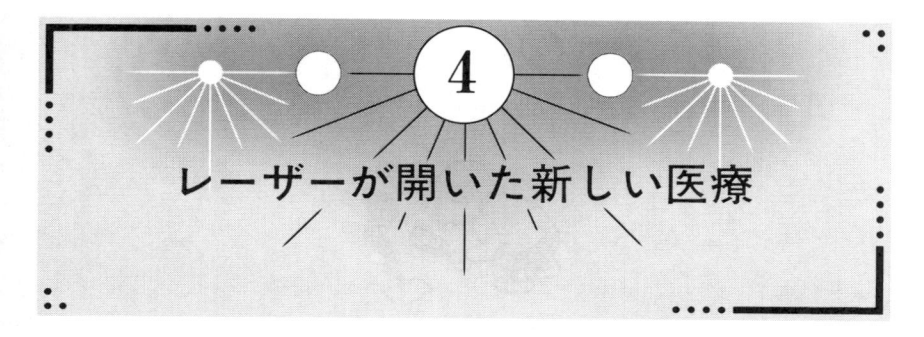

この章では,レーザーの医学・医療分野における利用を考えてみましょう。光は人間の体にとって,とても大切なものですが,それを利用して体を治すということは,昔は日光浴とか,皮膚に対する紫外線・赤外線療法くらいがせいぜいでした。しかし,レーザーの登場によって,私たちは光のエネルギーを医学的に利用することが可能となったのです。レーザーによる網膜剝離の治療や皮膚のあざ消しなどは,みなさんもご存じかもしれませんが,この章ではさらに,以下の効果的な治療法を解説します。

(1) レーザーを使った外科手術に用いるレーザーメス
(2) 光ファイバとレーザーとを組み合わせたレーザー内視鏡
(3) レーザーの鍼灸治療への応用
(4) レーザーによるがん治療
(5) レーザーを使った歯科治療

4.1 太陽と虫眼鏡とレーザー

子供のころ,虫眼鏡で太陽光線を集めて,新聞紙を焼いた記憶があると思います。光は小さい点に集まるとその部分の温度を上げて,ついには火を出します。そのとき,黒い字の部分は白い部分より火がつきやすい経験をしたでしょう。子供のころから経験したこの事実は現在,レーザーを使った切開(レーザーメス),あるいは凝固治療の原理ともいえます。

太い光線をレンズで小さい面積の上に絞って照らしますと,その部分の温度が上がって,異常な現象が起こります。この現象の起こり方は,単位面積当りの光パワー(パワー密度)によって変わります。太陽は,4×10^{26} W(ワット)

4. レーザーが開いた新しい医療

のばく大なエネルギーを放出していますが，四方八方にばらまきますので，地表に到達するのは約 1.6×10^{17} W で，$1\,\text{cm}^2$ 当りにすると約 $0.1\,\text{W}$ にしかなりません。これに対して，100 W で直径 5 mm のレーザービームは $500\,\text{W/cm}^2$ になります。100 W の電灯といえば，たいした感じを受けませんが，レーザーとなると，このように太陽光線にまさる強い光になります。したがって，レーザーをレンズで集光すると，太陽光線を虫眼鏡くらいのレンズで集光するのとは格段の違いがあります（図 4.1 参照）。

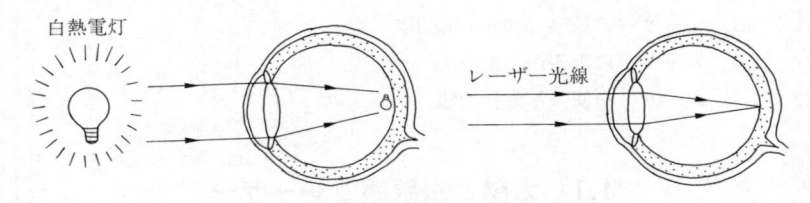

図 4.1　レーザー光線と白熱電灯の光の違い

　例えば，100 W のレーザーをレンズで 0.1 mm のスポットに集光したとすると，光パワー密度は $1\,000\,\text{kW/cm}^2$ になります。これを太陽光線で行うと，直径約 36 cm のレンズで集光しなければなりません。また，太陽光線の平行性はレーザーより悪いので，レーザーのようにうまく集光することはできません。これを見ても，いかにレーザーは優れた光であるかがわかります。

　レーザーを使うと，太陽光線の場合よりはるかに容易に強い光を一点に集中させ，温度を上げ，さらに燃焼させることもできるのです。照射する対象物が

燃えたり，焦げたりしますが，人間の体に当てるとどうなるでしょう。人体に集光されたレーザーが当たると，当然皮膚の温度が上がり，その内側へ熱が伝わり，比較的レーザーのパワーが弱い場合は，照射された部分の生体中のタンパク質が凝固して白くなります。タンパク質は約75℃で凝固します。これは卵白が目玉焼きですぐ白くなるのと同じと考えてよいでしょう。さらに，強いパワーのレーザーを当てますと，生体組織は高温（約1500℃）になり，蒸気化して，欠損が生じ，切開されます。

4.2 レーザー目玉焼き

　光の波長と物質は，密接な関係を持っており，ある物質に対して通り抜ける波長の光と，遮断されてしまう波長の光とがあります。例えば，水を考えると，可視光はだいたい水を通りますが，特に青色や緑色（光波長 0.48～0.5μm）辺りの光がよく通ります。太陽光に照らされた深い水の底が青く見えるのもこのためです。

　一方，この青色や緑色の光は，赤い物質によく吸収されます。この青色や緑色の光を出す代表的なレーザーはアルゴンイオンレーザー（略して，アルゴンレーザーともいいます）と呼ばれ，いくつかの波長の光を出しますが，緑色（0.515μm）の光が最も強く（数十W）出ます。そのほかに，緑色の光を出すものとして Nd：YAG（ネオジウム・ヤグ，波長 1.06μm）レーザーの2倍高調波（波長 0.532μm）がよく使われます。

　水槽の中を泳ぐ赤い金魚に，このアルゴンレーザーのビームを向けたらどうなるでしょうか。先に述べたように，緑色のレーザーは水に吸収されず，よく通り抜けます。そこで，赤い金魚に当たると金魚の赤に吸収されて，金魚はやけどを負うでしょう。

　これと同じ理屈の面白い治療があります。それは網膜剝離，眼底出血などの眼底治療です。私たちが目で物を見るというのは，眼球の脳に近い裏側の網膜上に像の焦点を結んで，その映像をとらえ，脳で判断しているのです。その網

膜がはがれて浮き上がったり（網膜剝離），あるいは網膜上の細い血管が高血圧などのため，破裂して出血すると失明することもあります。この治療はなにしろ眼球の裏側ですから，非常にむずかしい作業になります。ところが，アルゴンレーザーを使いますと，簡単に治療ができるようになりました。眼球は角膜，水晶体（レンズ），硝子体といずれも水分の多い組織でできており，ほとんど水と考えると，網膜上の異常血管，出血，剝離などはいずれも赤い部分ですから，水槽の中の金魚と同じ関係になります（図4.2参照）。

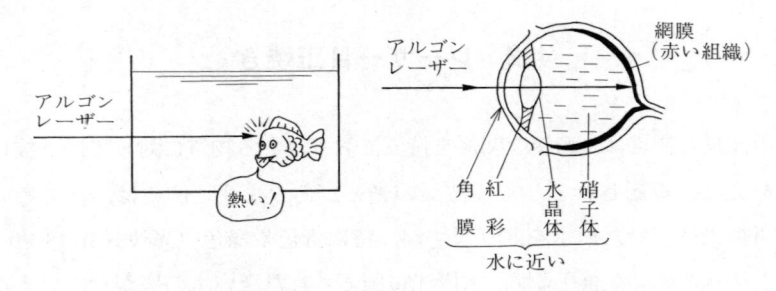

図4.2　アルゴンレーザーによる眼底治療の原理

そこで，瞳孔からアルゴンレーザーを入れますと，網膜までほとんど素通りで，網膜上の出血の赤い部分でよく吸収されることになります。吸収するとタンパク凝固が起こり，網膜上にビームスポットに対応した組織が凝固し，白い瘢痕が生じ，出血は止まり，剝離した網膜はスポット溶接の形で眼底に接着し，治療が成功します。照射する場所の選定は瞳孔前にレンズを置いて，そのレンズを動かして，入射するレーザーの進む方向をわずかに変えて被照射位置を調整します。眼球自体，眼底に焦点を結ぶ光学系ですから，比較的簡単に光による眼底治療ができます。これに使われるレーザーは数百mW（ミリワット）で十分効果があります。これはレーザーが実際に，人間の治療に応用された最初の例で，通院で治療ができるので，現在では相当普及しています。

このように，レーザーの物質の透過，吸収特性を生かすと，非接触で一つの物質を介して，その奥に影響を与えることができます。レーザーだからこそできる治療法です。網膜の治療以外にも緑内障，白内障でもレーザーが用いられ

ています。白内障のレーザー治療では、手術前はほとんど物が見えず介添えを必要としていた患者が、手術後には一人で歩いて帰れるという劇的な治療成績もあります。いまでは眼科領域のほとんどの病気に対してレーザーが使われているか、レーザー利用を検討しています。

最近、町中の看板や電車内のつり広告、単行本などで宣伝されているレーザー近視矯正について紹介しておきましょう。これには、ArFエキシマレーザー（波長 $0.193\,\mu m$）と呼ばれる紫外線のレーザーが用いられています。このレーザーは角膜だけに吸収され、眼球の内部を通りません。角膜の表面をレーザーで削って平たん化し、近視を治そうというものです。極度の近視や角膜に疾患のある患者にとって、この治療法は安全性・確実性の高い方法です。しかし、眼鏡やコンタクトレンズが煩わしいという理由だけで、この治療を受けたいという方にはあまりお勧めできません。眼球が動くために生じるレーザーの照射ずれ、レーザーのパワーが強すぎて起こる角膜拡張症などの問題点もありますので、この治療法の利点と欠点を十分に知ってから、治療を受けてください。

4.3 あざ，しみ，ほくろのレーザー消しゴム

レーザーの最もポピュラーな医療応用にあざ（あるいはしみやほくろ）消しがあります。人から見えるところに色の変わった部分があって悩んでいる人も多いと思います。軽い程度であれば、簡単な処置として化粧で隠す方法があります。重ければ形成外科，皮膚科で変色した部分を切り取って、健全な皮膚を移植するとか、部分的に冷凍して悪い部分を壊死させて脱落させるとかの治療法が従来から行われています。これらの変色の原因は種々ありますが、例えば皮膚の裏側で血管が異常に発達するとか、血管が膨張すると外からは赤いあざに見えます。その血管が動脈か静脈かで、鮮やかな赤味になったり、紫がかった色になったりします。こんな場合に皮膚の中まで通るようなレーザーを当てますと血液が凝固して余分な血管がなくなったり、膨張した血管が収縮して正常の色に戻り、あざは消えていきます。

4. レーザーが開いた新しい医療

　あざのうちで皮膚の裏側に色素が集まってできる場合があります。これは母斑と呼ばれるあざで，皮膚の表層にあるメラノサイトという黒い細胞が色素を異常増殖したとき，または皮膚の少し奥の真皮といわれる層の色素が多くなったときにできます。

　このあざにレーザーを当てると，色素の多いあざはレーザーを吸収して温度が上がり，凝固して死にます。死んだあざ組織の皮膚表面に近いものは，はがれてとれていき，深いところのものは血液で運び去られてあざは消えます。

　異常血管にしても，色素にしてもあざは皮膚の表面近くにできますので，いくぶん皮膚に浸透するレーザー（おもに可視域のレーザー，例えば赤色のルビーレーザー）で，血管や色素によく吸収されるレーザーがあざ消しに有効な働きをします。正常な白肌を痛めずに，あざだけを消すことができるのです。これもレーザーの特長を生かした，ほかの方法ではまねのできない治療法です。

　最近，話題になっているレーザー脱毛について，紹介しておきましょう。これにはアレキサンドライト，ルビー，Nd：YAGや半導体レーザーなどが用いられています。毛母細胞を含む毛包を，レーザーで選択的に焼くことで脱毛します。先に述べてきた治療例では，どんなレーザーが用いられているか，その種類（光波長）しか紹介しませんでした。

　レーザー治療ではレーザーの種類・波長だけでなく，照射時間も重要な要素です。どれだけの時間照射するかによって，生体に与える影響は異なります。レーザー脱毛ではこの照射時間が重要になります。レーザー脱毛装置の照射時間は 10〜50 ミリ秒（1/100〜1/20 秒）という一瞬の時間です。表皮に含まれているメラニンと，毛包にあるメラニンとは，その大きさが違います。質量に

対して表面積の大きい表皮（薄い皮と考えます）は，同じパワーのレーザーを受けても熱が奪われやすく，あまり温度が上がりません。一方，毛包は表面積が小さい（大きなかたまりと考えます）ので，熱が奪われにくく，レーザーを吸収して毛包の温度が上昇し，破壊されるのです。先に示した時間より長くても，短くてもこの効果は得られません。耳に毛がたくさん生える場合（小耳症に現れる一部の症状）や体毛が異常に多い場合などは，形成外科あるいは皮膚科でのレーザー脱毛治療が受けられます。

しかし，脇毛（わきげ）や手足の体毛を美容の面から脱毛するのは，医療行為とは認められていません。エステティック・サロンなどで美容目的に，レーザー脱毛がほかの脱毛法と同様に行われていますが，レーザーパワーが強すぎて，やけどしたり，逆に毛が増えたり（薄髪の方には朗報か？）することもあります。レーザー脱毛を受けたいと思う方は，この治療法を十分に理解し，安全性を確かめたうえで治療を受けましょう。

このほか，光老化によるしみやしわを取り除くレーザー若返り治療が，欧米を中心として急速に普及しています。東洋人は肌の色が違いますので，治療後の色素沈着が問題になっていましたが，最近ではこの問題を解決するレーザー治療法が現れ，期待されています。

4.4　光で血を出さずに体を切る（レーザーメス）

青色や緑色の光は水の中をよく通ることを説明しましたが，水の中を通らない光もあります。例えば，波長 $10.6\,\mu\mathrm{m}$ の炭酸ガスレーザーがあげられます。このレーザーは赤外線で人間の目には見えません。しかし，現在のレーザー装置の中では効率が高いので，出力の大きなものが作りやすく，また，わりに小さな装置にすることができるので，加工装置を初め，いろいろな面で利用されています。

炭酸ガスレーザー　　炭酸ガスレーザーを水に当てると，水は表面から温度が上がり，蒸発します。水面下に到達する深さは $10\,\mu\mathrm{m}$（0.01 mm）程度で，

ごく表面で吸収されてしまうので，パワーの強い炭酸ガスレーザーを水面に照射すると表面から蒸気になります。

人間の体内の水分は内臓では83％，脳では75％，筋肉では76％，骨では22％といわれています。骨以外で平均すると，約80％が水ということになります。水のかたまりのような人体に炭酸ガスレーザーを照射すると，前の話からもわかるように，表面から蒸発していきます。そこで，レーザーを0.1 mmぐらいに細く絞っておきますと，鋭いメスで切ったのと同じように切開ができ，この装置が有名なレーザーメスと呼ばれる医用レーザーを代表する装置で，光で体を切ることができます（図4.3参照）。

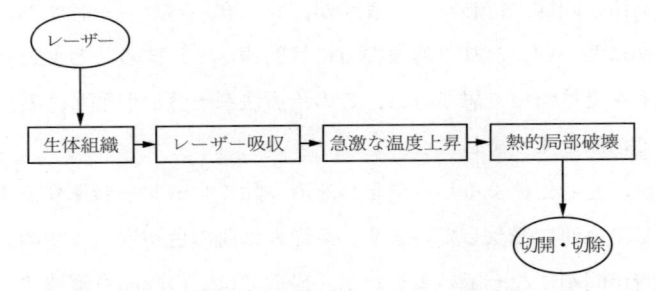

```
レーザー
  ↓
生体組織 → レーザー吸収 → 急激な温度上昇 → 熱的局部破壊
                                            ↓
                                        切開・切除
```

図4.3　レーザーメスによる生体切開・切除

これは照射された表面のみを切り，内部までは影響しない特徴を持っています。もちろん，一箇所を連続して照射し続けると，どんどん穴が掘れて，ついには貫通してしまいます。しかし，実際には，短い時間しか同じ場所を照射しませんので，こんなことは起こりません。むしろ，患部など切りたい部分だけを切り取り，奥のほうには影響しない安全なメスです。

もう一つの利点は，血液中の水分は83％ぐらいで，これまた炭酸ガスレーザーをよく吸収することです。しかも，炭酸ガスレーザーは照射対象物の色による吸収選択性もほとんどありません。したがって，細い血管に照射すると血管は熱で凝固収縮し，血液は水分が蒸発して固まり，血を出さずに血管を切ることができます。数mm以上の太い血管ではかえって血管に穴をあけ，出血させることになりますので止血操作が必要です。

4.4 光で血を出さずに体を切る（レーザーメス）

しかし，細い血管，毛細血管では有利で，細い血管の密集した臓器（例えば，肝臓，舌など）は止血せずに無血切除ができます。これは一つ一つの血管が熱で収縮凝固し，先端を封じながら切れていくためです。また，照射部は約1500℃の高温になり，ばい菌，がん細胞などは死んでしまいますので，殺菌，殺がん効果もあります。さらに，金属メスを当てて切るのと違い，光線を

〈ひとくちメモ〉

無 血 手 術

レーザーメスは血を出さずに生体を切開します。不思議に思いますが，理由は簡単で，血管が切れるとき血が吹き出さないからです。なぜ，血が吹き出さないのでしょうか。血管がふさがるからです。

温度が上がると縮むビニールチューブがあります。このようなチューブを熱収縮チューブと呼んでいます。身近には物干さおにかぶせたビニールがあります。あれも一種の収縮チューブで，初め太いチューブをさおに通して熱湯をかけると縮んで，ぴったりとさおにくっついてカバーになります。

細い熱収縮チューブに水を流して模擬血管にします。これをはさみで切るとチューブは切れて水が吹き出します。これが普通の金属メスで生体を切った場合に相当します。つぎにはんだごてを少しとがらせて，温度を上げ，水の流れている収縮チューブに押しつけますと，チューブは熱で溶けて切れます。しかし，切り口は温度の高いはんだごてで収縮して溶けて切れますので，切り口はふさがれて水は吹き出しません。

このはんだごてで熱を与える代わりに，レーザーを使いますと血管に触わらないで照らした血管の場所の温度が上がり，血管組織は水分を蒸発して失い，熱収縮チューブと同様に縮まり，さらに血液は凝固しますので血を出さずに血管が切れます。

これが血を出さずにレーザーで生体が切れる仕組みです（図3参照）。

図3 レーザーで血管を切る無血の仕組み

当てるだけですから、メスを介してがん細胞がほかに移る心配もありません。ただ、切り口は熱で切りますので金属メスのようにきれいではありません。しかし、電気メスに比べると優れています。炭酸ガスレーザーメスは従来できなかった治療も可能にし、多くの人々に福音をもたらしています。

末期的な狭心症や心筋梗塞に、炭酸ガスレーザーが活躍している例を紹介しましょう。通常、心筋に酸素を供給している冠状動脈の内径が75％以上つまっている場合に、細いワイヤを血管内に挿入し、先端につけた風船をふくらませて、血流の流れをよくする手術が行われています。ほとんどつまっている場合には胸部を切り開いて、血管のバイパス手術が施されます。ところが、冠状動脈自体が動脈硬化のため全体に細小となり、バイパス手術もできない末期的症例があります。こんな場合に最終的な手段として、心筋の表面に炭酸ガスレーザーを照射して、貫通孔を作り、左心室内の動脈血を虚血に陥った心筋の中に流して、心筋細胞を再生するという画期的な治療法があります。この方法で重症狭心症の患者が、術後10年以上生存している例があります。

4.5 切らずに治るレーザー内視鏡凝固

炭酸ガスレーザーは中間赤外と呼ばれる波長領域（約 $10\,\mu m$）の光ですが、これよりちょうど一けた短い（1/10）$1.06\,\mu m$ の光を出す Nd：YAG レーザーと呼ばれる固体レーザーがあります。

Nd：YAG レーザー　　Nd：YAG レーザーは $100\,W$ 程度の出力も容易に得られ、炭酸ガスレーザーと同じように加工機用のレーザーとしても使われています。この Nd：YAG レーザーの光は生体内部で広がる性質があり、切開には不向きですが、腫瘍などある体積を凝固させて退治する場合、出血を凝固して治療する場合などに有効な光で、特に、光ファイバを使って体内へ光を導くことができる大きな利点を持っています。

胃の中などをのぞく内視鏡がありますが、いくつもチャネルがありますので、その一つにレーザーを送る光ファイバを通して、胃の中へ入れ、潰瘍など

4.5 切らずに治るレーザー内視鏡凝固

出血している箇所を見つけ，そこへレーザーを照射させて出血を止めることができます。いままでのように，いったん開腹手術をして，潰瘍(かいよう)箇所を見つけ止血手当をするのと比べると時間的に早く，患者の肉体的負担の軽い治療ができ，格段の進歩といえます（図 4.4 参照）。

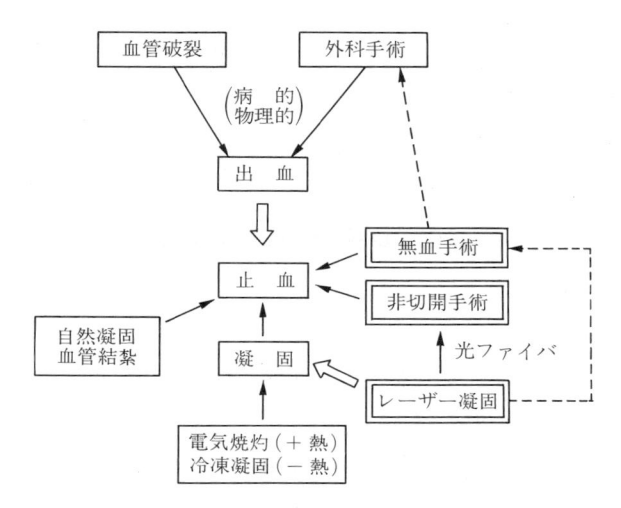

図 4.4 レーザー内視鏡凝固

これはレーザーと光ファイバという二つの新技術が結合して実現した新医療技術です。外科手術では，できるだけ体にメスを入れずに，最小限に切り傷を抑えることが重要です。切り傷が小さければ，輸血量が少なくてすみますし，手術時間も短縮され，術後の回復も早くなります。このことは体力の乏しい子

供や高齢者にとって,特に重要なことです。レーザーと光ファイバを組み合わせた治療機器は,まさにこれが実現できるのです。

脳神経外科では髄液で満たされた脳室内の神経内視鏡手術などに利用されています。食道がん,胃がんをレーザーで凝固壊死させる治療,膀胱鏡を使った泌尿器系統の治療,例えば尿道狭窄の除去,尿道および膀胱のがん組織,結石破壊,前立腺肥大症などにも使われています。気管支鏡を使って呼吸器系統にできたがん組織や呼吸を妨げる腫瘍の除去治療などにも応用されています。首や腰のヘルニアの治療にも使われ,多くの患者が社会復帰を果たしています。

レーザーを直接患部に照射するのではなく,レーザーに対して吸収の強い物質(ホットチップと呼ばれます)を光ファイバの放射端に取りつけ,その吸収物質をレーザーの熱エネルギーで加温し,加温された物質を患部に挿入して病変を焼いてしまう治療があります。レーザーエネルギーを適当に選ぶことで,先端部位の温度を容易に制御することができます。例えば,糖尿病・高脂血症などで血管が硬くなって,狭くなったり,つまってしまった部分を取り除いて血行を再建するのに利用されています。

4.6 レーザー鍼灸治療

医用レーザーの代表的なものがレーザーメスであるために,レーザーの医療応用といえば高出力レーザーを使った切開,凝固を思い浮かべますが,mW級の低出力レーザーを利用した医療技術が注目されています。これはレーザーパワーの利用ではなく,光による刺激の利用と考えられています。レーザーに対する生体の反応としてこれを見ると,レーザーメスが光生物学的破壊反応とすれば,こちらは光生物学的活性化反応ともいえます。

インドで起こり中国で大成した鍼灸治療は東洋医学の代表的なものです。人体には300以上のつぼがあります。つぼの実体は今日でもはっきりしていませんが,つぼに灸をすえるか,金属の鍼を突き刺すとかの刺激を与えると,頭痛,筋肉痛などが治る実例が認められています。この鍼灸の代わりにレーザー

4.6 レーザー鍼灸治療

をつぼに連続あるいは断続的に照射して治療するのがレーザー鍼と呼ばれる治療法です。これは人体内に比較的よく浸透するレーザー，例えば He-Ne レーザー（波長 $0.633\,\mu m$）など赤い光が使われます。この光は血液，水分による吸収がともに少なく生体内に入りやすい光です。必要なパワーは数十 mW くらいです。最近では半導体レーザー（$0.6～0.9\,\mu m$）が発達してきましたので，小形で使いやすい利点を生かして応用されています。レーザー鍼は体に鍼を突き刺す苦痛，恐怖感がなく，特に敏感な場所とか子供にでも容易に使え，消毒の必要がないなどの利点があげられます。痛みを伴わない痛みの治療として，ペインクリニックで注目されています。

適応症としては気管支喘息，頭頸部の痛み，三叉神経痛，五十肩，がん末期の痛みなどがあげられ，特に寝違いには効果的であるといわれています。これらの鎮痛効果はレーザー照射の断続的繰返し周波数に関係するという説もあります。あまり即効性はありませんが，慢性疼痛で悩んでいる人には有効だと報告されています。日常生活の行動性（activity of daily life：ADL）と生活の質（quality of life：QOL）の医療が重要と叫ばれていますが，レーザー鍼はまさに ADL と QOL の向上に大きく貢献しています。

本場の中国では，盛んにレーザー鍼が利用されています。珍しい例としては，逆子の妊婦の足のつぼにレーザー鍼治療を施し，正常に戻した多くの症例があげられます。さらに東洋医学では，鍼麻酔という医療技術がありますが，これをレーザーに置き換えたレーザー麻酔の可能性も検討されています。

低出力レーザーの利用は，生体機能の回復，増進にも有効であるという報告があります。その例としては，低出力のルビーレーザー（波長 $0.69\,\mu m$）をマウスの皮膚に反復照射したところ発毛促進効果が認められた，5 mW の He-Ne レーザーで難治性潰瘍が治療された，両側の下腿の潰瘍治療の場合，100 mW のアルゴンレーザー（$0.488\,\mu m$）で片側の潰瘍を照射しただけで，反対側の非照射潰瘍にも治療効果が現れた，などの興味深い報告があります。これら創傷治癒促進効果は，レーザーの生体刺激作用による体液性因子の変化に基づくものとされていますが，十分解明されていません。

レーザーによって生体機能が増進するという点から，最近レーザーによる美容の宣伝が見受けられます。これについては，まずレーザーと生体組織とのミクロな関係を解明し，作用機序を明確にすることが重要であると考えられます。

このほか，低出力レーザーは，腫瘍を直接暖めて治療する温熱療法にも利用されています。また，最近では炭酸ガスレーザーを数十mWの低出力にして，緩やかな照射によって血管の接続（吻合）を行った報告もあり，神経の接続を試みる研究も進められています。

4.7 レーザーがん退治

レーザーのエネルギーを熱的に利用する治療法に対して，分子の光化学反応を利用する方法があります。

その一つは，がん組織からの蛍光を測定する方法で，アルゴンレーザーをがんに照射すると蛍光を発するので，レーザー照射でがんの早期発見が可能といわれています。

さらに，がん細胞が取り込む物質（腫瘍親和性光化学物質）を体内に入れますと，正常組織には取り込まれにくく，がん組織にだけ取り込まれ，長時間滞留します。この物質が吸収する波長のレーザーを照射して，がん組織にだけ選択的にレーザーを吸収させ，がんを破壊することもできます。この物質には，現在ヘマトポルフィリン誘導体（HpD）を用いるのが主流になっています。この機構としては，HpDがレーザーを吸収し励起された後，蛍光を発して元の状態に戻る場合と，HpDが3重項状態と呼ばれる状態になり，このエネルギーで酸素を励起し活性酸素にする場合があり，この活性酸素がん組織を破壊すると考えられています（図4.5参照）。

このように分子のエネルギー準位を介してがん退治をする新しい方法の研究が進められています。光線力学的治療法（photodynamic therapy：PDT）とも呼ばれるもので，レーザーが特定の波長の強い光を出せる性質の応用です。

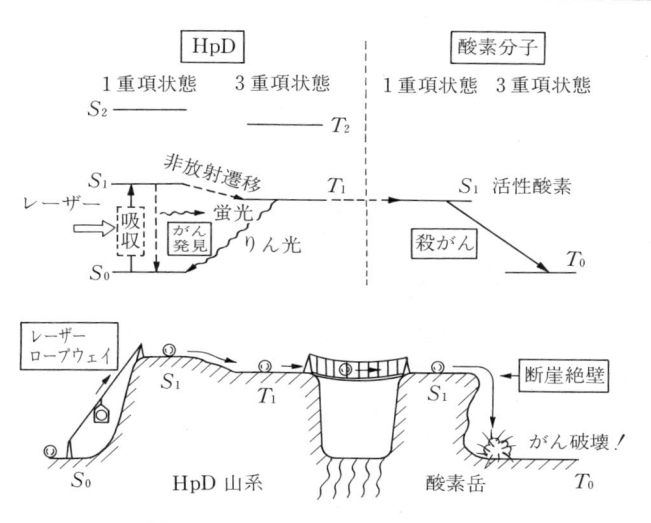

図 4.5　レーザーによるがん組織破壊

ただし，この治療法には光線過敏症という弊害があり，HpD を注射した後から，術後もしばらくの間，暗闇の中で過ごさなければなりません．がん細胞だけに取り込まれ，術後はすぐに排出される，HpD よりもさらに有効な腫瘍親和性光化学物質が発見されますと，この治療法は広く普及すると期待されています．

4.8　レーザー虫歯予防と治療

レーザーを歯に照射すると，歯の表面のエナメル質（ほうろう質）が酸に対して強くなることが明らかになっています．口の中にある細菌が糖分を仲介にして乳酸を作ります．この乳酸が歯のエナメル質を溶かして虫歯にします．したがって，歯の表面のエナメル質が耐酸性を持つと，虫歯になりにくいということになります．これは，Nd：YAG レーザーのパルス光を 1 秒以下の短い時間，歯に当てるだけという簡単な予防です．また，フッ素を取り込んだエナメル質は酸に強くなりますので，フッ素を歯に塗布する予防法があります．しか

し，フッ素がエナメル質に取り込まれるのに時間がかかるのと，体内に吸収される危険性が問題になります。そこで，レーザーを当てると一瞬にしてエナメル質に取り込まれるので安全な方法として注目されています。

虫歯の治療では最近，Er：YAG（エルビウム・ヤグ，波長 $2.94\,\mu m$）レーザーが注目され，急速にその治療機器が普及しています。このレーザーは水に対する吸収が炭酸ガスレーザーよりも高く，硬組織の歯と軟組織の歯肉の両者とも切開できます。これまでの高速タービンを利用した歯の研磨器で削りとるのと違って，不快さ・痛みが軽減され，無痛治療も夢ではなくなりました。このほか，Nd：YAGレーザー，またはアルゴンレーザーを歯に照射すると麻酔効果があり，レーザーによる歯痛止め治療も期待できそうです。

しかし，口の中の歯にレーザーを当てるわけですから，自由自在に曲がる導光路が必要です。また口内でレーザーが反射して健康な部分を傷つけたりしては困りますので，防護安全の方法を十分考えなければなりません。これらの点を解決するための研究も進められています。

4.9　お わ り に

昔のレーザー治療機器は，産業用のレーザー装置が転用されていました。しかし，最近では治療に適した光波長，照射時間を持つレーザー治療機器が新たに開発され，臨床に応用されています。同じ病気でもレーザー治療が適応できるかどうか，術前に十分検討されるようになりました。レーザーでもできる治療方法から，レーザーでなければできない治療方法が多数登場してきていま

す。紙面の都合で診断・計測へのレーザー応用は紹介しませんでしたが，この分野でもレーザーが活躍していることをつけ加えておきます。まとめとして，図 4.6 に，医用レーザーの応用分野の概略を示しておきます。

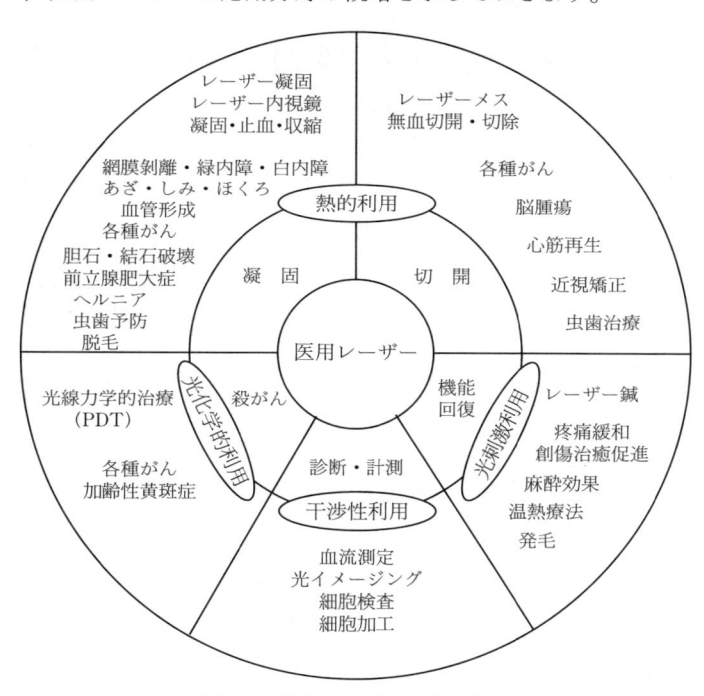

図 4.6　医用レーザーの応用分野

5 レーザーと情報化社会

インターネットの爆発的普及や高精細な画像記録・再生・伝送など，世はまさに大量の情報をやり取りする情報化社会に突入した感があります。これを支えるのは，IT社会のかなめである光通信技術および光ディスク技術です。この章では，その具体例として，以下について述べます。
(1) 細いガラスファイバ中にレーザー光を通して行う光通信，およびオーディオやビデオ用の光ディスク装置
(2) 関連するレーザー応用機器
(3) 今後いっそう成長するであろう光部品の一つである光集積回路

5.1 光通信の幕開け

光を用いて人間どうしが通信する手段は，近代文明時代以前にすでに利用されていたと思われます。鏡のような反射物を用いて，太陽光線を反射させ，それを変化させながら，ある種の通信がなされていたことでしょう。このように光通信は，信号の送り手が光を強弱させ，信号の受け手はその強弱を肉眼で認識するか，または適当な光検出器で検知するならば，そのシステムはでき上がるのです。

そこでつぎに問題になる第1の点は，光源としてどのようなものを使うのがよいか，ということです。太陽の光線は曇った日や夜は使えません。ですから，なにか人工の光源を使わなければならないのです。普通の電灯などは，光が広がってしまって遠方までは届かないので，あまり適当ではありません。そんなわけで，光通信は長い間近代技術の中では忘れられていました。そんなこ

ろ，1960年にレーザーが発明されたのです。

　レーザー光はほとんど広がらずに空間を直進するので，光通信には使えそうです。でも長さが30cm以上もある気体レーザー装置はシステムを小形化するには不適当であることがだんだんとわかってきました。

　問題となる第2の点は，レーザー光が伝搬する大気です。いつも晴天で，かつ空気がきれいとは限りませんから，雨，霧，雪，スモッグなどの大気中ではレーザー光は減衰し，遠方までは到達しません。ですから，光が減衰せずに伝搬できる媒体があればよいのですが，数百m伝搬しても減衰が小さい媒体が見つからず，光通信は非現実的であるとみられていました。

ガラスの中を光が走る　　しかし，1970年ごろ，ガラスをうまく作ると損失を十分に小さくできることが理論的に予測され，実際に損失の少ないガラスが作られました。それは，1kmで1/100程度にしか減衰しないものでした。これが光ファイバとして注目を浴びるようになった初期のころのものです。

5.2　光ファイバの仕組み

　光ファイバの構造や形状にはいろいろの種類がありますが，代表的なファイバの構造とその中を光が導かれていく様子を図5.1に示します。光が通る中心部をコア部と呼び，その周りの部分をクラッド部と呼んでいます。コア部よりもクラッド部の屈折率を少し小さくしておくと，光はコア部に閉じ込められて伝搬していきます。その理由は，屈折率の大きい層から小さい層への境界面では，光をある程度境界面すれすれに入射させると100％の全反射を起こすという性質があるからです。

　通信用の光ファイバでは，コア部の直径は太いもので$50\mu m$，細いもので$5\sim10\mu m$で，クラッド外径は国際規格で$125\mu m$に統一されています。これだけでは弱いので，実際のものは図5.2に示すように，機械的補強や水分よけのためにプライマリコートがつけられ，さらにその外側は取扱いの便宜のため，ナイロンコートで補強され，外径0.9mmになっています。

5. レーザーと情報化社会

図5.1 光ファイバのいろいろ

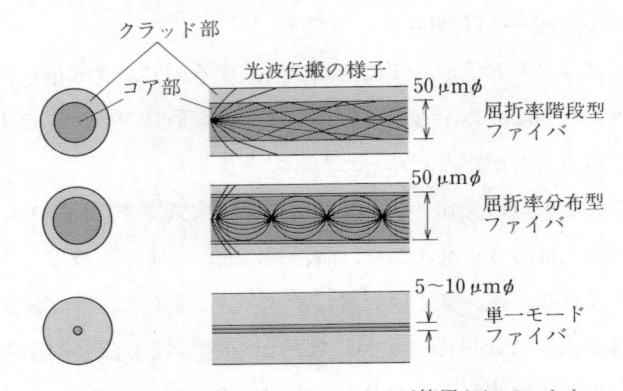

- 屈折率階段型ファイバ（50μmφ）
- 屈折率分布型ファイバ（50μmφ）
- 単一モードファイバ（5〜10μmφ）

現在は，おもに単一モードファイバが使用されています

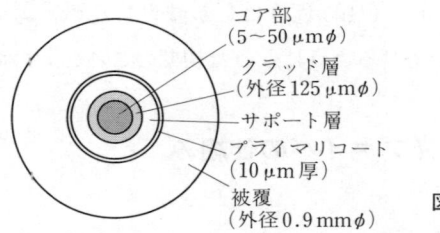

図5.2 光ファイバの構造

- コア部（5〜50μmφ）
- クラッド層（外径125μmφ）
- サポート層
- プライマリコート（10μm厚）
- 被覆（外径0.9mmφ）

　先に話をした光ファイバの損失ですが，その材料である石英（SiO_2）の水分を除去しながら，その純度をどんどん上げていくことで，伝送損失を低くすることができました。図5.3は伝送損失と波長との関係を示したものです。この特性からわかることは，波長1.3μm，1.5μm近辺で特に低損失になることです。ですから，この波長を利用するのがよいということになります。

　もう一つ光通信用ファイバに求められる大切な性質は，短い時間幅の光パルスを送る場合，遠方でも広がらないことです。多くの情報を送るということは，1秒間当りに送り出す光パルスの数を多くする，すなわち光パルスの時間幅を小さくすることを意味します。しかし，そのパルス幅が伝搬につれて広がらないためには，光ファイバとしてはコア径が10μmくらいのきわめて細いファイバがよく，かつ波長1.3μm帯や1.55μm帯がよいことがわかりました。

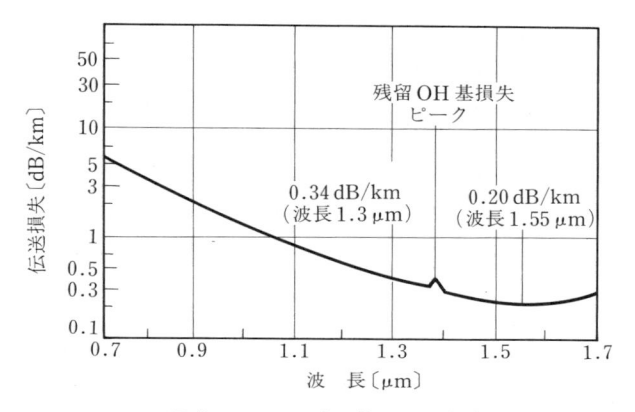

1 dB/km は 1 km 当り約 20% に相当

図 5.3 光ファイバの伝送損失の波長特性

5.3 半導体レーザー

　He-Ne 気体レーザーは容積が大きいうえに，多くの情報を送るために短い光パルスにするには余分に装置が要りますので，通信システムの小形化には不適当です。ところが，光ファイバの発展と歩調を合わせるかのように，半導体レーザーの開発が進みました。半導体レーザーの構造は**図 5.4** に示すように，

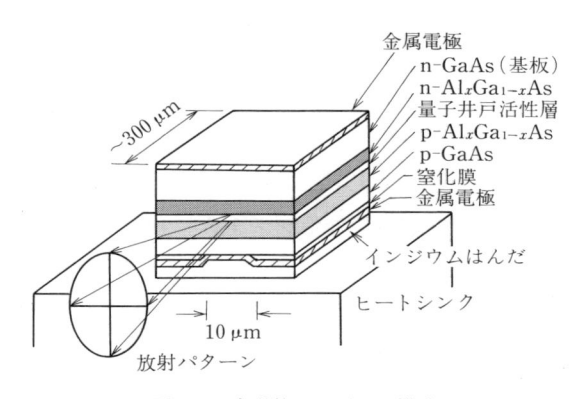

図 5.4 半導体レーザーの構造

材料にガリウム（Ga）とヒ素（As）からなる半導体層が中央にあり，これをはさむようにアルミニウム（Al）を含んだ層が上下に積層状に作られます。中央部の量子井戸活性層*がレーザー発振をするところです。大きさは長さ300μmで小さく，また上下の電極には1V前後（普通の乾電池程度の電圧）の電圧（n側をマイナス，p側をプラス）を加えてやればよく，先に述べた光パルスにするのも，この電圧をパルス電圧にするだけでよいため，非常に使いやすく，かつ小形になります。

　このような半導体レーザーの開発の進歩は速く，毎年，国内外の各社から新製品が発表されるのが現状で，この方面では，日本は世界のトップレベルにあります。光ファイバの損失特性（図5.3）の谷である1.3μmと1.55μm波長に合うように半導体レーザーが作られており，中規模，大規模の光ファイバ通信網が地球上に敷かれつつあります。

5.4　光ファイバ通信システム

　光ファイバはこれまでの電波による電話回線に使用されてきた同軸ケーブルにまさる面を多く持っています。その長所とそれを生かした応用分野の関係を**図5.5**に示しました。光ファイバは前にも述べたように低損失であり，短いパルスを形を崩さずに送ることができるという特性を持っています。ガラスであるため，外部からの電磁的な雑音が誘導されにくいため，工場内などの雑音的に環境の悪いところでも使えます。また，電気回路のようにショートによる火花は出ませんので，防爆用にも適しています。同軸ケーブルの材料は銅で，1km当り10トンの重量になりますが，光ファイバは細いためもあって1km当り40gであり，船舶や航空機内の通信システムにはおおいにありがたいことです。おまけに石英は地球上どこにでもあるわけで，資源的には問題がありません。

　光通信システムの基本構成は**図5.6**に示すように，電気信号入力を駆動回路を通してレーザーダイオードを強度変調し，その光をファイバを通して送りま

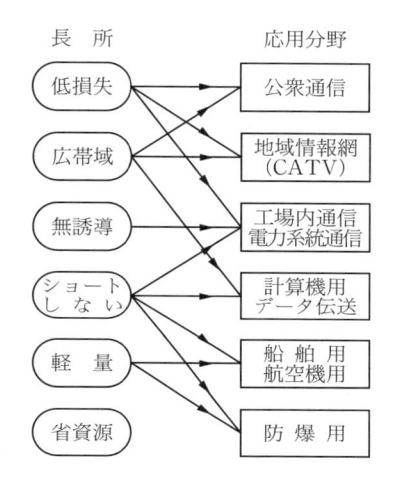

5.4 光ファイバ通信システム

図5.5 光ファイバの長所と応用分野

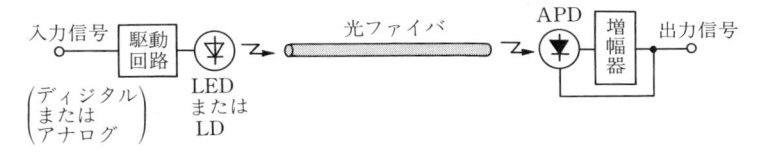

図5.6 光ファイバ通信システムの基本構成

LED：発光ダイオード，LD：レーザーダイオード，
APD：アバランシェ・フォトダイオード

す．受信側では光検出器を用いて電気信号に戻します．このときのファイバ長は約50kmくらいです．これよりも長い距離の伝送には，この電気信号で再び半導体レーザーを駆動して光信号をつぎの光ファイバに伝送します．これを中継器（電気増幅器）といいます．

1990年ころから光を直接増幅することのできる光ファイバ増幅器（ひとくちメモ参照）が導入されるようになり，中継器間距離も長くなり，光ファイバ通信システムが著しく進展しました．高速化が進み，伝送速度が2.4～10ギガビット*/秒にまでなりました．また，大容量化に向けて，複数の光波長の光信号（多チャネル）を1本のファイバで送る光波長多重（WDM）システムが進展しました．

光ファイバ増幅器を用いた波長1.53～1.61μmの海底ケーブルで各大陸は

結ばれており，わが国も，**図5.7** に示すように日本列島を取り巻く新しい日本情報ハイウェイが完成し，インターネットの時代を支えるようになりました。これらをベースとして，NTT は，2010年ごろを目指して，光ファイバ通信ネットワークを各家庭にまで，というビッグプロジェクト fiber to the home を展開しています。コンピュータのデータ送信を初めとして，高速大容量通信がますます要求される時代となり，最近ではテラ（10の12乗）ビット/秒の伝送技術が盛んに議論されています。

〈ひとくちメモ〉

Er ドープファイバ増幅器

石英ファイバ中にエルビウム（Er）原子をドープした Er ドープファイバは，波長 $1.48\,\mu m$ と $0.98\,\mu m$ に強い吸収線を持っています。これら吸収線の１本と波長が合致する半導体レーザー（CW で 500 mW 出力，寿命10万時間）で光励起すると，入射レーザー光は広い波長域（$1.53\sim1.61\,\mu m$）で１万倍も直接に光増幅されます。このように広帯域性を利用して，テラビット（1兆ビット）通信が実現されようとしています。**図4** に示す Er ドープファイバ増幅器（erbium-doped fiber amplifier：EDFA）は最低損失の波長領域（図5.3参照）で動作しますので，陸上のファイバ幹線の中継器（約 80 km ごと）として，また長距離の海底ケーブルの中継器（約 40 km ごと）として実用されています。

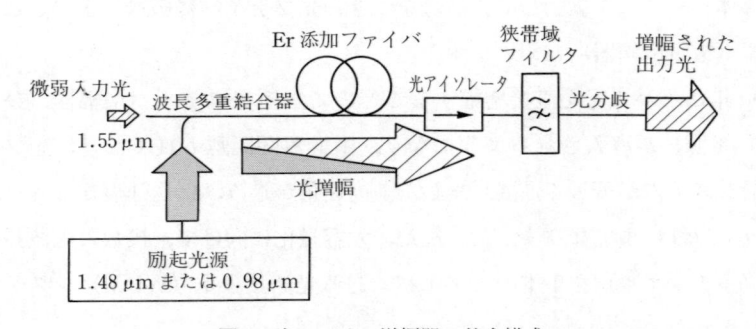

図4 光ファイバ増幅器の基本構成

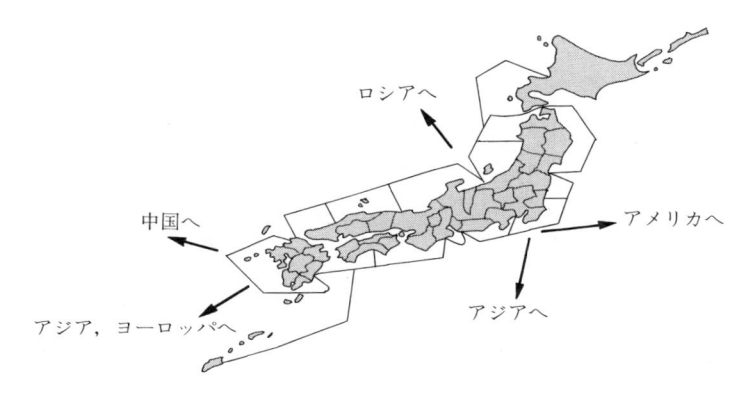

図5.7 日本情報ハイウェイ (Japan Information Highway)

5.5 光ディスク

（a） **光CDプレーヤの仕組み**　最近，ほとんどの若者が光CD（compact disc，コンパクトディスク）プレーヤを持つようになりました。レコードショップに行ってもほとんどの棚にCDが並んでいます。レコードの針がレーザー光に置き替わりました。CDはなぜ良い音が出るのでしょうか。どのような仕組みで音が再生されるのでしょうか。

みなさんの持っているプレーヤーのふたを開けると，CDをセットするための丸い皿のようなものが中央に見えます。その横に目玉のようなガラス玉が見えます。これがレーザー光が出てくるレンズです。使う人の目にレーザー光が入らないように，ふたをあけたときにはレーザー光が出てこないようになっています。基本構成を図5.8に示します。

ディスク面上には，音楽の情報がピットといわれる小さな島の列として，記録されており，ピットの寸法は幅 $0.5\,\mu m$，長さは $0.87〜3.18\,\mu m$ まで9種あり，高さは $0.13\,\mu m$ です。ピット列をトラックといいますが，トラック間隔は $1.6\,\mu m$ です。このように，きわめて高密度に情報が記録されているのがわかると思います。

ピットからの情報を読み出すには，レーザービームはトラック間隔よりも小

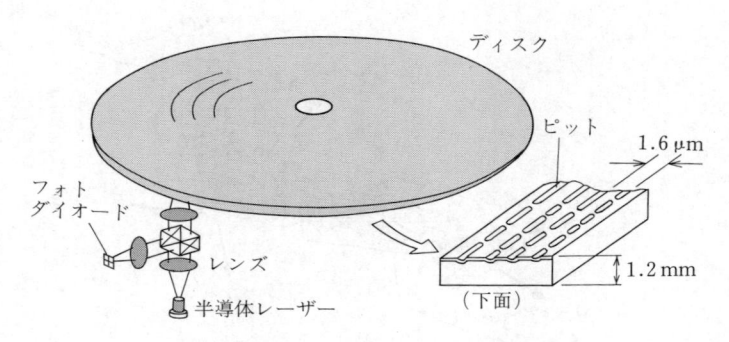

図 5.8 光ディスクとプレーヤの基本構成

さく集光される必要があり，この集光レンズは特別に設計された特殊なものです。レーザーとしては，通常，波長 $0.78\,\mu\mathrm{m}$ の赤外半導体レーザーが用いられています。

ディスクは，1秒間にほぼ5回転します。回転中，ディスク面はわずかながら上下に振れています。また，モータの軸が左右に振れます。したがって，レーザービームの一番絞れている位置がつねにディスク面上にあり，かつ1本のトラックの上を外れることなくたどることができるようにするには，きわめて精度の高い電子制御が必要になります。ディスク面の振れによる，レンズとディスク面との距離変化はディスク面からの反射光を利用して測ります。距離の最適化は，距離誤差信号をフィードバックし，レンズを上下に動かすアクチュエータといわれるフォーカスサーボ機構によって制御されます。また，トラッキングのために，じつはビームは3分割されており，それらのディスクからの反射光の割合からトラッキングずれの情報を得て，その信号をフィードバックし，ビームを左右に振らす機構によって制御しています。音楽の信号は，ピットの有無によって，反射光量が異なりますので，その変化を利用しています。

(b) アナログとディジタル　　それでは，音楽の信号はどのような形で書き込まれ，またどのようにして再生されるのでしょうか。じつは，LPレコードと光CDとは音楽信号の記録・再生の方法が根本的に異なっています。それを説明するには，どうしても，アナログとディジタルについて説明をしなけれ

ばなりません。

　アナログ量とは連続量という意味であり，それに対して，ディジタル量とは断続していて数えられる量という意味です。音楽の信号を初め，たいていの自然に存在するものはアナログ量です。光CDでは，音楽信号はピットと呼ばれる点列で記録されるのに対して，LPレコードでは，音楽信号を溝幅（平均約 $100\,\mu m$）のジグザグの変化として，すなわち，アナログ量として記録し，またアナログ信号として読み出して再生します。したがって，小さな音は溝のジグザグの振幅が小さいことに相当するのですが，例えば，それよりも大きなごみが溝に入ると，音は乱れてしまいます。すなわち，雑音に弱いという欠点があります。もう一つの欠点は，LPレコードでは，溝につけることのできるジグザグの振幅に限度があるので，極端に小さな音や大きな音は記録できないということです。音の大小の比をダイナミックレンジといいます。言い換えれば，LPレコードはダイナミックレンジが小さいのです。

　人間が聴いて楽しめる音楽のダイナミックレンジは10億くらいといわれています。もちろん個人差や，年齢にもよりますし，高齢者は小さくなります。LPレコードのダイナミックレンジは100万くらいで，これは原音の1/1 000程度ですので音楽を聴いたとき，原音が再生されていないと感じるわけです。

　それに対して，光CDでは，アナログの音楽信号をディジタル信号に変換して，記録し，ディジタル信号として読み出し，それを元のアナログの音楽信号に戻しています。この利点は，雑音に強いこと，およびダイナミックレンジの大きな音を扱えること，などで，原音に近い忠実な音が再生できます。

　それでは，ディジタル技術とはどのような技術でしょうか。ディジタル技術は，現代のあらゆる電子技術の基礎であり，コンピュータ，通信などに盛んに利用されています。**図5.9**は，アナログの音楽信号をディジタル信号に変換し，ピットを形成し，それから元のアナログの音楽信号を再生する過程を示しています。

　ディジタル変換では，10進法表示されている信号のアナログ量が2進法表示に変換されるので，信号は0と1だけの組合せの列で表されるようになりま

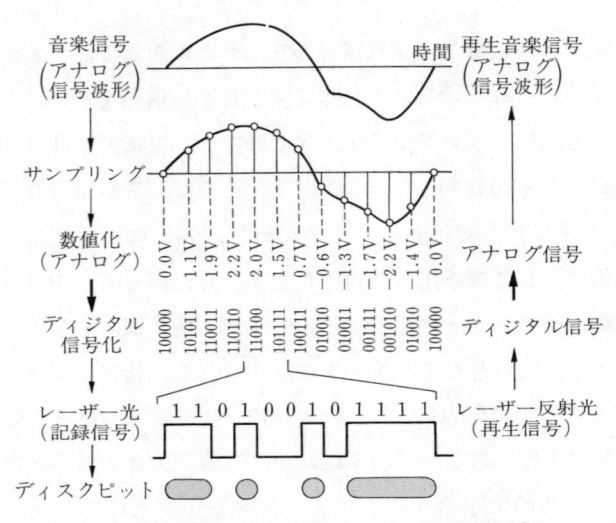

図5.9 音楽信号のディジタル化とピット列形成

す。いくら小さな音でも，また，いくら大きな音でも，0と1だけの組合せで表せます。ディジタル信号自身の最大振幅は1ですので，信号処理は楽になります。ディスクには，この"0"と"1"に対応して，それぞれ"ピットなし"と"ピットあり"の状態が記録されるのです。

5.6 ピックアップとサーボ機構

（a）ピックアップレンズ　前にも述べましたように，トラック間隔1.6 μmで小さなピットがぎっしりディスク上に記録されてあり，この一つのトラックだけに光を当てなければなりません。小さなスポットに集光できるのは，レーザー光しかありません。普通の光（インコヒーレント光）ではいくら良いレンズを使ってもレーザー光ほどは小さなスポットになりません。**図5.10**にレーザー光がレンズによってディスク面に集光されている様子が説明してあります。

レンズの集光能力は開口数* NA で表されます。集光スポットの直径 D はつ

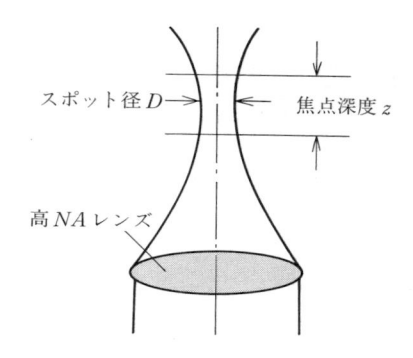

図 5.10 レンズによる集光の様子

ぎの簡単な式で求められます。

$$D = \frac{0.5\lambda}{NA} \tag{5.1}$$

普通，NA は 0.4 くらいであり，半導体レーザーの波長 λ は $0.78\,\mu\text{m}$ ですから，D は約 $1\,\mu\text{m}$ となります。この式から考えられることは，NA をもっと大きくすれば，小さな D が得られるはずだということです。

しかし，もう一つ集光には重要なことがあり，それは焦点深度といわれ，図に示すように，光が集光される奥行きのことです。焦点深度を z と置きますと，z はつぎの式で与えられます。

$$z = \frac{\lambda}{(NA)^2} \tag{5.2}$$

いまの例では，z は約 $5\,\mu\text{m}$ となります。これくらい正確にレンズとディスク面との距離を保たなくてはならないことを示しています。NA が大きくなると，ますます厳しくなります。したがって，NA は適当な値に選ばれています。

（b） **読出し信号**　図 5.11 に示したように，ピットからの反射光は散乱されますので，レンズに戻る反射光量は減少し，またピットのない部分からの反射光は大きくなります。このようにして，0 と 1 のディジタル信号を読み出すことができます。

（c） **サーボ機構**　光ディスクにはいくつかの精密なサーボ機構がついています。その一つ目は，ピックアップレンズの上下運動機構です。ディスクは

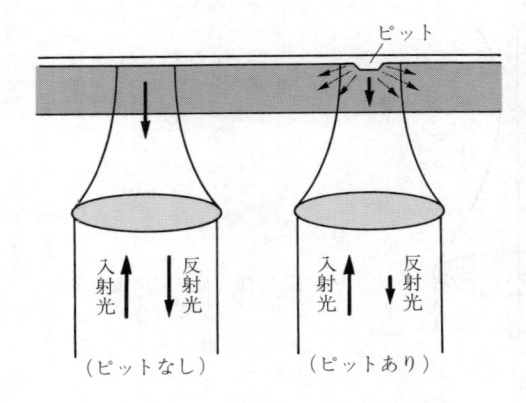

図 5.11 ピットからの信号読出し

回転すると，かなりの幅で上下に揺れます．レンズとディスク面との距離がつねに最適位置に保たれていることが必要で，最適距離からずれているという焦点ずれ信号を反射光に利用して検出し，それを帰還し，レンズをディスクの上下揺れに合わせて上下に動かすサーボ機構が工夫されています．

二つ目はトラッキングサーボ機構です．高速で回転するディスクは水平面内でもかなり大きく揺れています．したがって，集光スポット間隔が $1.6\,\mu m$ の1本のトラック上だけを追従することができるように，トラッキングずれ信号をやはり反射光を利用して検出し，それに基づいてスポット位置（レンズ位置）を修正するサーボ機構がついています．

このほかに，1枚のディスクにできるだけ多くの情報を記録するための工夫がなされています．ディスクが回転すると，当然，ディスクの中央部と外周部で，速度が異なり，外周部は速くなるので，ピットは長くなります．できるだけ多くの情報を入れるためには，中央部から外周部までピットの長さを同じにするほうが良いわけで，そのために，ピックアップが中央部から外周部に移動するときにディスクの回転速度を 500 回/分から 200 回/分へと変化させ，つねに線速度が $1.2\,m/秒$ と一定になるようにディスクの回転速度を制御しています．

このように，光ディスクは，光技術と機械技術，それに高度の電子技術の三拍子そろった現代技術の傑作品といえます．

5.7 光ディスクの応用

(a) 光ディスクのタイプ　音楽を楽しむCDは読出し専用で，テープのようにユーザが自分で録音を楽しむことができません。当然のことながら，ユーザは自分の好きな音楽を録音したいし，何回も再録音したいわけです。そのために，光ディスクには三つのタイプがあります。

① 再生専用型：いま一番普及しているオーディオCDがこの代表です。
② 追　記　型：これは一度だけユーザが記録できるというものです。
③ 書換え型：磁気テープのように，ユーザが何回でも書換えができるもので，材料が開発されています。一つは，よくMO（magneto-optical）ディスクといわれているもので磁気光学効果を，もう一つは，PC（phase change）ディスクといわれているもので相変化効果を利用したものです。

図5.12はMOディスクの記録と再生の原理を示しています。ディスク上に蒸着された磁化膜（例えば，Mn-Bi）に外部磁界を印加し，そこに記録用のレーザー光を照射します。一般に磁気材料はある温度（キュリー温度）以上になると，磁化ベクトルが自由に動き回ることができますので，外部磁界に従ってその向きをそろえ，キュリー温度以下になるとその状態は固定するという性質があります。この性質を利用して記録するのです。再生は，このピットから

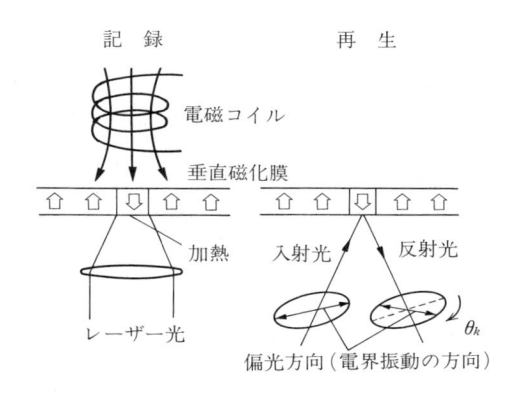

図5.12　MO（光磁気）ディスクの動作原理

の反射光の偏光方向がわずかに（0.2°くらい）回転することを利用します。消去は，同じ原理で，キュリー温度以上にレーザー光で加熱して磁界の向きを反対にすればよいわけです。

　PCディスクでは，レーザー光照射によって記録層が結晶状態と非晶質状態（非結晶状態）との二つの状態変化（相変化）を繰り返し，それによって記録，消去を繰り返します。また，読出しは，二つの相での屈折率が異なるため，結晶状態（記録部）よりも非晶質状態（記録部以外）の反射率が小さいことを利用しています。記録層の材料にはSn-Te-Se系が用いられます。

　表5.1は，三つのタイプの光ディスクの特徴と用途をまとめたものです。CDは音楽鑑賞用の再生専用ディスクですが，ミニディスクと呼ばれるMDは音楽鑑賞用の書換え可能のディスクであり，若者に人気があります。光ディスクの追記型（CD-R）が保存用文書ファイルとして，さらには書換え型のもの（CD-RW）がワードプロセッサ，コンピュータの外部記憶装置として，広く使用されています。表には，CDのほかに，アルファベットの頭文字のものが多くあります。これらはすべてCD技術から発展した最近のディスクです。そ

表5.1　光ディスクの三つのタイプ

タイプ	種　類	特　徴	用　途
再生専用型	CD，CD-ROM レーザーディスク DVD DVD-ROM	大量に複製ができる	音楽，映画，カラオケ，計算機ソフト，電子辞書，地図，カタログなど
追　記　型	CD-R DVD-R	証拠性がある 誤って消す恐れが少ない 追加修正可能	文書ファイル 画像ファイル 保存用文書ファイルなど
書換え型	MD(MO) MOディスク(MO) CD-RW(PC) DVD-RAM(PC)	繰り返し使用できる	計算機の外部メモリ 録音，録画 短期間のファイルなど （文書，画像）
	CD-, DVD-ROM （read only memory） CD-, DVD-R （recordable） MD （mini disc） CD-RW （rewritable） DVD-RAM （random access memory）		再生 追記，1回書込み 繰返し書換え 繰返し書換え 繰返し書換え

の中のDVDに注目してみましょう.

(b) オーディオからビデオへ これまでの説明は,オーディオCDを想定してきましたが,もちろん同じ技術を映像の記録再生にも早くから応用してきました.それはレーザーディスクと呼ばれています.映像の情報量は極端に多くなるので,当時はまだ技術がいまほど熟していなかったので,ディジタル化せずに,アナログ技術を駆使していました.しかし,近年,高密度記録技術が進展したこと,およびマルチメディア時代の流れの中で,画像の高精細化を求めて,ビデオディスクのディジタル化が進み,1996年の暮れごろからDVD (digital video disc, digital versatile disc) の市販品が出回るようになりました.

表5.2は,市販のCD,およびDVDを比較したものであり,DVDはCDと同じ直径のディスクにCDの7倍の情報量を記録し,そのため,トラックピッチは約半分になっています.また,半導体レーザーの波長も赤色の$0.65\,\mu m$と短くし,そしてレンズの開口数NAも0.6と大きくなっています.

表5.2 CDとDVDの比較

項　目	CD	DVD
ディスク直径〔mm〕	120	120
基板厚〔mm〕	1.2	0.6
トラックピッチ〔μm〕	1.6	0.74
レーザー波長〔μm〕	0.78	0.635〜0.650
対物レンズ開口数	0.45	0.6
記録容量〔GB〕 〔GB：ギガバイト〕	オーディオ　0.12 CD-ROM　0.64/片面 CD-RW　2.0/両面	DVD-ROM（単層）4.7 DVD-ROM（2層）8.5 DVD-RAM（片面）2.6 　　　　　（両面）5.2 DVD-R　（片面）3.9 　　　　　（両面）7.8

(c) マルチメディア時代に向けて DVDは,インターネットとディジタル衛星放送と並んで,マルチメディアの3本柱の一つに期待されているといわれています.そのためには,大容量化,高記録密度化に向けて進まなければなりません.

高記録密度化のための光学的アプローチとしては，集光スポット径を小さくすることに尽きます。それには，レーザー光の短波長化が重要な課題になります。現在の $0.78\,\mu m$ の赤外半導体レーザー，また $0.65\,\mu m$ の赤色半導体レーザーはすでに実用になっています。さらに $0.54\,\mu m$ の緑色半導体レーザー，$0.46\,\mu m$ の青色半導体レーザーの研究開発が盛んです。$0.46\,\mu m$ になると，$NA=0.6$ とすると，式 (5.1) からスポット径は約 $0.4\,\mu m$ になります。また記録容量は $(0.78/0.46)^2=2.9$ となり，約3倍に増大することになります。さらにスポット径を小さくするため，近接場*（near field）光学を利用する新しいアプローチも研究されています。

5.8　レーザープリンタ

　レーザービームの集光，光強度変調，および光走査の容易さを応用して，レーザープリンタが開発されています。通常，光強度変調には超音波変調素子と呼ばれる光学素子が用いられ，1秒間に10万個の光パルスを作ることができます。言い換えれば，1秒間に10万個のドット（点）をプリントできることになります。また，光偏向（走査）は多面体鏡を高速回転することによってなされます。

　その基本構成は図 **5.13** に示すとおりで，レーザービーム走査によるドット記録技術と電子写真技術を組み合わせたものです。光導電体材料（光が当たった部分でに電子が移動しやすくなる材料）でできたドラムが①で帯電され，②でレーザー光によって露光された後，③で粉末（トナー）を用いて現像されます。④の転写プロセスでは静電気によってトナーを紙に写し取り，このトナーは⑤で熱を加えられ，紙に定着されます。レーザープリンタの書込み精度を上げて，高速・高分解能のドット印字を達成するには，いろいろの高度な光学・機械技術が要求されます。性能の一例をあげますと，印字速度は 10 300 行/分，ドット密度は 12.6 ドット/mm となり，この速さは1秒間に A4 サイズ2枚の印字という超高速に相当します。

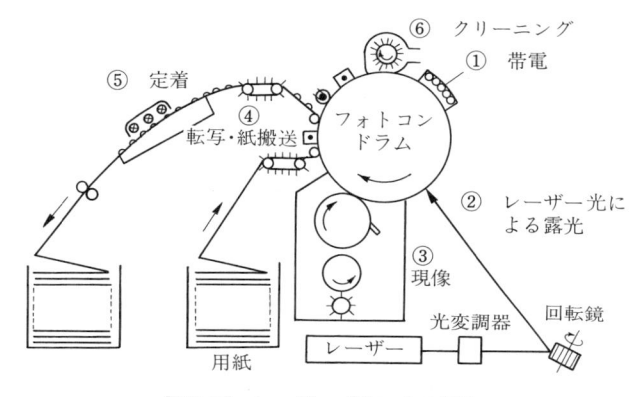

図5.13 レーザープリンタの構造

コンピュータの高性能化が進むにつれて，その出力をプリントする装置の性能向上，機能拡大が望まれ，また印字の多様性が要求されるようになり，レーザープリンタはこのような多様な用途に応じることができる装置です。

5.9 バーコードリーダ

レーザービームの同様の特徴を生かして，文字，記号，図形などの印刷情報を高速に読み取る装置が開発されています。その一つの例は，最近の商品の多くに見られる複数本の棒状のマーク，これをバーコードと呼んでいますが，これを読み取るバーコードリーダです。図5.14に示すように，スーパマーケットのレジのカウンタ上で商品を動かすと，カウンタの下からレーザービームが出射し，バーコードを走査してその反射光を受け取ることによって，瞬時にバーコードが読み取られる仕組みになっています。

これはPOS（point of sales，販売時点情報管理）システムとも呼ばれており，バーコードのバーの太さや，間隔の種類の中に製品の製造年月日，工場，価格などのすべてのデータが入れられており，その読み取ったデータが，ただちにコンピューターにメモリされ，何百とあるスーパーマーケットの各店舗の売上げ状況が刻一刻と中央で集計できるようになっています。このPOSシステ

88   5. レーザーと情報化社会

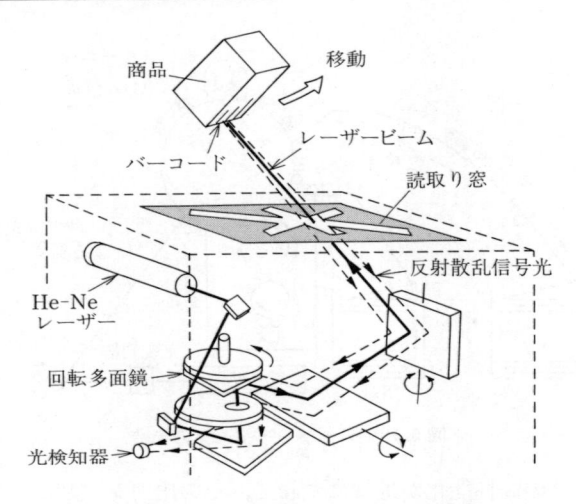

図5.14 バーコード読取りシステムの構成例

ムは，図書館などいろいろな方面で利用されています。

5.10　これからの光部品 ― 光集積回路

　エレクトロニクスの発展を振り返ってみると，まず真空管から始まり，それがトランジスタに変わり，やがて集積回路 (IC)，そして現在の大規模集積回路 (LSI) へと移ってきました。これと同じように，光部品も，大きなレンズ，大きなレーザー装置から，数mmぐらいの微小光学部品や半導体レーザーに変わってきました。しかし，今後はさらに縮小され，集積化されて，光集積回路（光IC）へと発展していくと思われます。

　現在考えられている光集積回路は，数cm角の基板の表面に屈折率のわずかに高い厚さ1μmぐらいの層を作って光が通れる薄膜回路とし，これを基本にして，光源である半導体レーザーの光をさえぎったり，通したりするスイッチなどを組み込んだ新しい光部品です。この光部品の特徴は，一つの基板の上に複数個の光素子が作りつけてあることで，そのためでき上がった光部品のその後の特性は安定しています。ところが，現在光通信システムや光ディスクシス

テムに使用されている光部品は個別部品を十数個組み合わせていますので，組立て作業も μm 程度の精密さがいるうえに，でき上がったものは温度や振動に対する安定がよくありません。

　このような事情は，かつてエレクトロニクスのシステムで，真空管やトランジスタを多数個組み合わせた電子回路が，接続不良などのために長期間の信頼度がなかなか得られなかった事情に似ています。それが一つのチップの中に何千個のトランジスタを作りつけた LSI に置き換えることで解決されたわけです。それを製作するには，各種の薄膜形成技術，μm 程度の微細加工技術が不可欠であり，多くの技術者のたゆまぬ努力によってここまで発展してきたのです。図 5.15 は NTT で研究開発され，光波長多重システムに導入されている波長多重・分波器の例です。

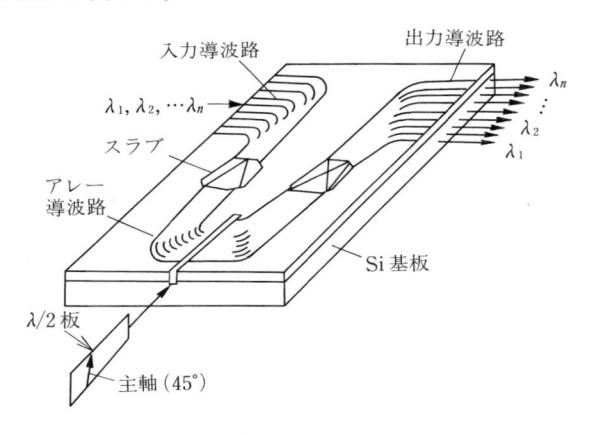

図 5.15　光集積回路の 1 例（光波長多重・分波器）

5.11　光コンピュータ

　現代はまさにコンピュータの時代で，大形へ，高速へと発達してきましたが，そろそろ限界がみえ始めたようで，その限界を打ち破るにはなにか新しい技術を利用しなければならないといわれています。そこで，光を用いたコンピュータである光コンピュータが注目され始めました。しかし，光コンピュータ

は言葉が先行してしまって、電子コンピュータと比較して、その優劣を議論するような具体的なシステムは世界中どこにもまだありません。アメリカを中心に日本においても研究が活発になされています。

　光コンピュータの特徴は電子よりも光のほうが速く走るということではなくて、光のビームを広げることができるため、空間的に異なった場所で同時に複数個の演算ができるということです。現在いろいろの提案があり、その原理を確かめるための実験が続けられています。図 5.16 は光コンピュータの原理を説明する図です。このコンピュータでは計算したい入力データはデータに応じた穴のあいた（コード化された）平面板を用います。データ入力面が大きくなればなるほど、一度に多くの計算ができることになるわけで、光コンピュータの利点が発揮されることがおわかりいただけると思います。

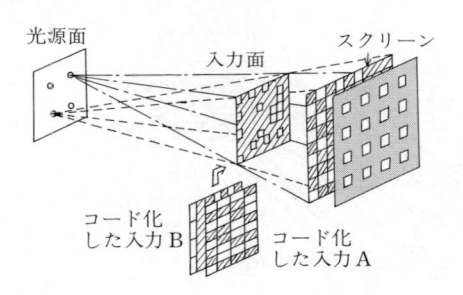

図 5.16　光コンピュータの原理図

5.12　お わ り に

　レーザー光を利用するために、周辺の部品も整えられなければならないのですが、最近ようやくそれらが整い始め、レーザー応用システムが実用になり始めました。あのデリケートな半導体レーザーが光ディスクプレーヤとして家庭用機器の中に組み込まれ、使用され始めたということは、レーザー技術者たちが長い間夢に見ていたことですし、じつに画期的なことといえます。また、光ファイバが日本中や世界中に張りめぐらされ、ますます情報伝達が頻繁になされる社会となりつつあります。そして、IT で支えられた未来情報化社会においては、レーザー光の占める位置はますます重要になることでしょう。

6 レーザーによる光化学

この章では,レーザーを利用した光化学について以下の順序で解説します。
（1） レーザー光の波長を制御することにより,光化学反応の制御がいかに可能か
（2） レーザー技術の進展によって可能となってきた新しいレーザー光化学の先端分野
（3） 同位体や元素イオンの群分離をレーザーにより,効率よく行う方法

6.1 原子・分子によるレーザー光の吸収

　この章では,レーザー光の物質への作用のうち,原子・分子の領域でのミクロな作用を中心に話を進めます。前章までの話と違うところは,ここでは光を古典的な電磁波（ラジオ波,テレビ電波,マイクロウェーブ波）というより,アインシュタインが最初に提唱した光を粒子（光子または光量子）の流れとみたとき,明らかな説明がつけられる現象が主役となる点です。ところで,レーザー光の特徴としては,単色性,指向性,可干渉性などがあげられますが,この章では単色性で明るい光源であることを利用した化学,すなわちレーザー光化学とその産業への応用を述べます。
　レーザーも電磁波の一種ですが,これをほかの日常使用している電磁波の周波数,波長と比較してみましょう。図 6.1 に見られるようにレーザー光の波長は赤外線から紫外線の光の波長領域です。この領域では,この後に説明するように,原子・分子の電子励起や振動励起を起こすことのできるエネルギーを持

6. レーザーによる光化学

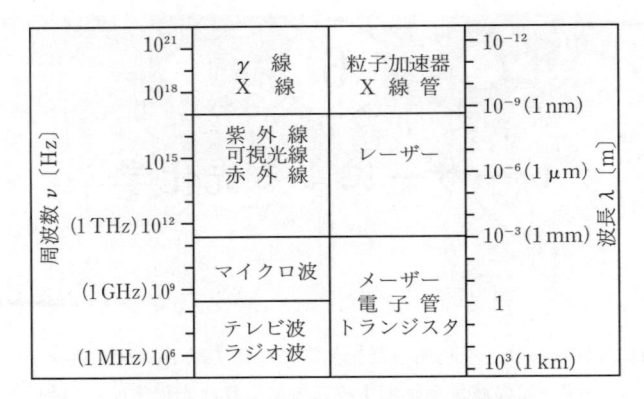

周波数 ν [Hz]			波長 λ [m]
10^{21}	γ 線	粒子加速器	10^{-12}
10^{18}	X 線	X 線管	10^{-9} (1 nm)
10^{15}	紫外線 可視光線 赤外線	レーザー	10^{-6} (1 μm)
(1 THz) 10^{12}			10^{-3} (1 mm)
(1 GHz) 10^{9}	マイクロ波	メーザー 電子管 トランジスタ	1
(1 MHz) 10^{6}	テレビ波 ラジオ波		10^{3} (1 km)

図 6.1 電磁波のスペクトルと発生装置

った光量子が発生しています。

　光はどのように物体に吸収されるのでしょうか。そのミクロな世界に入ってみましょう。20世紀初頭以来築かれた私たちの理解では，原子は原子核とその周囲を回転している電子群とから成り立っており，分子は原子の連なったものとみなすことができます。

電子は定まったコースを回転しています

　原子核の周囲に回転している電子は図 6.2（a）に示すように，勝手な軌道をとることは許されておらず，ある定まったコースのどれかにしか存在しません。また分子は前記のような電子を介して二つ以上の原子核がある距離をおいて適当な力で結合しているわけですが，この力はこれらの原子核を結びつけているスプリングとみなすことができます。したがって，これらの原子核はこの

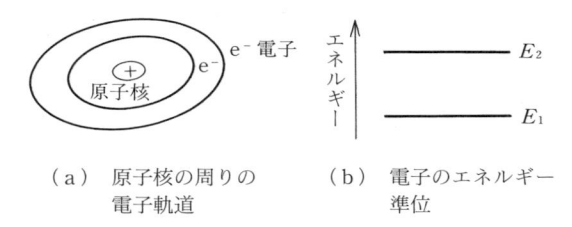

(a) 原子核の周りの　　　（b）電子のエネルギー
　　 電子軌道　　　　　　　　 準位

図 6.2　原子モデルと電子のとりうるエネルギー

スプリングによって振動することができます．しかし，この振動の振幅もある定まった値しかとることが許されていません．さきに述べたような電子の軌道や振動はある定まったエネルギー，すなわちとびとびのエネルギーしか持つことを許されないのです．このような値をエネルギー準位と呼ぶことにします．図(b)はこの準位を模式的に示したものです．

　E_1 を下準位，E_2 を上準位と呼ぶと，$E_2 - E_1 = \Delta E$ 以上のエネルギーを持った光量子がくれば，その光量子のエネルギーをもらって原子・分子のエネルギーは E_1 から E_2 へ変化します．これを光の吸収と呼びます．一方，光の放出は，この逆過程で起こります．光の吸収によって原子・分子は励起され，放出によって脱励起されるといいます．分子の場合，振動励起によってよりはげしく振動するようになり，たいていの場合，原子核どうしの平均距離が大きくなります．

　ところで，実際の光の吸収は光量子の周波数 ν が

$$\nu = \frac{E_2 - E_1}{h}$$

の関係を満たすときに最も強く起こり，そこから離れると急速に吸収が弱くなる性質があります．ここで，h はプランク定数を示します．したがって，原子・分子はおのおの固有の光吸収の性質を示し，それを吸収スペクトルと呼びます．このように，特定の周波数（波長）の光量子に感じることを共鳴と呼びます．

　ここでたいへん重要なことは，光の波長を制御すれば特定の原子・分子のみを選択的に励起することが可能だということです．これはちょうど図 6.3 に示

94　6. レーザーによる光化学

1. ラジオは送信周波数に同調される

特定の周波数で送信するラジオ放送

2. 原子・分子の選択励起は同調されたレーザーにより可能である

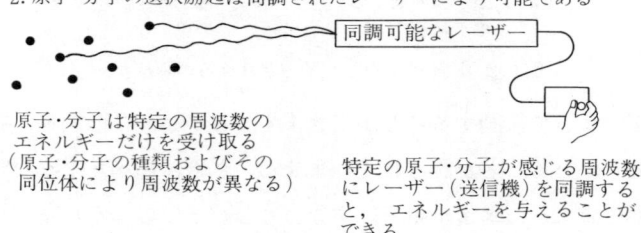

同調可能なレーザー

原子・分子は特定の周波数のエネルギーだけを受け取る（原子・分子の種類およびその同位体により周波数が異なる）

特定の原子・分子が感じる周波数にレーザー（送信機）を同調すると，エネルギーを与えることができる

図 6.3　レーザーとラジオの比較

すようにみなさんがラジオを放送局の電波の周波数に合わせること（同調）に似ています。波長を制御することのできるレーザー光の実現によって，初めて可能となったわけです。レーザー光によって励起された原子・分子の反応を調べることにより，レーザー光化学の研究分野で種々の応用が開かれつつあります。

つぎに，この分野で注目されている反応過程のいくつかを紹介し，レーザー光によって選択励起された原子・分子が示す特異な振る舞いについて述べます。

6.2　レーザー光化学のおもなプロセス

（a）**原子の光電離**　　励起状態 E_2 よりさらに高いエネルギー準位へ紫外光などにより励起することができれば，ついには電子は原子核から自由になります。このとき，原子はイオンとなります。

（b）**分子の光解離**　　分子を結びつけている電子を，エネルギー的に十分高い励起状態にまで光量子により持ち上げてやると，ついには結びつける力は消滅し，分子は解体されます。このような過程を分子の光解離と呼びます。最初，赤外レーザー光により振動励起状態に持ち上げ，つぎに解離に導くような

電子状態に励起する場合を，2段階光解離と呼びます。これは2光子解離反応ですが，特に赤外レーザー光を強く集中させることにより多段階励起で起こる反応が赤外多光子解離です。

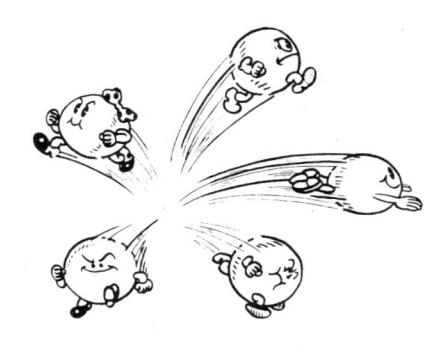

分子はある値以上のエネルギーを得ると分解（解離）します

図6.4(a)は光解離の過程を分子を構成する原子どうしの結合エネルギーと原子核間距離の関係で示しています。この図から，分子の内部エネルギーがある決まった値を超えると解離に至ることがわかります。図(b)は赤外多光子解離について示したものです。分子は赤外の吸収波長を持ち，分子の振動励起を共鳴的に起こす赤外レーザー光により強く励起されると，光量子をつぎからつぎへと吸収し，図に見られるようにエネルギー準位の階段を駆け上がり，つい

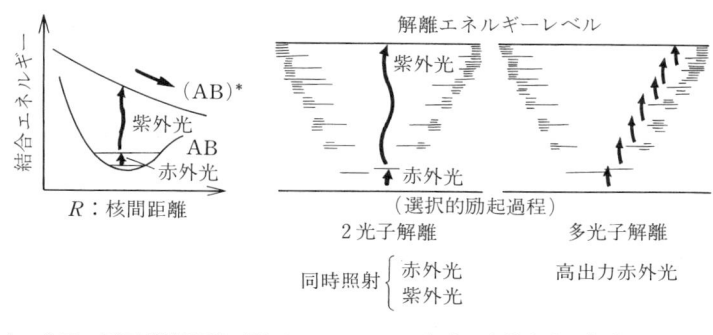

(a) 分子の原子核間距離の関数である結合エネルギー状態と2段階光解離

(b) 赤外多光子解離

図6.4 分子の光解離の過程

には解離エネルギーにまで到達する過程です。

このような共鳴的多光子吸収は，複雑な振動と回転のエネルギー準位をたくさん持つ多原子分子でのみ起こるのですが，レーザー光のような光子密度の非常に大きな光源によって初めて可能となりました。この過程の正しい解釈をめぐって，当初，精力的な研究が行われました。

強力なレーザー光によって選択的に電離または解離を引き起こすことが可能であり，この速度はレーザー光の強度により制御できることがわかります。以上は光子と単一の原子または分子との反応によるものですが，より化学的な過程として分子の置換反応を考えると，レーザー光による選択励起の起こす特異性がより明らかになります。

（ｃ）励起状態における化学反応速度の増大　分子の中の原子を置換するような原子・分子の衝突反応（置換反応）の速度は，運動エネルギー，振動エネルギー，回転エネルギーに依存しています。特に振動エネルギーには大きく依存します。定性的に，励起状態では化学反応が速く進みます。反応速度 k を示すアレニウスの式* $k \propto \exp(-E_a/RT)$ によれば，励起エネルギー ΔE が，活性化エネルギー E_a に近づくにつれ，反応速度は $\exp(\Delta E/RT)$ 倍大きくなります。ところが，熱的平衡状態にある分子では，図 6.5 に示すように E_a 以上の内部エネルギーを持つ分子の割合は一般にきわめて少ないことがわかります。

そこでレーザー光によって振動励起を起こしてやると，例えば

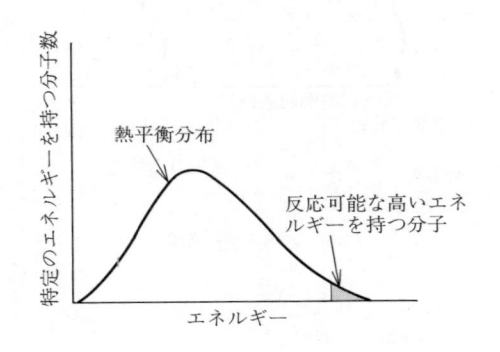

図 6.5　熱平衡状態にある分子の内部エネルギーの分布

$$Br + HCl \rightarrow HBr + Cl$$

の反応は，HClが振動準位 $v=2$ に励起されると，反応速度は 10^{11} 倍にも増大します。同様の反応速度増大は $K + HCl \rightarrow H + KCl$ についても知られています。図 6.6 はこれらの反応の経路とエネルギーの関係を示しています。ここで反応経路は，原子と分子との距離に相当すると思ってよいでしょう。上記の例は HCl レーザーを用いた例ですが，CO_2 レーザーにより BCl_3 分子を振動励起すると，$BCl_3 + H_2$ の反応生成物は $BHCl_2 + HCl$ のみとなり，熱的な平衡のもとでの反応の生成物 $B_2H_6 + BHCl_2 + HCl +$ その他 とは異なったものとなることが知られています。

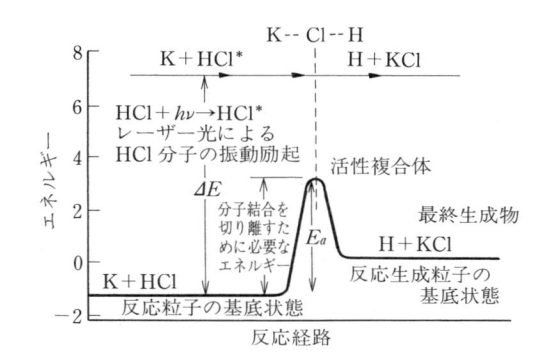

図 6.6 分子の反応経路と振動励起エネルギーの役割

そのほか，トランス・シス型*分子の間の異性化反応*や，多原子分子内に発生させた光電子移動によって引き起こされる化学反応など，従来の光化学反応はレーザー光によって制御可能になってきています。また，レーザー光を極短パルス（10^{-12}～10^{-14} 秒）にすることにより，いままで詳細がわからなかった化学反応のダイナミックスを調べることができるようになりました。

以上をまとめると，周波数スペクトル幅が非常に狭く，波長当りのエネルギー密度の大きい光の束であるレーザー光を用いて，周波数制御をすれば，特定の原子の光電離や，分子の光解離を引き起こすことができ，その速度の制御はレーザー光の強度を変えることにより可能です。また，特定の励起状態を作り出すことができるので，定性的に化学反応速度の増大・制御が可能です。これらの過程を総称してレーザー光化学と呼びます。

6.3　レーザー光化学の新領域

　レーザー技術の進展とともにレーザーと原子・分子との相互作用を通じて，より精密な反応制御の道が開かれ，また従来の技術では到達できないような強い相互作用の実現により，光化学の新しい領域が開かれつつあります。

　まず，10フェムト秒あるいはそれ以下の超短パルスレーザー光を利用することによって，分子を構成する原子の運動（分子振動）を制御し，その分子の起こす化学反応を制御することができる例が発見されています。これはレーザーによる化学反応の量子制御と呼ばれており，また光の位相が直接的に関与することからコヒーレント化学とも呼ばれています。つまり，分子と光との相互作用を通じて瞬間的に特別な量子状態を作り出しているため，反応直前の分子の動きをレーザーで直接制御していることになります。

　6.2節で説明したような多光子吸収を利用して，2～4000Kの超高温分子を生成することが容易になりました。そこで特定の分子のみを超高温状態に励起すると周囲は低温であるため，急速に冷却されます。このように，超高温状態を短時間に作り，これを急冷却することによって，系全体が加熱される通常の熱反応では得られない希少生成物を得ることができます。

　また，レーザーの高強度化が超短パルス技術の進展とともに進んでいます。特に，フェムト秒レーザーでは，TW（テラワット，10^{12}W）のピークパワーが容易に得られるようになりました。このレベルのレーザー光を集光すると，集光されたレーザー光の振動電界の強度は水素原子のボーア半径において電子が感じるクーロン静電界 5.1×10^{11}V/m の数倍のレベルまで達します。このような高強度電界では，分子を瞬間的に多価にイオン化することが可能になります。そこでは分子の各構成原子がプラスの電荷を持つため，クーロン反発力により各原子イオンはたがいに遠ざかろうとするので分子は爆発的に解離します。このような分子レベルでの爆発をクーロン爆発と呼んでいます。

　例えば，サッカーボールのような構造を持つ C_{60} という大きな分子やベンゼ

6.3 レーザー光化学の新領域

ンなどの多原子分子を 120 フェムト秒のレーザー光を集光して $10^{16}\,\mathrm{W/cm^2}$ 程度の強度で照射すると分子はばらばらになり，元の構成原子である炭素原子の多価イオン（C^{q+}）が主要生成物として得られます（**図 6.7** 参照）。このようなクーロン爆発の現象は，まず分子の反応途中の構造を解析するのに利用され始めていますが，化学反応への応用はこれからです。

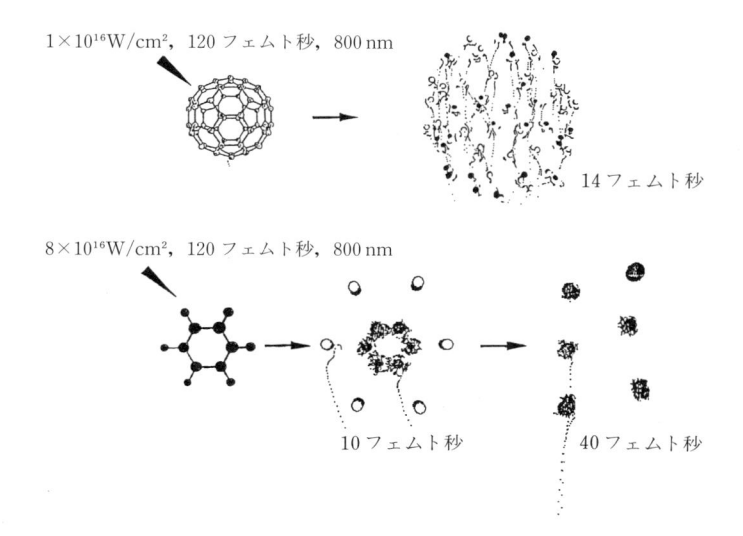

$1\times10^{16}\,\mathrm{W/cm^2}$, 120 フェムト秒, 800 nm

14 フェムト秒

$8\times10^{16}\,\mathrm{W/cm^2}$, 120 フェムト秒, 800 nm

10 フェムト秒　　40 フェムト秒

高強度フェムト秒レーザー（120 フェムト秒，100 mJ）を集光照射すると，$C_{60}{}^{n+}(n>100)$，$C_6H_6{}^{m+}(m>20)$ を経つつ C^{q+}（$q=1\sim4$）にクーロン爆発します。この図はその途中の過程をコンピュータシミュレーションしたもので，時間はおよその目安ですが，きわめて早くイオン化し，クーロン爆発に至ることを示しています。実際の測定では放出されたイオンの運動量の角度依存性，エネルギーを測定し，このサイズ特有の光の電解に添った（紙面に平行，縦方向の）爆発が見られ，また，寸前の分子構造を推定できます

図 6.7 C_{60} およびベンゼンのクーロン爆発のイメージ

ポストゲノム時代を迎え，タンパク質の構造や動態を調べることは，タンパク質の高次構造やタンパク質の機能に関する現象を理解するうえできわめて重要になってきました。タンパク質の反応中間体とか短寿命の立体構造とかの解析も興味あるテーマです。

6. レーザーによる光化学

レーザー技術総合研究所では，植物の光合成を人工的に模擬できるポリフィリン誘導体とか，光から逃走するバクテリア中にあり，青色光センサとしての役割を担っている光活性イエロータンパク（PYP）や目の中で視覚をつかさどる視物質ロドプシンという，光に対して機能性を持つタンパク質の光化学反応過程を調べる研究を行っています。これらのタンパク質の光化学反応はとても速い時間（ピコ（10^{-12}）からフェムト（10^{-15}）秒）で起こるので，反応プロセスを調べるためにフェムト秒レーザーパルスを利用した波長変換時間分解分光法という方法を用います。

試料にフェムト秒レーザーを照射して，刺激を与え，そのときタンパク質が

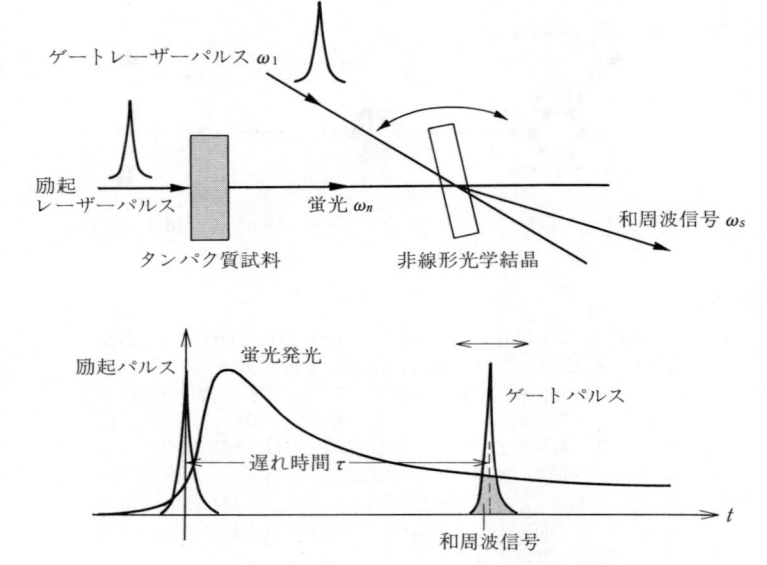

タンパク質，例えばロドプシン（視覚物質）などが光を受けたとき，光化学反応による分子の異性化（分子間の電子移動）を蛍光の経時変化より推定します。その変化はきわめて早いので，ゲートパルス光（フェムト秒）を蛍光と一緒に非線形光学結晶（BBO）に入射し，両者の和周波光の強度を信号として読み取ります。ゲート時間を変えて蛍光の形が決定できます

図 6.8 波長変換時間分解分光法

発する蛍光に重ねて第2のフェムト秒レーザーゲートパルスを非線形光学結晶に導入し，両方が重なった部分を和周波としてより短い波長に変換し，光強度を信号として取り込む方法です．この和周波は，フェムト秒レーザーゲートパルスと発生した蛍光が重なった時間のみ発光するわけですから，きわめて高速の時間分解分光法といえるでしょう（図 6.8 参照）．

このようにして測定される蛍光の減衰は，タンパク質構造のナノ空間での電子の移動や，分子の異性化といった光化学反応により引き起こされるのです．最近の研究では，タンパク質構造の微小な変化（例えばタンパク質は100～10 000 個以上のたくさんのアミノ酸から構成されていますが，そのうちのたった1個を人工的に別の種類のアミノ酸と入れ替えるというようなこと）に対しても，光化学反応の速度や効率が変わってしまうということや，電子移動反応の速度が反応の始めと終わりの間の自由エネルギー差に依存しているといった，これまでにわからなかった新しい事実が明らかになってきました（これは光化学反応の始めと終わりの間の自由エネルギー*差が電荷移動を支配するということになります）．このようにフェムト秒レーザーを用いればいろいろのタンパク質の中で高速で減衰する蛍光を測定することができ，タンパク質のナノ空間での複雑な動態を解明するのに役立っています．この分野は今後ますます発展することでしょう．

6.4 レーザー光化学の応用

レーザー光化学の応用としては，元素の同位体の分離への応用が魅力的でしょう．ここで同位体とは，同じ種類の元素でも原子核の重さの異なるもののことをいいます．つまり，原子核の重さが少し異なっていながら，電子の数は同じで，したがって化学的性質がまったく同じもののことをいいます．化学的性質が同じでも原子核の重さに差があることや，光の吸収に違いがあることなどが区別できる印となります．

レーザー光を用いると同位体の吸収線にわずかなずれがあるので，6.1節で

説明したように、これを利用して選択的に片方の同位体のみを励起（電離・解離）できます。そのため、比較的短い処理で高濃縮が実現できるのです。

ウラン濃縮は、レーザーによる同位体分離の最も重要な応用です。ウラン原子の同位体には質量が238の^{238}Uと、それより三つだけ中性子が少ないため軽い^{235}Uがあります。このうち^{235}Uのみが原子力を生み出す核分裂を増殖する能力があります。わが国やアメリカを中心とした軽水型核分裂炉の燃料としてはこの^{235}Uを3％の濃度にした濃縮ウランが必要です。ところが、天然に産出されるウラン資源には、この^{235}Uは140個の^{238}U当り1個（0.71％）しか含まれていません。しかもこれらの同位体は、化学的にはまったく同等の性質を持っているため、同位体間の質量のわずかな差を利用した物理的方法が濃縮方法として開発され、使用されています。これらは熱拡散法、遠心分離法などで、いずれも大電力の消費を伴う方法です。

レーザー法では二つのアプローチが試みられています。一つはウラン原子を対象とした2段階選択光電離の方法（原子法）です。レーザーによるウラン濃縮はこの方法により実験的に初めて示されました。ほかの方法としては、蒸気圧の高い6フッ化ウランUF_6のレーザー選択光解離（分子法）が試みられています。

―――〈ひとくちメモ〉―――

熱拡散法と遠心分離法

熱拡散法と遠心分離法は、いずれも第2次大戦後、ウラン濃縮のために開発された方法で、現在の原子力発電用濃縮ウラン燃料を供給するために用いられています。熱拡散法では6フッ化ウランガスを高温に熱し、同位体の質量の差から生じる拡散速度のわずかな違いから^{235}Uを分離します。遠心分離法では、高速で回転するドラムの中にこのガスを導き、わずかな遠心力の違いから^{235}Uを空間的に分離します。このような方法では、何段もの処理を経て、ようやく必要な濃縮度3％が得られます。遠心分離法では数千台もの分離器が必要とされています。そのため膨大な設備費のみならず、これを動かすためにたいへんな電力を必要としています。これらの理由から、現在の濃縮ウラン燃料が電力の缶詰ともいわれるのです。

6.4 レーザー光化学の応用

(a) 原子法によるウラン濃縮（AVLIS） 原子法では，ウラン原子の蒸気を得るため金属ウランを2300 K（約2030 °C）以上に加熱しなければなりません。また，高温では非常に反応性に富むので，炉壁が破壊されやすく，炉の寿命を長く保つことがむずかしくなります。そこで金属ウランを局所的に十分加熱するため電子ビーム加熱装置が用いられます。ウラン原子は多くの電子を持っており，したがって可視領域にも非常に多くの吸収線を持ち，その同位体シフト量は0.005 nm程度であることがわかっています。例えば，591.54 nmの共鳴線は強い吸収を示します。この吸収により ^{235}U はイオン化され陰極に集められるのです。

図6.9に原子法の分離装置概念図を示します。波長可変の色素レーザーを使い，励起レーザーには銅蒸気レーザーを用います。

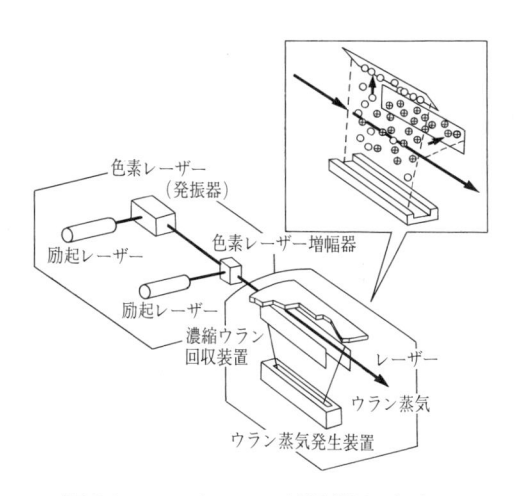

図6.9 レーザーウラン濃縮装置の概念図

(b) 分子法によるウラン濃縮 6フッ化ウランUF_6は，安定なウラン化合物の中で最も蒸気圧が高く，扱いやすい分子です。UF_6の最も強い振動吸収線は波長15.9 μmにあり，これはν_3という振動モードに対応しています。同位体シフトは約0.65 cm^{-1}であることがわかっていますが，十分な蒸気圧を得るような温度では熱励起により，多くのホットバンド*が生じています。これ

は吸収波長がたがいに接近して非常に密であるためドップラー幅や分子どうしの衝突による吸収線の広がりによって連続に近い吸収スペクトルとなり，選択励起を不可能にしています。したがって，分子密度を下げないで低温状態を実現する特殊な冷却が必要です。そうすれば吸収スペクトルは単純になり，同位体差がはっきりしてきます。

このような非平衡冷却状態を実現するには，超音速ノズルによる気体の断熱膨張が利用されます。UF_6 ガスはヘリウムやアルゴンガス（搬送ガス）に数％混ぜられ，ノズルより吹き出されたときに搬送ガスとともに冷却されます。搬送ガスは冷却効率を高めるとともに，冷却された UF_6 分子どうしが，たがいに衝突して結晶化しないように緩衝ガスとしての作用をします。UF_6 はこの方法で約 50 K にまで冷却されました。このようにして実現できた低温でも $^{235}UF_6$ の吸収線は，$^{238}UF_6$ の吸収線のシリーズの中に埋もれているので，この中の詳細なスペクトルを知る必要があります。

ここで威力を発揮したのが，近年開発された赤外波長可変半導体レーザーです。このレーザー光を前記の UF_6 ガスに導入して，その透過光の変化を観測すれば吸収スペクトルが測定できます。その結果，**図 6.10** に示すように，$^{235}UF_6$ と $^{238}UF_6$ のスペクトルがはっきりと分離して測定されました。レーザー分光の大きな勝利といえるでしょう。精度は $0.0005\,cm^{-1}$ が比較的容易に実現されています。こうして $^{235}UF_6$ を選択振動励起する赤外レーザーに要求

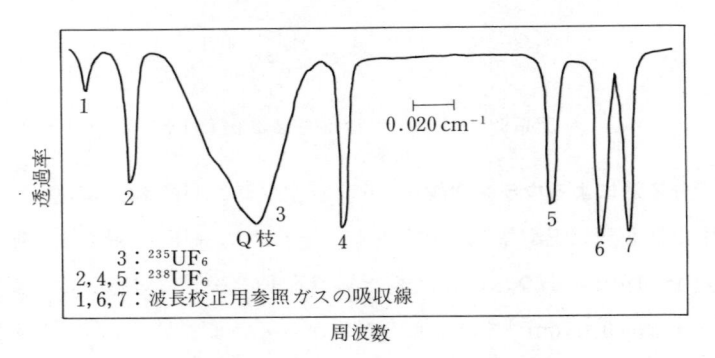

図 6.10 ノズル分光された UF_6 の吸収線

6.4 レーザー光化学の応用

される発振線と幅が決定されました。

さて,振動励起された UF_6 を光解離するためには,振動励起後,エキシマレーザーなどによる紫外光を用いて解離レベルまで励起するか,または振動励起用赤外光による多光子解離かの道があります。前者に対しては,やはり半導体レーザーが適用可能ですが,紫外光による解離励起中に選択性が損なわれる恐れがあるため,後者の多光子励起が検討されています。そのため,CO_2 レーザーを水素ガスセルに導き,水素ラマン光として $16\mu m$ 光を得る方法が開発されています。

レーザーによるウラン濃縮を将来,工学的にスケールアップするようにパラメータを考慮したうえで予想される各濃縮法の比較を表 6.1 に示します。

表 6.1 ウラン濃縮法の比較

方式 性能	レーザー法		遠心分離法	熱拡散法
	原子2段階電離	分子解離		
分離係数	10	33	1.25	1.0043
必要な処理回数	1	1	6	335
消費電力費〔kW·h/SWU〕	170	51	210	2100
設備費〔$/SWU〕	195	18	233	388

表に示されるように,レーザー法では1段階で必要な3％以上の濃縮ウランを得ることが可能であるために,電力消費,設備費ともに,ほかの方法より優れていると考えられます。レーザーが産業に応用されるうえでその規模の大きさと経済的インパクトの点から,ウラン濃縮は将来,最も重要な応用分野の一つであることは間違いありません。

この節で述べてきた選択励起の手法は,そのまま微量不純物の監視と除去に使えるので,その方面の研究がなされています。それらは例えば放射性廃棄物の処理や化学薬品製造工程の監視などです。

原子力発電における使用済み核燃料は再処理され,リサイクル利用されています。このとき,再処理工場で発生する高レベル放射性廃棄物の溶液には多数の金属イオンが含まれるので,これを群分離して濃縮すれば固化体として保管

できるため，管理が容易になり，保管密度も上げられるなどの利点があります。そこで，廃液中の金属イオンの価数を変える（酸化還元反応）ことができれば沈殿・抽出法などにより，そのイオンを分離することができます。レーザーによって目標となる金属イオンを選択して酸化還元反応を起こします。

レーザー法は，化学的酸化還元法に比べて廃液量が増大しない，遠隔非接触操作なので安全である，などの利点があります。

特に，ランタニドおよびアクチニドイオンは電子軌道にf電子を有し，短波長部には電荷移動吸収帯，近紫外部から近赤外部に比較的狭いf電子特有の吸収スペクトル線を持っています。したがって，可視波長を持つ光子で注目する金属イオンに特有なf–f遷移を励起することによりその金属イオンを選択選励し，同じ波長の第2の光子で電荷移動吸収帯に励起すれば可視光レーザーで選択励起，酸化還元反応を誘起できます。このような共鳴2光子励起では途中の段階のステップに相当する中間状態の寿命が一般に短いので，せっかく励起された中間状態が脱励起しないうちに2段目の励起を起こすためには，超短パルスレーザー励起（例えば，フェムト秒パルス）が有利です。

例えば，$EuCl_3$ をメタノール（CH_3OH）溶媒に溶かした場合には，Eu（ユーロピウム）は3価イオン（Eu^{3+}）としてよく溶媒に溶けますが，波長308 nm の XeCl レーザー（エキシマレーザーの一種）を照射すると電荷移動吸収帯まで励起された Eu^{3+} は電荷移動に伴い，酸化還元反応によってメタノール分子から電子を1個取り込んで2価イオン（Eu^{2+}）となります。2価イオンはエタノール中では溶解度が小さいため析出し，$EuCl_2$ として沈殿分離できます（口絵参照）。

7 レーザーで作るミニ太陽

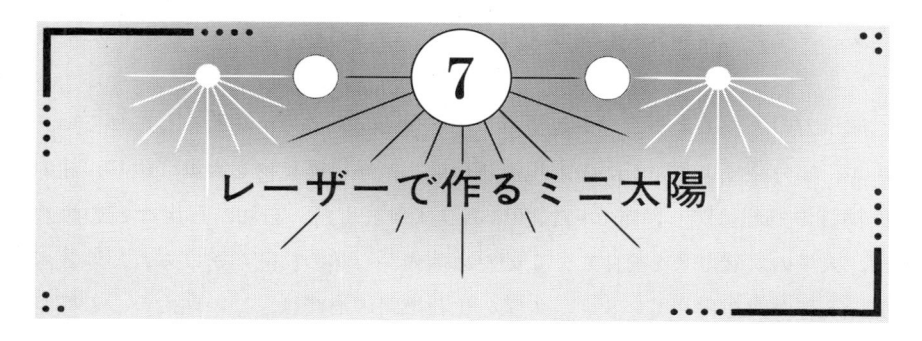

レーザーは,局所に巨大なエネルギーを集中投射することができます。
このすばらしい能力を利用し,核融合エネルギーを実用化しようとする努力が先進諸国で進められています。核融合は太陽や輝く星が宇宙で営んでいるエネルギー発生そのものなのです。
水素の原子核を融合させ,ヘリウムに変換するときばく大なエネルギーを生むのです。そのためには高密度,高温度の状態を実現しなければなりません。レーザーを用いると,この目的を達成できます。
この章では以下のことについて述べます。
(1) わが国のエネルギー資源の将来のために,核融合研究の必然性と,その開発への道
(2) レーザーによる核融合の成立条件であるブレークイーブン
(3) 現状の高温・高密度プラズマ実験研究
(4) 現状と今後の展開

7.1 未来のエネルギーは核融合

太陽の内部では,絶え間なく核融合反応が起こり,膨大なエネルギーが放出され,地球上のあらゆる生命をはぐくんでいます。石炭,石油などのエネルギー資源も太陽エネルギーが長年月かかって作り上げ,貯えられてきたものです。この化石燃料の埋蔵量は $80Q$ と見積もられています。Qとはエネルギー量を示す単位で〔$1Q=10^{21}$ J(ジュール)$=10^{18}$ BTU $=2.93\times10^{14}$ kW·h(キロワット時)〕,人類は有史以来,約 $10Q$ を消費したといわれています。近年,世界的にエネルギー需要は増加の一途で,その伸び率は年 3〜5 % となってい

ます。全地球的な需要は，今後100年の間に年10Qに達するものと推定されています。

原子力の燃料であるウラン，トリウムの埋蔵量は1800Qあるとされていますが，核分裂による原子炉の大規模運転は，核燃料廃棄物を大量に生じ，放射性物質の処理に関し，厳しい状態にあります。また，石油，石炭などの燃焼は，大量の炭酸ガスを発生し，このため地表から熱の拡散が妨げられ，地表温度の上昇が顕在化しています。大量の化石燃料の消費は，この理由からも抑制しなければなりません。このため，比較的近い将来，世界的にエネルギー欠乏の時代を迎えると思われます。

石炭・石油は炭酸ガスによる大気汚染を来します。
次代のエネルギーは核融合

世間には社会成長をゼロにしてでもエネルギー使用量の増大を抑えるべきであるとの素朴な主張もあるのですが，先進国はともかく，開発途上国の生活水準の向上を図るとともに，現在われわれの日常生活を維持するにも，国民生産の着実な伸びは必要であり，そのため無公害のエネルギー開発は避けて通れない重要な問題なのです。

ところで，太陽エネルギーは地表$1m^2$当り$1kW$の割合で降り注いでいます。これを利用するのは無公害分布エネルギー資源としてたいへん魅力的です。しかし，大規模な集中エネルギー源として使うには適切ではありません。風力，潮力，地熱についても同様です。

このようにみてくると，将来のエネルギー源としては，まず原子力，ついで核融合ということになります。原子力はすでに述べたように放射性廃棄物や使用済燃料再処理で，長期的には問題を伴います。核融合はこの点から見てクリーンなエネルギー源ということができます。地上で実現しようとするミニ太陽は重水素，三重水素を燃料にします。水の中の水素の1/5 000は重水素で，この分離は比較的やさしいので，水1l（リットル）から核融合反応で取り出せるエネルギーは，ガソリン300lに相当します。地球表面の水量は10^{20} lありますから，この中の重水素を核融合でヘリウムに変換するときに得られるエネルギーは$5×10^{10}$Qに達します。まさに人類にとって無限のエネルギーということができるのです。

7.2　レーザー核融合とは

　核融合は，太陽の内部で起きている反応で，地上では水素爆弾としてすでに実現しています。しかし，水爆のように大規模な破壊的反応でなく，制御可能な状態で少しずつエネルギーを取り出そうとするのが核融合研究の目的です。
　（a）　**核融合実現の条件**　　核融合はプラスの電気を帯びた重水素の原子核と同じく，プラスの電気を持つ三重水素の原子核を融合させようとするところに苦心がいるのです。原理的には，この二つの原子核が秒速300 kmという超スピードで衝突すると，プラスとプラスの電気的斥力を乗り越えて融合することになるのです。
　この融合を実現するためには，二つの条件が必要です。
　①　秒速300 kmの超スピードを原子核に与えること。このために重水素と三重水素の混合物を1億℃以上に加熱しなければなりません。
　②　二つの粒子を衝突させるので，数が少なければなかなか衝突しません。したがって，高密度が必要です。
　この条件をもう少し定量的に考えてみましょう。
　核反応により発生するエネルギーが，レーザーによりプラズマに与えられた

核融合エネルギーの平和利用こそ人類の希望の星

熱エネルギーを上回ることが必要で，これをローソンの条件といいます。この条件は

$$\left(\frac{n}{2}\right)^2 <\sigma v> w\tau > 2\times\left(\frac{3}{2}nkT\right)$$

と表されます。この式で，n はプラズマのイオン密度，σ は核融合反応断面

─〈ひとくちメモ〉─

核融合とトンネル効果

　実際に核融合を起こすには，核ポテンシャルを核どうしが乗り越えて衝突することが必要です。そのときに必要な核の速度はきわめて速く，秒速1万 km が必要です。しかし，実際にはこれほど速い速度は必要ありません。これはトンネル効果と呼ばれる現象で，核ポテンシャルの山の中を核が通過するためです（図5参照）。ガモフらがこれを見いだし，星のエネルギー源が核融合によることを説明したのです。また，非常に密度の高い星では，電子が核ポテンシャルを低減させ，もっと核融合が起こりやすい状態を作ります。

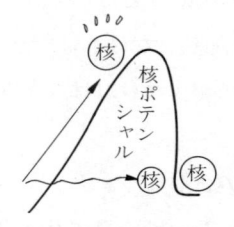

図5　トンネル効果

積，v は原子核の相対速度で $<\sigma v>$ は原子核の速度がマクスウェル分布を持つ温度 T のプラズマでの反応率，τ は閉込め時間（反応継続時間），w は 1 反応当りの発生エネルギーで，D-T 反応（D：重水素，T：三重水素）では17.58 MeV（メガ電子ボルト）です。k はボルツマン定数，T はプラズマ温度です。したがって，左辺は τ 秒間に核反応により発生するエネルギーであり，右辺はそのときのプラズマの持つ熱エネルギーとなります。D-T 反応を有効に発生させるには，温度は 1 億 ℃ が必要です。これはプラスの電気を持った重水素と三重水素の原子核とがたがいに融合するために必要な衝突速度を与えます。

言い換えると，プラスの原子核はたがいに反発するので，この反発力に打ち勝って二つの原子核を融合させるために必要な速度を与えるのが 1 億 ℃ の温度なのです。そこで，必要な数値を代入すると，次式のようになります。

$n\tau > 10^{14}$ 秒/cm³

（b） 慣性閉込め核融合 核融合方式には，磁力線でプラズマを閉じ込める磁場閉込め方式と，物体に備わった慣性力を利用する慣性閉込め方式があります。

磁場閉込め方式では，磁力線にイオンと電子を巻きつけてプラズマを閉じ込めるので，実用可能な磁場の強さからプラズマの密度は 10^{14}/cm³ と制限され，閉込め時間はほぼ 1 秒が必要です。慣性閉込め方式のレーザー核融合では，固体の燃料ペレットを用います。固体の密度は 10^{22}/cm³ ですので，閉込め時間 τ は 10^{-8} 秒となります。これは，レーザー光の照射時間と同程度です。

ところで，燃料ペレットにレーザーを照射するとペレット表面はプラズマ化し，膨張します。この膨張の反作用として圧縮が燃料の端から中心に向かって進行します。これを爆縮と呼びます。この爆縮の進行速度はイオンの速度で規定される速度になります。この速度を S とすると，S はだいたい 1 億 ℃ のプラズマ中の音速で与えられ，10^8 cm/秒 となります。ペレットの半径を R とすると，時間 $\tau = R/S$ で圧縮が中心まで到達し，最高密度に達します。燃料プラズマは，爆縮が中心まで伝わるまでの間，有効に保たれていると評価できる

ので、この時間が閉込め時間となります。したがって、τ は $10^{-8}R$ で与えられます。

爆縮が中心まで伝わる時間プラズマは静止していると考えることができます。慣性力により物体が静止していることで閉じ込めるのでレーザー核融合は慣性閉込め核融合、略して慣性核融合とも呼ばれます。

レーザーでペレットに与えるべきエネルギーは、次式となります。

$$E = \frac{4}{3}\pi R^3 \times 3nkT$$

ところで、ローソンの条件式 $T=1$ 億 ℃、$n\tau=10^{14}$ 秒/cm^3 に $\tau=R/S$ を代入すると、$nR=10^{22}$/cm^2 となります。これが慣性核融合に適用したローソンの条件といえます。質量密度で示すと $\rho R=0.1$ g/cm^2 です。この条件のもとで燃料ペレットを圧縮して密度を上昇させると、R は密度に反比例して減少します。したがって、所要レーザーエネルギー E_L は ρ^2 に反比例して減少し

$$E_L = \frac{4}{3}\pi \frac{(\rho R)^3}{\rho^2} \times 4.6 \times 10^8 \times \eta^{-1} \quad \text{〔J〕}$$

と書けますから、ρR はローソンの条件より 0.1 g/cm^2 と一定値で表され、レーザーとペレットとの結合の効率 η だけ余裕をみると、所要レーザーエネルギーが求められます。固体 D-T ペレットの密度 ρ は 0.2 g/cm^3 ですから、このままでは必要レーザーエネルギーは 10^9 J に達することがわかります。もし、ペレットを圧縮して、元の密度の 100 倍に高めると $\eta=0.1$ のとき 100 kJ でよいことになります。

それではもう少し詳細に、ペレット中での核融合反応によるエネルギーの生成をながめてみましょう。

（c）ブレークイーブン　　圧縮された燃料ペレットの中心が核融合温度になると、その部分で核融合反応が始まり、周りへ燃え広がっていきます。ペレットの燃焼する速度とペレットが四散してしまう速度の比で、ペレットの燃焼率 η_f が与えられます。単純なペレットでは簡単に評価することができ、次式で与えられます。

$$\eta_f = \frac{\rho R}{6 + \rho R}$$

そこで，燃料ペレットより核融合反応で発生するエネルギーは，次式となります。

$$E_{\text{out}} = \frac{4}{3}\pi \frac{(\rho R)^3}{\rho^2} \eta_f \times 4.2 \times 10^{11} \ [\text{J}]$$

ペレットの利得 Q は核融合出力と投射レーザーエネルギーの比で与えられるので

$$Q = \frac{E_{\text{out}}}{E_L} = \frac{913 \eta \rho R}{\rho R + 6}$$

したがって，$Q=1$ を得るためには，$\rho R = 0.2 \text{g/cm}^2$ が必要となります。

単純なローソンの条件 $\rho R = 0.1 \text{g/cm}^2$ の2倍というわけです。この $Q=1$ を科学的ブレークイーブンと呼びます。すなわち，レーザーで投射したエネルギーと同じだけのエネルギーをペレットから得られることを意味します。

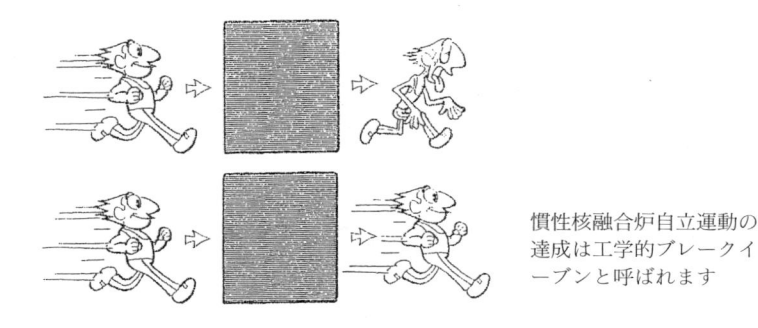

慣性核融合炉自立運動の達成は工学的ブレークイーブンと呼ばれます

しかし，D-T 慣性核融合炉が自立して運転に入るためには，レーザーへ入力すべき電気エネルギーを E^e_{in} とすると，つぎのようになります。

$$\frac{E^e_{\text{out}}}{E^e_{\text{in}}} = \eta_L Q \eta_T$$

この関係式において，左辺が1となる必要があります。これを工学的ブレークイーブンと呼びます。この式において η_L はレーザーの効率，η_T は発生した熱エネルギーを電力に変換する効率です。図 **7.1** に示すように，レーザー効率

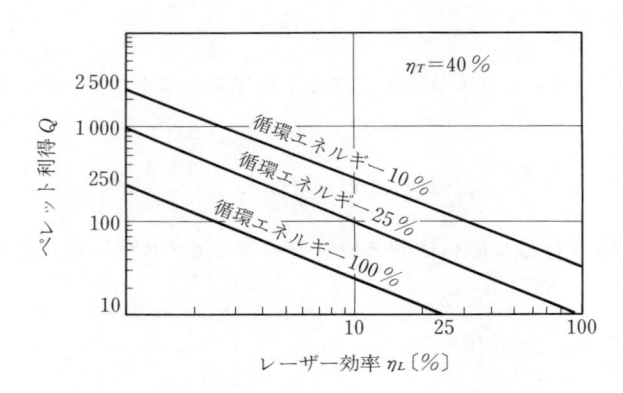

図 7.1 システムとして成立するためのレーザー効率とペレット利得の関係

$\eta_L=0.1$, $\eta_T=0.4$ のとき, $Q=25$ で $E^e_{out}=E^e_{in}$ となります。これは自立運転に入ることを示しています。

図の中の循環エネルギーの割合は発生したエネルギーの何％をレーザーに戻すかの目安を与えています。100％還流が工学的ブレークイーブン(自立運転)の状態を示しています。循環エネルギー25％で発電所を運転しようとすると, レーザー効率 $\eta_L=10$％ に対してペレット利得 100 が必要となります。

7.3 レーザー核融合はどのようにして進められるのか

レーザー核融合には, 高出力レーザーの開発, 燃料ペレットの最適設計と製作, 高温高密度プラズマの理解に必要な計測技術の三つの要素が密接に結合して初めて可能になります。この3大技術の目指すところはすでに7.2節でみたように, レーザーにより有効に燃料ペレットを爆縮し, 燃料のイオン密度を $10^{26}/cm^3$ まで高め, 1億℃の温度を達成することです。

このため, 図 7.2 に示すような爆縮方式が広く採用されています。燃料ペレットの周りから一様にレーザーを照射し, ペレット表面を加熱, プラズマ化し, そのプラズマの噴出によるロケット作用で中心部の燃料を圧縮します。中

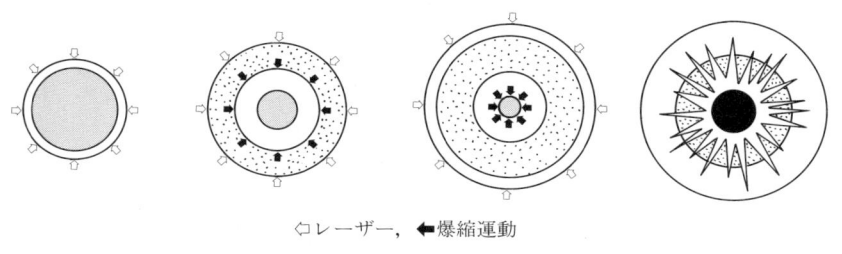

7.3 レーザー核融合はどのようにして進められるのか

（a）加熱とプ　　（b）圧　縮　　（c）点　火　　（d）燃　焼
　　ラズマ化

⇦レーザー，◀︎爆縮運動

図 7.2　爆縮の仕組み

心では密度が初めの1000倍にも達し，また温度も核融合点火温度になり，核融合は燃料全体に広がり，照射レーザーエネルギーの100倍以上のエネルギーが放出されるのです。

それでは爆縮の物理を考えてみましょう。

（a）**レーザーエネルギーの吸収**　　レーザーが燃料ペレットに投射されたとき，どのようにレーザー光が吸収されるのかは学問的にもたいへん興味のある問題です。そのときのペレットの表面の状態は図 7.3 のようになります。外側にコロナプラズマと呼ばれる薄いプラズマ層ができ，内部に行くほど密度が高くなります。温度は逆に内部では低くなっています。レーザーのエネルギーはまず電子に与えられ，それがイオンとの衝突で熱に変換されるのです。波長の短いレーザー光ほど，プラズマのより高い密度のところまで侵入することが

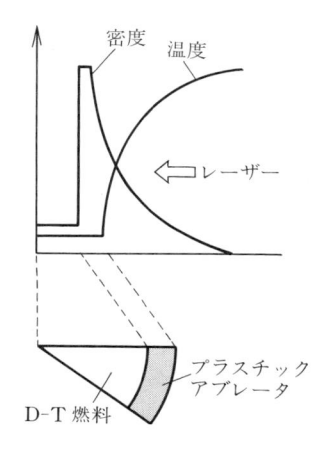

図 7.3　レーザー照射と
　　　　ペレット断面

できるので,レーザーの吸収はより強くなります。

一方,プラズマの温度が上昇すると,温度の3/2乗に逆比例して電子とイオンの衝突が減少するので,レーザーの強度が増加すると温度が上昇し,レーザー吸収が低下することになります。図7.4はその様子を示したものです。レーザーの強度がとても強くなると,レーザーの吸収が再び増加します。この現象は,世界で初めて著者らによって発見されたもので,異常吸収と呼ばれています。しかし,レーザーの吸収が再び増加する領域では,エネルギーの高い電子が大量に発生します。この電子は,後に述べるようにペレットを先行加熱し,利得の大きい爆縮の障害となります。そのため,高エネルギー電子が発生しない状態で高い吸収率が得られる波長 $0.53\,\mu\mathrm{m}$ や $0.35\,\mu\mathrm{m}$ の短波長レーザーが用いられます。

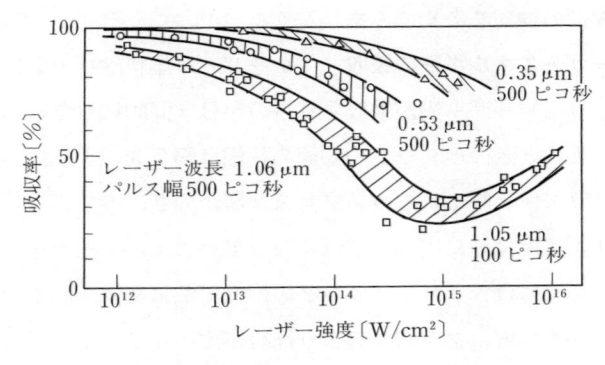

図7.4 レーザーの吸収

(b) 爆縮の仕組み 吸収されたエネルギーは熱流の形で,燃料ペレット内部へ運ばれるとともに外部へプラズマを噴出させます。その反作用として燃料内部へ伝わる圧縮波が発生し,爆縮が起こることになります。これはロケット作用と同じ原理で,加速効率は

$$\eta_R \sim \frac{v}{u} \sim \frac{\Delta M}{M_0}$$

で与えられます。ここに,ΔM はロケットの噴出した質量,M_0 はロケットの初期質量,v は加速されたロケットの速度,u はロケットより噴出したプラズ

マの速度です。噴出プラズマの速度を低く，噴出質量を多くすると加速率がよくなることが示されています。

7.2 節で述べたように，ペレットの利得は燃料の密度とその半径の積 ρR で決まります。また，同じペレット利得を得るのに必要なレーザーのエネルギーは，燃料密度 ρ の2乗に逆比例するので，燃料をいかに高密度まで効率よく圧縮するかが勝負の分かれ目となります。

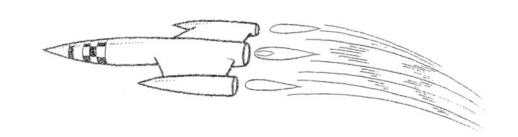

(c) **燃料ペレットの設計**　燃料ペレットの優れた設計は，レーザー核融合で最も大切なポイントです。重水素，三重水素の燃料は，球より球殻にしたほうが，同じ量の燃料でも半径が大きくなり，圧縮時間が長くとれるので，必要なレーザー出力をより小さくすることができます。レーザー照射時に発生する高温電子やX線などにより，内部燃料が圧縮以前に先行加熱されると，内部の圧力が上昇し，より大きなレーザー出力を必要とします。このためペレットを多層構造にしたり工夫がこらされています。またペレットの均一性が不足したり，照射レーザーの一様性が悪いと燃料爆縮が一様に進まず，高い圧縮は達成されません。このため極度に精巧なペレットの製作が研究されています。照射の一様性を向上するためペレットの周りに外殻を設け，ここにレーザーを照射し，X線を発生させ，そのX線で燃料を圧縮する間接照射も考案されました。大阪大学のキャノンボールやアメリカのリバモア研究所のホーラウムターゲットがこれに当たります。

高い核融合利得を得るには**図 7.5** のようにホットスパークの周囲を低温の高密度プラズマが取り囲む二重構造のプラズマを作ることで実現できます。中心のホットスパークの温度が 5000 万 ℃ 以上，大きさ（密度 ρ と半径 R の積 ρR）が $0.3\,\text{g/cm}^2$ になると核融合点火が起こり，そこで発生したヘリウムの原子核（α，アルファ粒子）が周りの主燃料を加熱し，核反応が急激に進展し

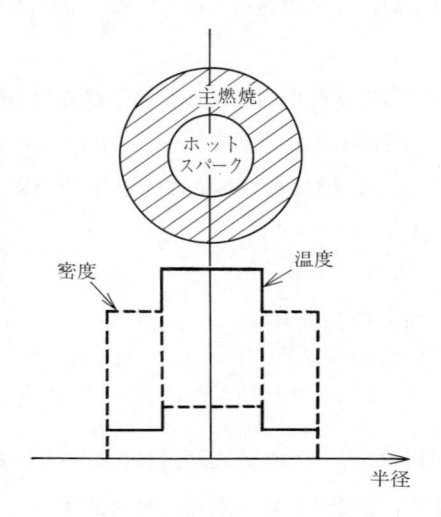

図7.5 高い核融合利得を発生する二重構造プラズマ

て，高い核融合利得が得られます。このような二重構造のプラズマは，中心にD-Tガスを持つ球殻状の燃料ペレットを爆縮することで実現できることがわかっています。これは中心点火といわれています。

一方ペレット全体を加熱する方式は体積点火といわれ，爆縮不安定性に強いのですが核融合利得は低いようです。

（d）高速点火　中心点火よりも，小さなエネルギーでより高いペレット利得が得られる高速点火という新しい点火法が最近注目され大阪大学を中心に研究されています。これは高密度プラズマを爆縮で作り，その一部を極短パルスの超高強度レーザーで高速に加熱して核融合点火を起こす方法です。中心点火をディーゼルエンジンに例えると，これはガソリンエンジンに相当します。このアイディアは1983年に大阪大学で検討されましたが，当時はこれに使用できるレーザーを作る技術がなかったのです。しかし，1980年代後半になり，CPA（チャープパルス増幅）と呼ばれる極短パルス超高強度レーザーを発生する新しいレーザー技術が開発され，また一方で固体密度の1000倍に達する高密度プラズマが大阪大学で実現されたことで研究が可能になりました。

図7.6は核融合炉に必要な利得を発生するのに必要なレーザーエネルギーを

7.3 レーザー核融合はどのようにして進められるのか

図7.6 燃料ペレットへの投射レーザーエネルギーと核融合利得（ペレット利得）

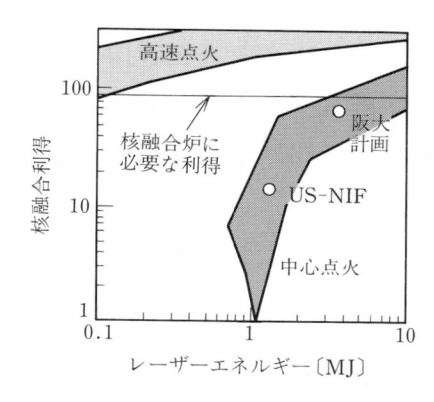

高速点火はコンパクトな核融合炉を提供します

見積もったグラフです．電気からレーザーへの変換効率が10％のとき，核融合炉には100以上の利得が必要になりますが，新しい高速点火では，従来方式の中心点火よりも一けた程小さなレーザーエネルギーで済むことになり，コンパクトな核融合炉ができます．

この高速点火では固体密度の1000倍にも達する超高密度プラズマを直接加熱する必要があります．そのためには，レーザー光をその領域まで伝搬させる必要があります．しかし，電磁波である光は遮断密度と呼ばれるプラズマ密度の領域まで達すると，そこで反射され，それよりも高い密度領域までは伝搬できません．波長が0.35μmの紫外域レーザーでもその密度は固体の密度10^{22}/cm^{3}より低い値です．しかし，レーザーの強度が10^{18}W/cm^{2}以上になると相対論的効果が発現して，より密度の高い領域まで伝搬できるようになるばかりでなく，レーザー光は，自己集束を起こして強度が増します．その結果，レーザーはさらに高密度の領域まで伝搬します．同時に，強力になった光の電界と磁界の力によりプラズマ中の電子は，レーザー光の伝搬方向に加速され，100万eV以上のエネルギーを持った電子が発生し，固体密度の1000倍以上の超高密度領域まで侵入し，プラズマを加熱します．すなわち，このようにして発生した高エネルギー電子で超高密度プラズマの一部を核融合点火温度まで加熱す

るわけです。そのため，この高エネルギー電子の発生効率や伝搬の状態，超高密度プラズマの局所の加熱がこの方式での核融合実現の研究対象で，相対論的効果が発現するレーザーとプラズマとの相互作用の物理も興味深いテーマです。

これまでの理論・計算機シミュレーション研究や実験研究で，レーザー光は遮断密度以上まで自己集束を起こして伝搬し，ビーム状の高エネルギー電子を効率よく発生すること，この電子ビームで爆縮プラズマを加熱できることなどが明らかになってきています。

7.4　激しい国際競争と今後の展望

レーザーが 1960 年に実現すると，すぐにアメリカとソ連においてレーザーによる核融合研究の計画が立てられ，秘密のうちに推進されました。1968 年，ソ連のバソフ（N. Basov）がガラスレーザーを重水素化リチウムに照射し，中性子が発生したと公表，1972 年になってアメリカのテラー（E. Teller）が新式内燃機関と称してレーザー爆縮核融合の概念を発表しました。

わが国でも，レーザーによるプラズマ発生の研究が 1963 年ころより進められ，著者らによってレーザー強度が一定のしきい値を超えると急激に反射が減衰し，吸収が増加し，高温電子の出現することが確かめられました。1983 年には，当時，世界最高出力の 12 ビームのガラスレーザー装置，激光 XII 号（出力 30 kJ）が完成し，1986 年には世界で初めて 1 億 °C と核融合中性子 10 兆個の発生に成功しました。また，1989 年にはポリスチレンの水素を核融合に必要な重水素と三重水素に置き換えた直径 0.5 mm の燃料ペレットを出力 10 kJ の緑色レーザーで爆縮し，平均で固体密度の 600 倍，最高で 1 000 倍の高密度圧縮を実現することに成功しました。これは太陽中心の 4〜5 倍の密度に相当する 600〜1 000 g/cm^3 で，これまでに地上で実現された最高の値です。この成果をもとに核融合燃焼を実現しようとする計画が各国で進められています。

アメリカやフランスでは中心点火で核融合燃焼を 2010 年までに実証するため，メガジュール（MJ：100 万 J）レーザーの建設が進められています。アメ

7.4 激しい国際競争と今後の展望

リカのレーザー施設はビーム数192,出力エネルギー1.8MJで,NIF (National Ignition Facility:国立点火施設) と名づけられています。フランスの施設名はLMJ (Laser Mega-Joule:メガジュールレーザー) で,ビーム数200,出力エネルギーは2MJです。また,中国においても四川省綿陽で60ビーム,60kJのレーザー神光Ⅲの建設が国家プロジェクトとして2010年完成を目標に進められています。

このようなアメリカやフランスの計画に対して,日本では新しい構想で点火・燃焼が見込める高速点火の研究を進めています。これに必要な出力エネルギー50kJの紫外爆縮レーザーと出力エネルギー20kJの尖頭出力1PW (1000兆W) の点火レーザーが計画どおりに建設できれば,アメリカやフランスで進められている中心点火よりも高い核融合利得が実現できることになります。

半導体レーザー (LD) 励起の高繰返しレーザーが産業応用にむけて実用化されると,核融合レーザーとして利用できるので2020年ごろには核融合原型炉が設計できるようになると考えられています。

実験室宇宙物理学　　レーザー核融合プラズマの物理と天体物理の核心部分は共通点を持っています。ビッグバンから3分間に起こった現象の解明には五つの要素が含まれます。それらは磁気流体力学,原子核からのふく射の輸送,相対論的プラズマ,核反応,そして重力との相互作用です。最後の重力の影響は実験室で検証することは難しいですが,残りの四つについては実験室での模擬実験ができます。

激光XⅡ号を使って超新星1987Aとリング状ガスの衝突のシミュレーション実験などが実施されています。レーザーは緑の波長でパルス幅1ナノ秒,集光強度は10^{14}W/cm^{2}です。強い衝撃波と高密度球の相互作用,それに続くリング状渦巻構造を持つプラズマの流体運動が観測されました。球の内部と周辺を伝搬する衝撃波の発展は,コンピュータ流体シミュレーションでも研究され,実験結果とよい一致をみました。レーザー宇宙物理学は,学問として魅力的であるだけでなく,異分野協力という観点から非常に重要です。

8 ジャイアントレーザー

　この章では，ミニ太陽を実現するために必要な大出力ガラスレーザー，激光 XII 号装置と高密度プラズマ加熱装置のペタワットレーザー装置を紹介します。これらのシステムには，つぎに述べるように現代の先端技術が集約されています。
（1）　世界最大級のガラスレーザーシステム
（2）　新しい光学技術，レーザー技術，エレクトロニクス，精密機械技術
（3）　最先端技術の利用による運用
　ジャイアントレーザーは，新しい技術分野を先駆的に開発する動機となり，新しい光学技術確立のためのけん引車的役割を果たしていることが理解できるでしょう。

8.1　は　じ　め　に

　地上にミニ太陽を作るには，瞬間的に大きなエネルギーを核反応燃料に集中投射することが必要です。エネルギーの集中にレーザー光以外に有効なものはありません。瞬時パワーとしては，世界の電力の数十倍を光の波長程度の空間に集中投射できるのです。
　キロジュールというエネルギーは，運動エネルギーとしてはライフル弾の一発分程度ですが，その数十倍を 10 億分の 1 秒の時間に発生するのが，核融合研究用のレーザーシステムなのです。これは新しい科学を創成することにつながります。
　一般的に大出力レーザーは，炭酸ガス気体レーザーや YAG 固体レーザーな

8.1 はじめに

どのように連続的にレーザー光を出力するものと，ガラスレーザーなどのようにパルス的に巨大なエネルギーを射出できるものに分かれます。連続出力用はレーザー加工の話題の中で触れますので，ここではパルス出力用にかぎって説明します。

レーザーとは，レーザー媒質に蓄積したエネルギーを光エネルギーとして取り出す一種のエネルギー変換装置ですから，大出力レーザーを作るためのいくつかの条件があります。レーザー媒質にどれだけエネルギーを蓄えられるかを決めるエネルギー蓄積効率，蓄積したエネルギーをどれだけ取り出せるかを決めるエネルギー抽出効率が重要です。レーザーは，いってみれば底に穴のあいたバケツの横に水道の蛇口をつけたようなもので，穴が大きかったり蛇口が小さいと，どんどん水を注ぎ足しても肝心の蛇口から水が出てこないのです（図8.1参照）。

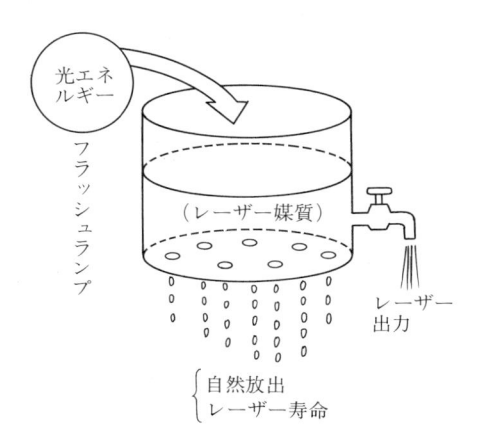

図8.1 レーザーの取出し効率を例えると

また，レーザーシステムとしては，強力な光ビームの進行方向を曲げたり，ビームを2本に分割したり，ターゲットに集光したりと，いろいろと光ビームをとり扱う技術も重要です。強力な光にも耐えられる光学素子材料や蒸着膜の開発が進んでいます。

8.2 大出力ガラスレーザーシステム

ミニ太陽を作るのに必要なレーザーは，10億分の1秒（1ナノ秒）程度の時間以内に，温度が1億℃のプラズマを作るので，極短パルスレーザーということになります。大阪大学レーザー核融合研究センターの激光XII号装置は，この目的のために建設されました。このようなレーザーが20年も前に日本に建設され，先端技術によって改良を加えながらいまも世界の最先端の装置として稼動しています。世界各国で建設されているパルス出力10kJ*以上の巨大システムを表8.1に掲げました。

表8.1 核融合研究用大出力レーザー

国 名 (設置場所)	装置名	種 類	ビーム数	出 力	完成年度
日 本 (大阪大学)	激光XII号	ガラス レーザー	12	26 kJ/55 TW	1982
	ペタワット レーザー	ガラス レーザー	1	1 PW/0.5 ピコ秒	2001
アメリカ (カリフォルニア大学)	NIF	ガラス レーザー	192	1.8 MJ	2005
フランス (原子力研究所)	メガジュール レーザー	ガラス レーザー	240	2 MJ	2008

激光XII号は出力パルス幅は0.1～1ナノ秒で，出力エネルギー30kJ，出力ピークパワー55TWを放出できる世界最大級のシステムです。システム構成は，出力エネルギーとその時間波形，光スペクトルの空間時間分布が厳密に制御可能な発振器装置，それをつぎつぎと増強する前置増幅器群と大エネルギー放出に適したブースタ増幅器群からなります。さらに，増幅器列中には光増強中に劣化したレーザー光を良質化する空間フィルタ，ターゲットからの反射光が上流側へ逆進増幅するのを防ぐポッケルス素子やファラデー回転素子などの一方向性結合器が設けられます。核融合反応真空チャンバの前には波長変換結晶が設置され，レーザー波長は赤外線から緑の可視光線に変換されます。

システム運転の省力化と自動化のために，レーザー装置中の光の進行方向を自動的に補正する自動光軸調整システムや，膨大な数の機器の状況を監視する自動運転システムが，コンピュータ制御のもとに設けられています。

これらのシステムは清浄で世界一の安定さを持つ巨大な建屋の中に収容・設置されています。大出力レーザーの出力を制限する要因の一つは，レーザー光自身による光学素子の光破壊です。大出力を得るには大口径ビームを増幅する大形光学素子が製作可能か否かで決まります。光学ガラスを作る技術は歴史も古く，光学的に均質な素子が作られるため，ガラスの中にレーザー作用をする元素を混入することで大形レーザー媒質が実現しました。

レーザー作用をするのは希土類元素の一種のネオジウム（Nd）で，レーザー母材としてはガラスのほかに，小形のものでは種々の結晶〔YAG（$Y_3Al_5O_{12}$），YAlO（$YAlO_3$），YLF（$LiYF_4$）など〕が用いられます。最近では多結晶セラミックが大形化してきました。レーザーガラス中のNd元素は，波長500〜900 nm（緑から近赤外線）の光を吸収し，レーザー上準位に励起されます。励起光源としては通常，強力なフラッシュランプや高出力半導体レーザーが用いられます。原子の状態がレーザー上準位にとどまる時間（レーザー寿

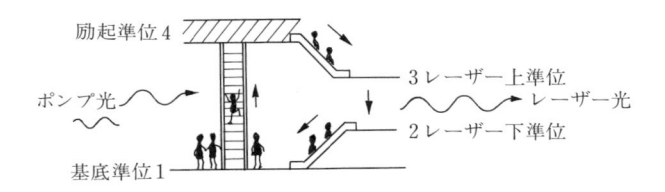

(a) ネオジウム原子のエネルギー準位

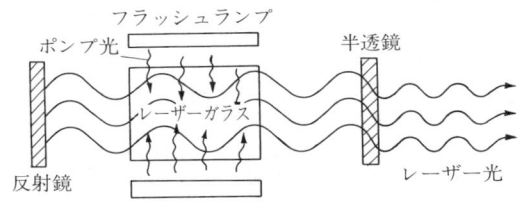

(b) ガラスレーザーの発振器

図8.2 ガラスレーザーの原理

命）は約 300 マイクロ秒（1万分の3秒）程度で，この程度の間は，レーザーガラスにエネルギーが蓄積されていることになります．1マイクロ秒の間に光は 300 m を進みますから，この時間はナノ秒パルス光にとっては十分に長いのです．レーザー下準位は基底準位（自然状態でほとんどの元素が存在しているエネルギー準位）と十分離れているので，熱的影響もなく典型的な4準位レーザーを構成しています．下準位の寿命は，約1ナノ秒です．これ以下の超短パルス動作では，2準位レーザーとして解析することができます．レーザー波長は上下準位間のエネルギー差で決まり，約 $1.05\,\mu\mathrm{m}$ の近赤外光線を出します．この様子を図 8.2 に示します．

8.3　ジャイアントレーザーの構成

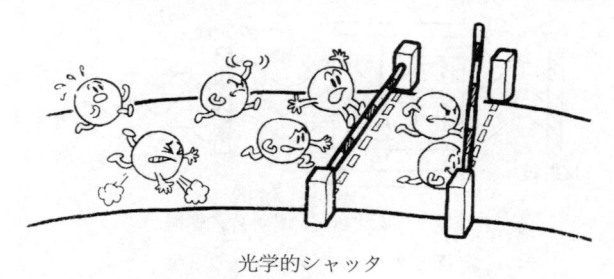

激光 XII 号のレーザー装置の鳥かん図を図 8.3 に示します．完全に制御された出力エネルギーとパルス幅を得るため，激光 XII 号用に特に安定な発振器を開発しました．パルス幅は 0.1～1 ナノ秒まで連続可変で，出力 $10\,\mu\mathrm{J}$ を毎秒6パルス繰り返し発生します．出力変動率2％以下，誤動作率0％の超高安定システムです．1年間の動作中に交換する部品はフラッシュランプのみです．

レーザー発振器内には，熱的安定性の高い YLF 結晶がレーザー母材として用いられ，クリプトンアークランプの繰返し放電で励起されます．レーザー発振の際に，モード同期技術と Q スイッチ技術を併用し，短パルス光を放出します．すべてのタイミングはディジタル方式で制御し，0.01 ナノ秒以下の安定性で動作します．発振器からは 10 ナノ秒ごとに 60 パルス程度のパルス列が

光学的シャッタ

8.3 ジャイアントレーザーの構成

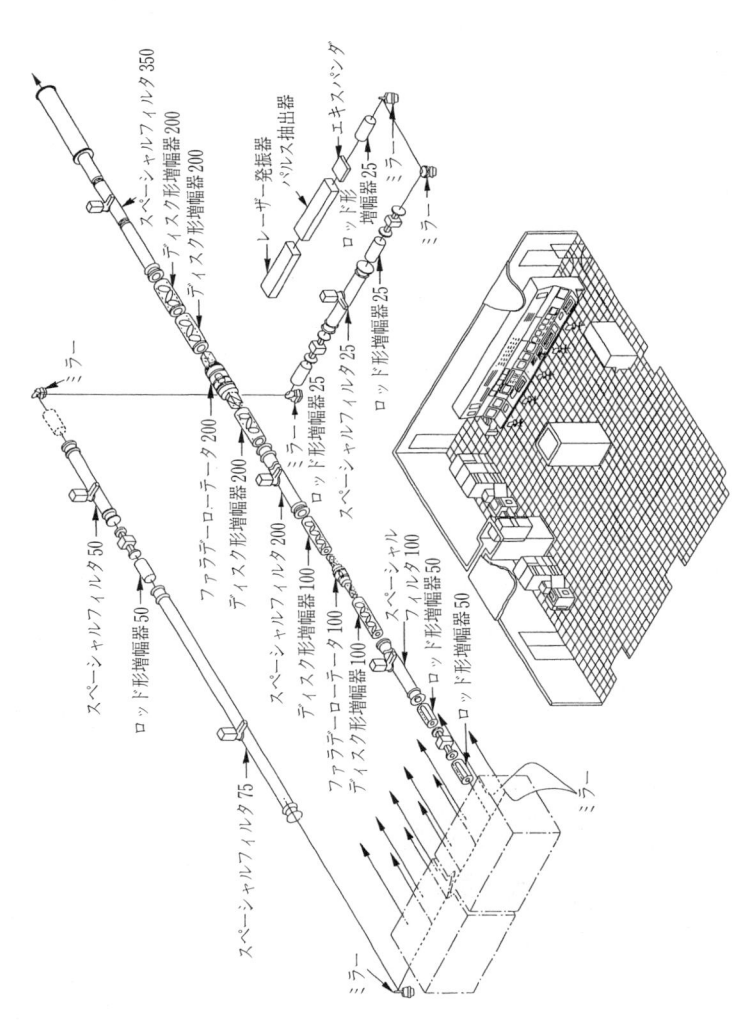

図 8.3 激光 XII 号ガラスレーザー装置

8. ジャイアントレーザー

出るので,その中から最大のパルス1本を光学的シャッタ*により抽出し,増幅システムに送り出します。この間の時間的経過を図8.4に示します。パルス幅1ナノ秒の光ビームは,長さ30cmの光の棒のようなものです。

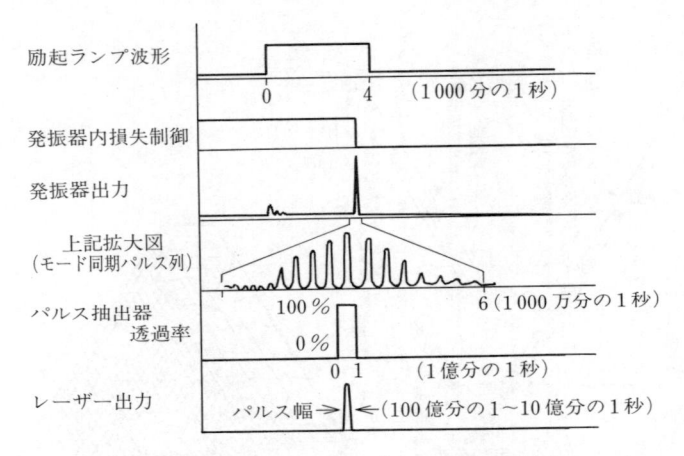

図8.4 レーザー光が取り出されるまでの経過

激光XII号の12ビームからなる増幅器群は幅30m,長さ70mのレーザー室に設置され,1ビーム当り1μJから約2kJまで20億倍に増幅します。それでは増幅システムに不可欠な構成装置を見ましょう。

(a) **ロッド形増幅器とディスク形増幅器** 増幅器には二つのタイプがあり,光ビーム径が5cmまではロッド形増幅器が用いられます(図8.5参照)。

図8.5 ロッド形増幅器(ビーム直径50mm用)

8.3 ジャイアントレーザーの構成

レーザーガラスはビーム径に合った棒状に整形され，両端面はきわめて平らに研磨し，無反射処理が施されます．ロッドガラスの周囲に6本のフラッシュランプを置き，コンデンサに蓄えた電気エネルギーを放電で励起用の可視光に変換します．ロッド形増幅器は，利得が15〜60倍もあるので数台を前置増幅列として配置してあります．

ロッド形増幅器は増幅率が高いために，多数を一列に配置するとそれぞれの自然放出光*をたがいに増幅するので，余分な発振（寄生発振）をしたり，主レーザーパルスが発振器から到着する前にロッド中のエネルギーを失い，増幅率が下がってしまいます．ロッド形増幅器間には，光学シャッタを置き，主レーザーパルスの到着まで光学的に閉じた状態を保ちます．

レーザー光をどんどん増幅すると，ついには光学素子を破壊するほどに強くなります．それ以上エネルギー密度の高い光は作れないので，光ビームの直径をレンズ系で広げて光エネルギー密度を下げ，再びつぎの増幅器へと導きます．

ビーム径が10cm以上になるとディスク形増幅器が用いられます（図8.6参照）．直径の太いロッド形増幅器では，ランプの光がロッドの周辺部のみに吸収され中央部まで到達しないからです．ディスク形増幅器では，レーザーガラスは板（ディスク）状に加工され，ディスクガラスは適当に離してフラッシュランプで一様に励起されるよう配置します．ディスクを通過するレーザー光がその表面で少しでも反射されると損失になるので，ディスク板は光軸に対してブルースター角*だけ傾けて置きます．

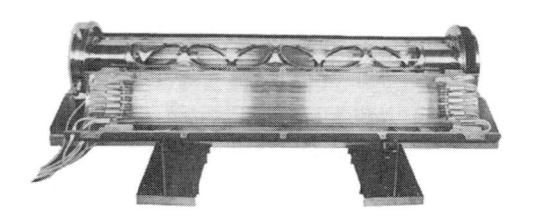

図8.6 ディスク形増幅器

ディスクガラスは楕円形をしており，強く励起するためガラスの周辺は多数(16〜32本)のフラッシュランプで囲まれています。この発光は強烈なもので，中に紙や木を入れると瞬時に蒸発してしまうほどです。ディスク形増幅器は大エネルギーを生み出すブースター増幅器で，ビーム径は10cm，20cm，35cmとつぎつぎに広げられ増幅されます。

（b）空間（スペーシャル）フィルタ　ビームを広げるために用いる空間フィルタは別の役目も持っています。空間フィルタとは焦点距離が M 倍異なる2枚の凸レンズを，焦点を一致させて置き，焦点位置に小さなピンホール(穴)を持つダイヤモンドを設けたもので，レンズ間は真空に保ちます。空間フィルタは三つの役割を持つ，大出力増幅システムに不可欠なものです。第1の役割は，ビーム口径の拡大です。この原理は簡単に理解できるでしょう。

スペーシャル
フィルタ

第2の役割はピンホールが受け持ちます。レーザー光のようにエネルギー密度の高い光は，物質（いまの場合，透過型光学素子のガラス）に対し，さまざまな新しい現象を引き起こします。普通，ガラスのような誘電体は光の波長が決まれば一定の屈折率を持っていると思われています。レーザーシステムでは，単位波長当り，通常の白色ランプの1億倍も高いエネルギー密度の光を取り扱うので状況は異なり，屈折率も光の強さに比例して増加する成分が効いてきます。部分的に屈折率が上がると凸レンズのようなものですから，光の強い部分はますます集光されて強くなり，ついにはフィラメント状の破壊に至ります（自己集束破壊といいます）。この現象を生じさせる光成分は，回折効果[*]を生じやすく，主平行光線からずれた方向に進行しているので，レンズで集め

ると焦点位置で小さなスポットに集まらないのです。ダイヤモンドのピンホールは髪の毛ほどの小さなものなので，この質の悪い成分を取り除いてくれます。

　第3の役割は光を長距離伝搬させたときに生じる回折効果を防ぐことにあります。光ビーム伝搬における回折効果は光の分布に縞模様を作るので自己集束の原因となります。空間フィルタは凸レンズ群なので，結像効果を持っています。この性質を利用し，システム上流部で十分質の高い一様パターンを作り，それをつぎつぎと像転送します。したがって，核反応容器の集光レンズ直前でも，きれいなパターン分布が得られます。これをイメージリレー（像転送）といいます。

　このほかにも一方向性結合器としてファラデー効果を利用したファラデー回転素子*，レーザーの色を変えるKDP非線形結晶*など，さまざまな工夫が取り入れられています。

ファラデー回転素子

8.4　ターゲットを狙うジャイアントレーザー

　レーザー部より射出される直径35cm，12本のレーザー光線を，直径1mm未満の核反応燃料ペレットターゲットに一様に照射しなくてはなりません。図8.7に12ビーム中の1本がどのようにターゲットに導かれるかを示しました。ターゲットは直径2m，厚さ8cmの鋼製真空容器の中央に設定されています。

　レーザー光線は直径数十cmから1mに及ぶ大形反射鏡で何回か方向を変えられた後，レンズでターゲットへ集光されます。これらのシステムのために，

8. ジャイアントレーザー

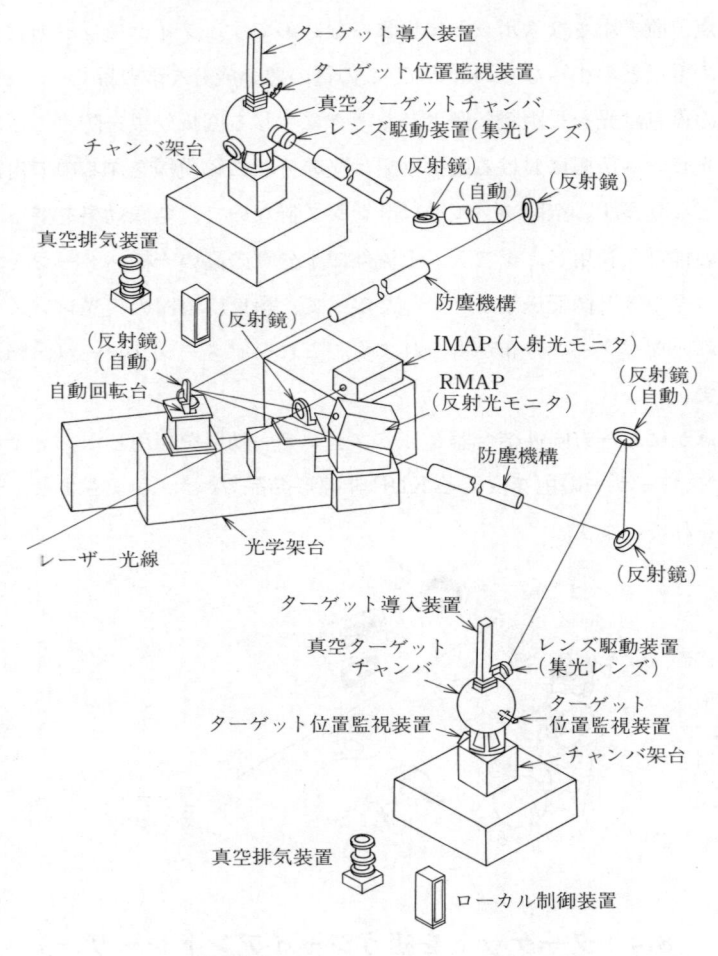

図中ラベル（上部チャンバ周辺）:
- ターゲット導入装置
- ターゲット位置監視装置
- 真空ターゲットチャンバ
- レンズ駆動装置（集光レンズ）
- （反射鏡）
- （自動）
- （反射鏡）
- チャンバ架台
- 真空排気装置
- 防塵機構
- （反射鏡）（自動）
- （反射鏡）
- 自動回転台
- IMAP（入射光モニタ）
- RMAP（反射光モニタ）
- （反射鏡）（自動）
- 防塵機構
- （反射鏡）
- レーザー光線
- 光学架台
- ターゲット導入装置
- 真空ターゲットチャンバ
- レンズ駆動装置（集光レンズ）
- ターゲット位置監視装置
- ターゲット位置監視装置
- チャンバ架台
- 真空排気装置
- ローカル制御装置

12本のレーザー光の1本を示します

図8.7 激光 XII 号ガラスレーザー集光装置

30m四方の建屋が用意されました。

　高出力性能を持ちながらも平行性の良いレーザー光線は，特別に非球面加工研磨*された大形レンズにより，直径わずか30μm（髪の毛の約1/3）の領域に集光できます。レンズや反射鏡は50〜100kgの重量を持っていますが，現代の精密機器技術を駆使し，これらを1μmの数分の1ずつ微妙に動かし，レ

ーザー光の方向性や，集光性を超精密に制御できるようになりました。

レーザー光線の方向制御の精度は約 $10\,\mu\mathrm{rad}$（マイクロラジアン）ですが，これは光を大阪-京都間約 50 km 伝搬させても，到達誤差が 50 cm 程度ですから，いかに精確か理解できるでしょう．35 cm 直径の光は，この距離を進んでもたかだか 1 m 程度に広がるだけで，エネルギーを効率よく伝達できます．

8.5 追加熱用超高強度レーザー

近年，パルス幅が 1 ピコ秒（10^{-12} 秒）以下の超短パルスレーザーが開発されました．核融合プラズマの閉込め時間は数十ピコ秒程度あるので，1 ピコ秒程度のパルス幅の超短パルスレーザー光でプラズマを超高速に追加熱することが可能となりました．

レーザー材料の耐力はパルス幅に依存して変化します．パルス幅が数十ピコ秒以上では材料破壊の過程はおおむね熱効果です．したがって，対象物のレーザー吸収率，熱容量，融点，沸点，イオン化エネルギー，熱伝導率などによって決まった耐力値（単位面積当りのレーザーエネルギー）を持ち，パルス幅の減少に対してはその平方根に比例して，耐力は低下します．10 ピコ秒以下のパルス幅に対しては材料のプラズマ化するプロセスが異なり，非線形な吸収過程（多光子吸収や電子なだれ現象，光電離現象やクーロン爆発）が始まります．光学材料は超短パルスレーザーに弱いのです．

超短パルスレーザー光の直接増幅は簡単ではないので，CPA（chirp pulse auplification，チャープパルス増幅）技術が発明されました．CPA 技術とは，簡単にいうと発振器から得られた超短パルスのパルス幅を回折格子対で数千倍から数十万倍に延伸した後，数ナノ秒のパルスとして増幅し，最後にパルス幅を逆配置の回折格子対で圧縮して元に戻します．圧縮された強度の高い超短パルスは，誘電体である空気中を伝搬するとパルス幅が延びたり，ビームブレークアップを引き起こすので，圧縮器より下流の光学系はすべて真空容器の中に設置されています．

図 8.8 はペタワットレーザーのブースター増幅器の部分とパルス圧縮器の内部を示しています。増幅器の部分には 35 cm のレーザービームを増幅するディスクレーザーが 4 台直列接続され，全体がカセグレン光学系の中にあってレーザー光の 3 パス増幅を実現しています。エネルギー出力は 1 kJ，パルス幅は 0.5 ピコ秒程度でピークパワーは 2 PW（ペタワット，10^{15} W）に達し，激光 XII 号との同期性能は 10 ピコ秒以下となっています。

（a） 主増幅器列　　（b） 真空容器中に組み込まれた大形回折格子対によるパルス圧縮器

図 8.8　ペタワットレーザーシステム

8.6　大形システムの安定性と自動化

長さ 270 m，総面積 15 000 m² に及ぶ巨大レーザーシステムを入れる建物は，レーザー光の進行の安定性を得るため振動のない構造になっています。地球表面は，日ごろ私たちの感じない程度の微少振動をしているものです。大阪は関東地方と異なり比較的地震の少ない地域ですが，兵庫県で起きた大震災は記憶に新しいでしょう。日常的にも大地の常時微動は 10 数サイクルの周波数，数

8.6 大形システムの安定性と自動化

十 μm の振幅で生じています．核反応ターゲットは 500 μm から 1 mm 程度なので，これくらいの振動も困るわけです．建築技術の向上でレーザー建屋の振動を 0.5 μm 以下にできました．

また，レーザー装置の中にほこりが入ると，さきほどのように焼けつきを生じ，レーザー光による表面破壊へと進むので，建屋内は半導体工場と同様にまったくほこりのない状況を作り出しています．温度の安定性も 0.1 ℃ しか変化しないように工夫しました．

レーザーシステムは約 5 000 点近い装置群からできているので，人間が一つ一つ調整したり，運転・監視するわけにはいきません．光軸調整，運転監視，電気的光学的計測などはコンピュータによって自動制御されています．制御系統は，新幹線システム，原子力発電所，宇宙ロケットなど巨大なシステム制御とよく似た制御装置にまとめられており，超精密巨大装置のモデルといえます（図 8.9 参照）．

図 8.9 レーザー制御システム（激光 XII 号レーザー）

運転は 1983 年 12 月に開始され，数回の増力改造をしながら核融合実験が続けられています．出力性能は設計値，20 kJ，40 TW を上回り，26 kJ，55 TW を達成しました．この結果，世界最高の核融合反応出力が記録されたことはよく知られています．

8.7 短波長化へ向けて

ミニ太陽を作るのに短波長レーザー光が有望である話は7章に出ましたが，大出力システムでの実際に触れておきましょう。3章でレーザーの色を変える原理を説明しましたが，激光XII号では，世界最大の超大形非線形光学結晶（**図8.10**参照）を利用しています。最近の結晶高速育成の研究でこのような大きな単結晶*も毎日5cmもの速度で成長させることが可能となっています。

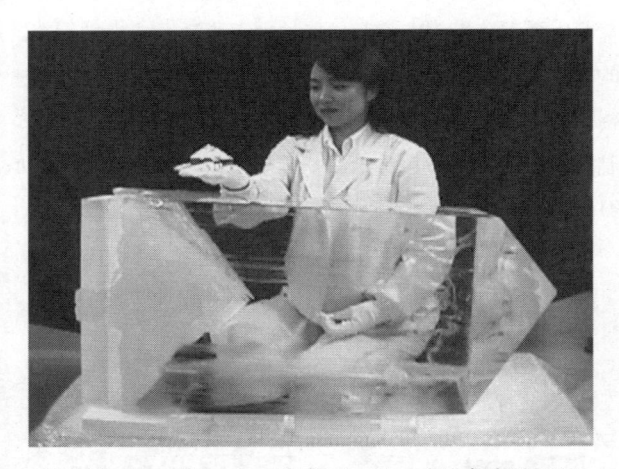

図8.10　11ヶ月かかって育成した45cm級の超大形KDP結晶と1日で育成できた10cm級結晶（手のひらの上）

直径37cmもの単結晶板を，核融合反応真空容器の集光レンズ直前にセットし，レーザー光の方向に対しきわめて高い精度で方向性を合わせ込み，波長$1\mu m$の光を波長$0.5\mu m$や$0.35\mu m$に変換します。方向の狂いや室温の変化は，光の色変換効率の低下をもたらすため，方向で$30\mu rad$，室温を0.1℃以内の変化に押さえています。集光レンズの焦点距離も光の色により異なる（色収差という）ので精密に測定し，波長を切り替えるごとに修正を施します。これらの仕事はすべてコンピュータに記憶させ，自動運転が可能になっています。

8.8 大出力用光学部品

(a) 光学部品の種類 光学部品は，従来からカメラ類や光学機器および印刷機器などの分野で広く使用されています。最近ではレーザー技術の急速な進展に伴い，材料，研磨，蒸着などに対して一般の光学部品と比べると高品質と高精度が要求されるようになってきました。

光学システムに使用される光学部品は，① 平面をベースとした光学部品，② 球面をベースとした光学部品，③ そのほかの光学部品，の3種類に大別できます。これらの光学部品の種類と用途を**図 8.11** に示します。

(b) 大出力ガラスレーザー用光学部品 大出力ガラスレーザーシステムでは，図 8.11 に示したほとんどすべての光学部品を用います。また高品質材

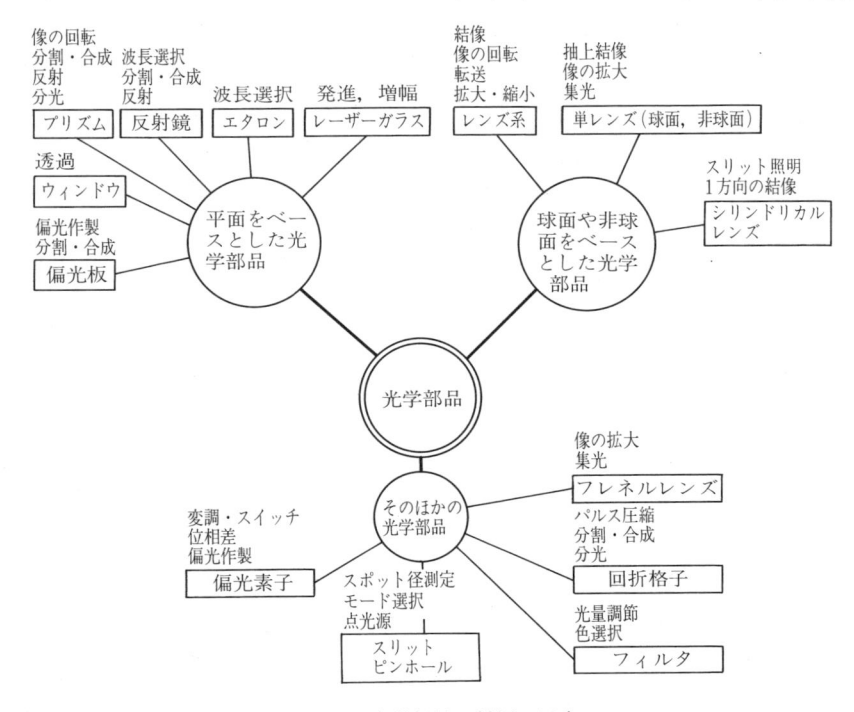

図 8.11 光学部品の種類と用途

料，高精度の加工技術，高いレーザー耐力という特別の要求が加わります。

表8.2は，激光XII号に使用されているおもな光学部品の一覧を示します。光学材料としてはリン酸系レーザーガラス（LHG-80），ファラデー効果鉛ガラス（FR-5），透明材料BK-7，波長変換用のKDP結晶などが用いられています。レーザーガラスとしては，熱による影響が少なく，単位体積当り大きな出力を得ることができる硝種LHG-80を選びました。図8.12は，各種光学部品の写真を示します。

表8.2 激光XII号とペタワットレーザー用の主要光学部品一覧

種類	名称	材質	外径寸法	研磨	蒸着	個数	使用方法
レーザーガラス	R 25	LHG-80	$25\phi \times 380\,l$	平面	AR膜	3	透過
	R 50	LHG-80	$50\phi \times 380\,l$	平面	AR膜	25	透過
	D 100	LHG-80	$214 \times 114 \times 24\,t$	平面		144	透過
	D 200	LHG-80	$400 \times 214 \times 32\,t$	平面		108	透過
	D 350	LHG-80	$780 \times 400 \times 45\,t$	平面		8	透過
ファラデーガラス	FR 100	FR-5	$120\phi \times 20\,t$	平面	AR膜	12	透過
	FR 200	FR-5	$220\phi \times 20\,t$	平面	AR膜	12	透過
誘電体偏光子	OS 25	BK-7	$66 \times 38 \times 5\,t$	平面	偏光膜	8	透過
	OS 50	BK-7	$120 \times 60 \times 7\,t$	平面	偏光膜	52	透過
	FR 100	BK-7	$230 \times 120 \times 10\,t$	平面	偏光膜	48	透過
	FR 200	BK-7	$448 \times 240 \times 10\,t$	平面	偏光膜	24	透過
ポッケルスセル	OS 25	KD*P	25ϕ	平面	AR膜	2	透過
	OS 50	KD*P	50ϕ	平面	AR膜	13	透過
大口径反射鏡（集光照射系）		BK-7	最大 $664\phi \times 88\,t$	平面	反射膜	74	透過・反射
スペーシャルフィルタ用レンズ		BK-7	$50\phi \sim 380\phi$（F 7～F 400）	球面	AR膜	78	透過
ターゲット照射用レンズ		BK-7	有効径 380ϕ F/3	非球面	AR膜	24	透過
高調波発生結晶		KDP	有効径 350ϕ	平面	AR膜	12	透過

レーザーガラスには，ロッド形とディスク形とがあります。ロッド形レーザーガラスは長さ380 mmで直径25 mm，あるいは50 mmの円柱形をしており，両端面は平面研磨をして反射防止膜*を蒸着してあり，側面は粗い研磨剤を用いてスリガラス状にしてあります。これらの工夫によって励起されたレーザー

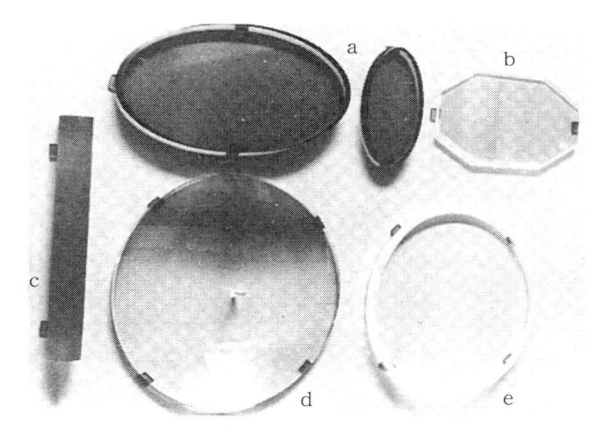

a：ディスクガラス　　b：偏光子　　c：ロッドガラス
d：非球面レンズ　　e：ウィンドウガラス

図8.12　ジャイアントレーザー用各種光学部品

ガラスの両端面および周辺での反射によって生じる寄生発振を防止しています．ディスクレーザーガラスは楕円形で，ビーム径350 mm 用の場合は長径780 mm，短径400 mm，厚さ45 mm となります．ディスクガラスの側面には，波長1 μm の自然放出光を吸収してディスクガラス内での寄生発振*を防止するためにエッジコート吸収ガラス（レーザーガラスに少量の硫酸銅を混入したもの）を付着しています．

　光学ガラスの中で最大寸法のものは，レーザー光をターゲットへ導くのに使用する反射鏡であり，材料は石英ガラスで直径664 mm，厚さ88 mm（重さ71 kg）です．集光レンズは，空間フィルタ用には球面レンズ，ターゲット集光用には F 数が3，焦点距離約1 m の非球面レンズを使用しています．

　誘電体偏光子*は，"P成分"（電気ベクトルが入射面内に振動する成分）の透過率95％以上，"S成分"（電気ベクトルが入射面と垂直の面内に振動する成分）の透過率は1.5％以下となるように設計・製作します．高調波発生には，有効径350 mm，厚さ20 mm の KDP 結晶を使用しています．KDP セルの窓材には，2倍高調波 0.526 μm には BK-7，3倍高調波 0.351 μm に対しては石英を用います．窓ガラスと KDP 結晶との間げきは約100 μm であり，両

者の屈折率とほぼ等しい油性液体で間げきを満たします。これを屈折率整合といい，KDP結晶と窓ガラス表面での反射損失を防止すると同時にKDP表面を水分から保護します。最近ではゾルゲル膜技術によって酸化アルミニウムやシリカ，フッ素系の薄膜などをつけ，無反射化と防湿を兼ねることが可能となっています。

（c）**研磨と検査**　光学部品はその目的に応じて加工精度に大きな違いがあるため，研磨法も異なります。光学ガラスの研磨法は，圧力研磨法と強制研磨法に大別できます。前者は低速・低圧力での高精度加工でおもに用いられ，後者は高返・高圧力加工に使用されています。

大出力ガラスレーザー用光学部品の材料は一般に軟らかく大口径で，平面度および表面状態に対して高精度の研磨を要求されるので，おもに圧力研磨法を用います。この研磨機としては，オスカー形研磨機とリング形研磨機とがあります。オスカー形研磨機を図8.13に示します。オスカー形では，ワーク（研

図8.13　オスカー形研磨機

摩されるもの)を平面板に貼りつけて回転させ,上部から下ろしたピッチつきの研磨盤で研磨する方式です。この方式は,平面および球面加工用ですが,平面研磨の場合に研磨面の周辺にダレを生じるという欠点があります。

図 8.14 にリング形研磨機の原理図を示します。リング状で中心部の抜けたラップ面がその中心を軸として角速度 Ω で回転します。ラップ面上にワークを置き,これを角速度 ω で回転させ,ω と Ω とを等しくすると,ワークのすべての点とラップ面との相対速度が等しくなります。この場合,ラップ面が均一で,圧力分布が一定であればワークの各点は均一の速度で研磨されます。リング形研磨機は,自重研磨のため研磨面の全域にわたって高精度研磨が可能ですが,平面のみしか研磨できません。

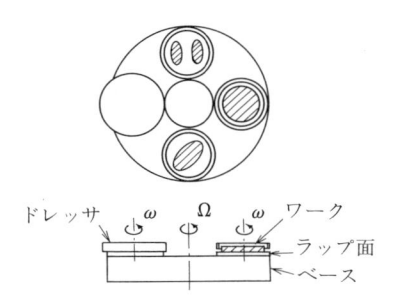

図 8.14　リング形研磨機

　強制研磨法は,ガラス基板の両面を同時に高速度で研磨します。この方法はカメラ用レンズ,半導体のフォトマスク用基板などに用いられており,数分以内で研磨を完了します。近年の最新の研削法に液中研削法があります。これはダイヤモンドの先端で研削するダイヤモンドターニング法と異なり,液中に入れた微細な研磨剤を高速回転する研削盤とワークの超狭ギャップの間に流し,原子間力でワークの面を研削するもので,ただ 1 回通すだけで研削が完了するという便利な方法です。研削精度はダイヤモンドターニング法のサブミクロン程度と異なり,nm 以下になります。

　研磨した光学ガラスの平面度や波面収差* は,干渉計を用いれば高精度の測定が可能です。干渉計としては He-Ne レーザーを光源としたフィゾー干渉計が市販されており,平面度は $\lambda/20$(λ は検査波長で 633 nm)あるいはそれ以

上の精度で検査できます。検査対象の大きさは1mくらいまで可能な装置が市販されています。

（d） 蒸着と検査　レーザー装置に用いられる多数の光学部品には誘電体多層膜*が蒸着されています。これらの蒸着膜は，表8.3に示すように目的に応じて所定の条件を満足し，かつ強力なレーザー光に対しても十分な耐力を有することが必要です。蒸着膜は，抵抗加熱法，電子ビーム法，イオンプレーティング法，スパッタリング法などにより製作されますが，これらは蒸着物質の種類および使用目的によって最適の方法を使います。

表8.3　蒸着膜の種類と用途

種類	用途	基板	入射角	偏光	特性
反射防止膜	レーザーロッド FRガラス レンズ ウィンドウガラス	レーザーガラス FRガラス BK-7 BK-7	0°		$R<0.1\%$
反射膜	各種折返しミラー	BK-7	各種	混合	$R=98〜100\%$
偏光膜	ファラデー回転子 ポッケルスセル	BK-7	56.5°	P偏光 S偏光	$T_p≧95\%$ $T_s≦1.5\%$

蒸着膜のレーザー耐力は，基板条件（種類，表面粗さ，表面の清浄度），蒸着条件（真空度，蒸着速度，基板温度），蒸着物質（種類，組合せ）などに強く依存するので，各条件を最適化することが重要です。各種蒸着膜のレーザー耐力を表8.4に示します。レーザー耐力の測定は，Nd：YAGレーザーと3段増幅器を組み合わせた専用の検査装置で測定します。

蒸着膜がレーザー光で破壊したかどうかは，レーザーを焦点距離50cmのレンズで蒸着サンプル上に集光し，破壊の様子を光学顕微鏡で観測して決定します。図8.15にレーザー光で破壊した反射防止膜の写真を示します。図から明らかなように，膜がレーザー光によってはがれている様子がよくわかります。また，集光エネルギー強度によって破壊のされ方が異なります。

（e） 超短パルスビーム用光学部品　超短パルスレーザーの問題点は，おもにレーザー耐力です。レーザーパルス幅が1ナノ秒程度以上では誘電体が壊

表 8.4　各種蒸着膜のレーザー耐力

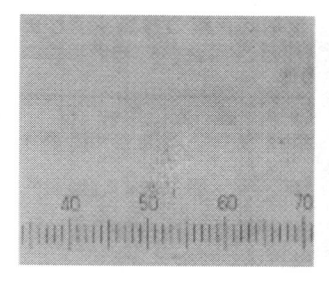

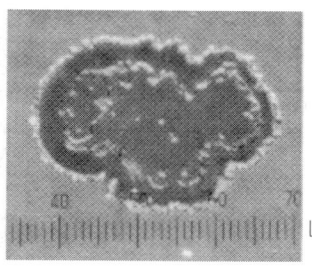

蒸着膜		レーザー耐力 $[J/cm^2]$	レーザー	備考
無反射膜	多層	3〜4	1.064 μm 1ナノ秒	アンダーコートなし
	多層	4〜8		$\lambda/2$ SiO_2 アンダーコート
高反射膜	多層	7〜11		QW 設計*
	多層	8〜13		NQW 設計*
偏光膜	多層	5〜7		NQW 設計
高反射膜	多層	2.5〜3.5	0.53 μm 1ナノ秒	アンダーコートなし
	多層	4〜5		$\lambda/2$ SiO_2 アンダーコート
高反射膜	多層	1〜3	0.35 μm 0.4ナノ秒	$\lambda/2$ SiO_2 アンダーコート
	多層	2〜4		$\lambda/4$ SiO_2

（a）　4.5×10^9 W/cm² 　　　（b）　7×10^9 W/cm²

図 8.15　レーザー光で破壊された反射防止膜の顕微鏡写真

れる機構はおもに熱的破壊です。すなわち，入射エネルギーの影響で物質の融点を超え，さらに沸点を超えてプラズマ化するのです。この効果はレーザー耐力のパルス幅依存性としてはパルス幅の平方根に比例します。しかし，パルス幅が10ピコ秒を下回るころからレーザー耐力のパルス幅依存性が急に変わります。超短パルスの物質との相互作用は熱化の速度よりもパルス幅が短いために生じる特異な現象です。このあたりの問題点は最新の研究課題でもあります。

8.9 ガラスレーザーの保守と検査

（a） ガラスレーザー部品の洗浄　ガラスレーザー装置に用いられる各種光学装置は，表 8.2 で示したような多くの光学部品を組み合わせた構造となっています。これらの光学部品の中で大出力レーザー光が通過する表面，あるいは励起光源である強力な光エネルギーを発光するフラッシュランプで照射される光学部品表面に付着している塵挨や汚れを完全に除去することが重要となります。この理由を図 8.16 に示すようなディスク形増幅器で説明しましょう。

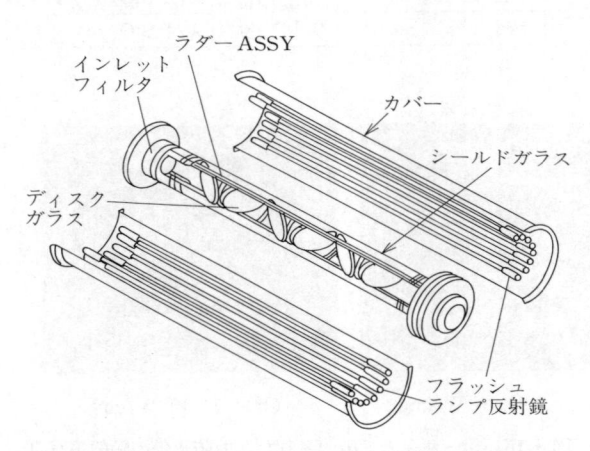

図 8.16　ディスク形増幅器（口径 100 mm）の分解図

　ディスク形増幅器内のレーザーガラスはフラッシュランプと向かい合っており，温度 15 000 °C の黒体ふく射に相当する約 10 J/cm² のエネルギーで照射されます。増幅器内の塵挨や汚れは急激に加熱され，レーザーガラス表面，石英管シールドガラス，フラッシュランプの外壁，反射鏡などの表面に焼きつき，損傷を与えます。レーザーガラス表面を通過するレーザー光はさらに損傷を広げるとともに，回折効果によって強い変調を受けるために下流の光学部品に損傷を与える恐れがあります。損傷部分での散乱・吸収損失の増大や励起効率の低下などの問題点が発生します。光学部品を使用していると徐々に塵挨や汚れ

8.9 ガラスレーザーの保守と検査

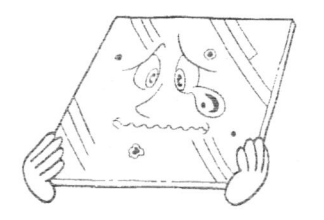

による焼きつきが増加してくるために，定期的に洗浄する必要があります．激光 XII 号の場合，全システムを 500〜1 000 回の稼動ごとにすべての光学装置の洗浄を実施しています．

大阪大学には激光 XII 号用の光学部品を洗浄するクリーン度クラス 100* のスーパクリーンルーム（面積 489 m²）を設けました．**表 8.5** に光学部品を高度の清浄度で洗浄するための洗浄用装置を示します．

（b）ディスク形増幅器の洗浄・検査　ディスク形増幅器は図 8.16 に示したように分解でき，その構成要素はガラス類（ディスクガラス，シールドガラス，フラッシュランプ）と金属類（ガラスを止めるラダー部，反射鏡，フランジ類）に大別できます．これらは**図 8.17** に示すような手順で洗浄作業を行います．

〈ひとくちメモ〉

光 の 圧 力

光は電磁波であり，考え方を変えると光子の流れです．光が物体に吸収されたり，反射されたりすると，その物体に力を及ぼします．それを光の圧力，光圧といいます．ハレーすい星の尾が太陽の逆方向を向くのはこの力のためです．吸収に対し，反射は光子の流れの向きを変えるので 2 倍の力を及ぼします．レーザー光は小さく集光できるので単位面積当り 10^{20} W/cm² 程度の光強度を作ることは容易です．この光圧は 30 万トンの圧力に相当します．

特別な波長の光だけを吸収する物質でできた小粒子などは，強いレーザー光により選択的に力を与えられるので，特殊な物質選別の方法にレーザーを用いることも可能でしょう．

表8.5 光学部品用の主要洗浄機器

名　称	性　能	用　途
気密ブース	無塵送風喚気	洗浄，組立て
スプレーガン	低圧用（～5気圧） 高圧用（～70気圧）	フレオン，超純水使用
フレオン回収蒸留精製設備	フロン 113	スプレー洗浄用液
超純水精製設備	非抵抗 $18\,\mathrm{M\Omega\cdot cm}$	
プラズマクリーナ	酸素プラズマ	ディスクガラス洗浄
超音波洗浄装置	$25\,\mathrm{kHz}$	小物洗浄
温風乾燥器	最大 $3\,\mathrm{kW}$	洗浄物乾燥
真空ピンセット		小物組立て
窒素ガン	5気圧	吹飛ばし洗浄

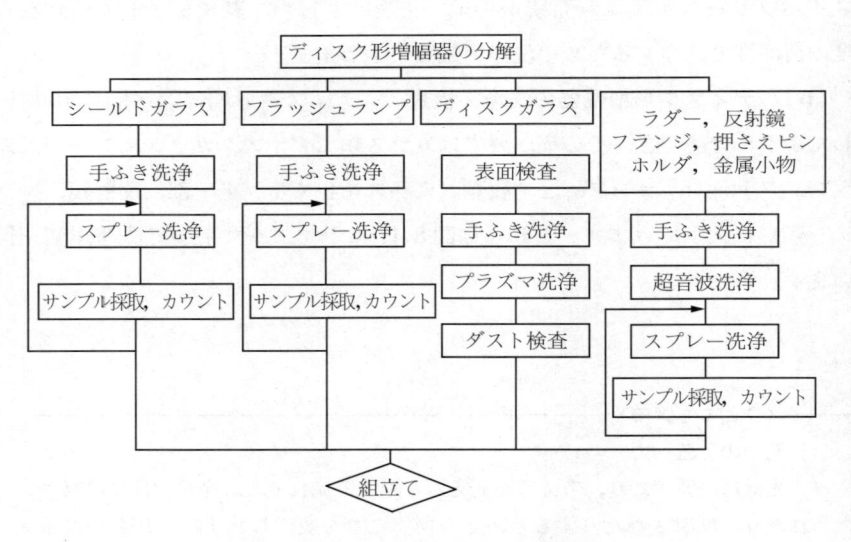

図8.17 ディスク型増幅器の洗浄手順

　例として，ディスクガラスとラダーの洗浄法について述べます．ディスクガラスは，表面検査（スクラッチ/ディグ，ヤケ*，光損傷）の後にアルコール系の液を用いて手ふき洗浄をし，酸素プラズマ洗浄をかけて有機物質を除去し，ダストや傷の検査という手順で洗浄します．大形の金属物であるラダーは，洗剤による手ふき洗浄と超純水を用いた超高圧スプレー洗浄*をします．表面の

8.9　ガラスレーザーの保守と検査　147

ダストを超純水のリンスで採取し，顕微鏡下でカウント*します。大きさ0.5 μm のダストが1cm² 当り2個以下の場合に洗浄を完了します。各構成要素の洗浄が終わるとダストがこれらの構成要素に付着しないように十分配慮して組み立てます。

（c）**取扱い方法**　光学部品を取り扱う場合には，表面にだ液，指紋，髪の毛，塵などが付着すると，再度洗浄する必要が生じます。したがって，塵挨の発生が少なく，汚れがつかないマスク，手袋，帽子を身につけて作業しなければなりません。また，光学部品の重さが10kg以上となってくると，光学部品の重さ，形状および用途に応じた運搬，分解・組立治具を必要とします。これらの器具で光学部品が損傷したり，機械的ひずみが発生しないように，器具の材料，設計・製作には十分に考慮します。

　光学部品の保管も非常に重要な要素の一つです。保管中に光学部品がひずんだり，空気中の湿度や酸素の影響で表面状態が変化しないようにすることが大切です。通常は乾燥窒素を流したデシケータの中に保管しています。

9 コンピュータはスーパーマン

　21世紀中ごろには，レーザーで作られた小さな地上の太陽からエネルギーを取り出せるであろうと予想されています。スーパコンピュータは，そのときのミニ太陽を設計したり，描いたりしてみせます。ミニ太陽から放出される放射線の種類や強度が決まると，その容器＝核融合炉の構造やエネルギー取り出し方法を決めることができます。この章では以下について説明します。
（1）　ミニ太陽を設計するときに考えておかなければいけない物理現象
（2）　スーパコンピュータでレーザー照射からミニ太陽の発生・消滅までを描く方法や結果
（3）　予想される核融合炉の概略と21世紀の夢＝核融合発電所

9.1　ミニ太陽を設計する

　レーザーによる爆縮で太陽内部とほぼ同じ状態のプラズマが地上に出現することを7章で説明しました。太陽がいつまでも輝いているのは，内部で核融合反応が連続して起こり続け，エネルギーを放出し続けているからです。われわれのミニ太陽も，その寿命は本物の太陽に比べると10^{-27}倍も短いのですがうまく設計すれば，注入したレーザーエネルギーの何百倍ものエネルギーをその短い寿命の間に放出します。21世紀には，地上にできるミニ太陽の様子が実験的に明らかになるであろうといわれています。そのために，世界中でミニ太陽を入れる容器＝核融合炉の研究や，種々の大形実験装置の設計建設が進められています。それには，ミニ太陽の様子をあらかじめ予測し，設計することが

9.1 ミニ太陽を設計する　149

必要です。そこではスーパコンピュータ（ひとくちメモ参照）によるコンピュータ実験（コンピュータシミュレーション）がおおいに活躍します。

（a）ペレットの仕組みと設計　レーザーを照射する前のペレットは，図 **9.1** のような構造をしています。核融合反応を起こし，エネルギーを放出する重水素（D）と三重水素（T）の燃料はペレットと呼ばれる燃料小球に封入されています。爆縮により重水素と三重水素を高密度に圧縮するための工夫がペレットに施されます。例えば，重水素と三重水素を氷にしてペレットの内面に層状にしたクライオジェニックターゲット*を用いたり，燃料容器のガラス球やポリエチレン球にいろいろな物質を層状に蒸着したり，フォーム層を設けたりします。

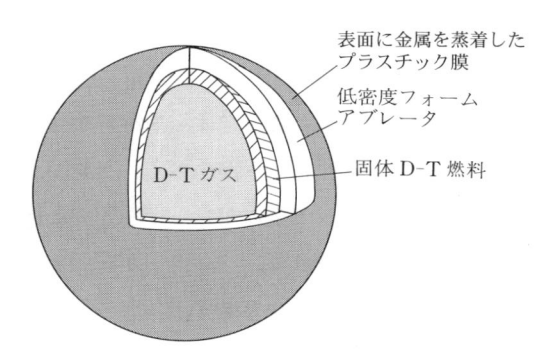

球状のプラスチックフォーム層をプラスチックセルで封じたフォームクライオペレット。フォーム層に液化した重水素と三重水素を浸透させ，固化して必要な燃料層を作る。フォーム層の内部には点火部となる純粋のD-Tクライオ層があり，ペレットの中央部はD-Tガスを含む中空となっています

図 9.1　直接照射方式の高利得ターゲット

よく輝くミニ太陽を作るには，レーザーを照射するペレットの構造をうまく設計しなければなりません。レーザーを照射したペレット中で重水素と三重水素ができるだけ多く反応して，エネルギーが出るようにしたいわけです。すなわち，重水素と三重水素が頻繁に衝突し，核融合反応を起こすように超高密度にまで圧縮します。ぎゅうぎゅうづめの電車の中では人と人とがよく衝突する

のと同じ理屈です。すなわち，よく圧縮が起こるペレットの設計はよく輝くミニ太陽の設計となります。そのペレット設計には三つの重要な点があります。

（b）効率よく，冷たく，丸く 一つ目は，レーザー照射によりペレット表面に効率よく高圧力を発生することです。二つ目は，圧縮が始まるまではペレット内部をできるだけ冷たいままに保つことです（先行加熱*防止）。三つ目は，できるかぎり球対称に圧縮することです（対称性と爆縮の安定性）。

例えば，先行加熱の問題では，ペレットが小さく，ペレット球殻の肉厚が薄く，レーザーが強すぎると，ペレット全体がレーザー照射と同時に一様に非常な高温となってしまいます。そうすれば，ペレットが膨張するだけで重水素と三重水素を圧縮することがむずかしくなります。

普通，レーザー照射により発生するコロナ*プラズマの温度は1 000万℃程度になり，そこからX線や高エネルギー電子線が出ます。このX線や電子線から内部を保護し，冷たい状態に保つためペレットには表面と内部の燃料との間に断熱材をはさみます。すなわち，内部を冷たいままに保ち，表面をレーザーで1 000万℃以上に加熱するよう工夫します（図9.2参照）。

そうすれば，内部より外部の圧力が高くなり，燃料がペレット中心で圧縮され，ミニ太陽が出現するということになります。ただし，断熱材が必要以上に多いとペレットは重くなり，十分圧縮するのに必要なレーザーエネルギーが多くなってしまいます。

また，ペレット表面に直接レーザーを照射することにより発生する爆縮の不均一性を小さくするため，レーザーをX線に変換して爆縮します。それには，

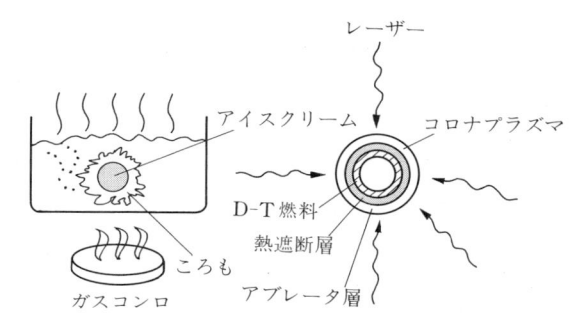

9.1 ミニ太陽を設計する

図9.2 アイスクリームのてんぷらとターゲット

アイスクリームをてんぷらにするとき，十分ころもをつけて油の中に入れると，ころもにより熱が遮断されて，アイスクリームが溶けないようにできます。われわれのターゲットでも熱遮断層がころもと同じ役割をして，D-T燃料が冷たいままでペレット表面の加熱が可能となります

カバーを燃料球の周りに取りつけることが考えられています。その効果により，7章にも説明があったように，カバーの穴からレーザー光を入射し，カバー内部にプラズマを発生させ，数百万°Cの黒体ふく射として，X線を発生させてペレット球殻の表面を照射し，アブレーションを起こし，中心に向かってペレット球殻を加速し，D-T燃料を圧縮します（図9.3参照）。

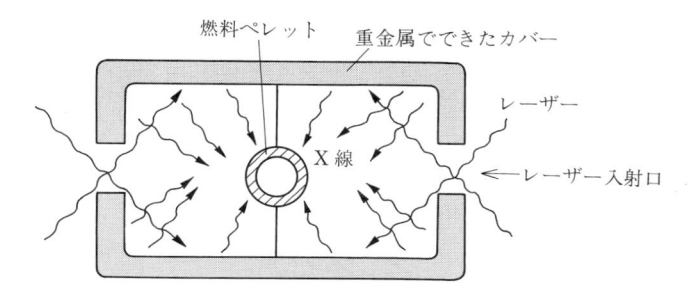

燃料ペレットを直接照射して爆縮する方法とは別に，金などの空洞の内壁にレーザーを入射し，重金属のプラズマで発生するX線によりペレットを爆縮する方法があります。このときのターゲットには，キャビティ中に燃料ペレットを中空につるしたものを用います

図9.3 間接照射X線駆動ターゲット

9. コンピュータはスーパーマン

　不均一にレーザーが照射されると強く押される部分と弱く押される部分が生じて，球形状を保つことができなくなります。また，密度の低いコロナプラズマで高密度のペレット内部を圧縮するとき，境界に生じたひずみは成長します。すなわち，油の上に水を乗せたとき，水は水滴となり油の中に沈み，油は油滴となって浮かび上がるのとよく似ています（図9.4参照）。この不安定性は，レイリー・テイラー不安定性*と呼ばれます。固体密度の何千倍にも圧縮するためには，できるだけ一様なレーザー照射を実現し，ひずみの小さい球状の圧縮を実現しなければいけません。

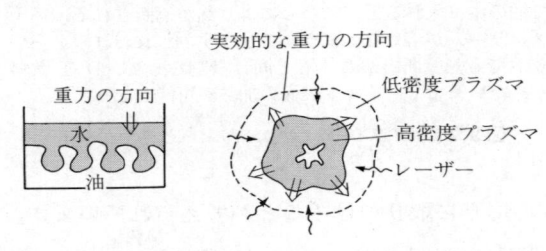

地上では重力が下向きで，上に重いもの（水）下に軽いもの（油）を重ねるとわずかな表面のひずみが成長してついには液滴を形成します。ペレットの爆縮では低密度，高温のプラズマで高密度の球殻を加速します。そのときの実効的な重力はペレット中心から外向きとなり，油の上に水を置いたのとよく似た配置となります

図9.4　ペレット内部の不安定性

　レーザー核融合のために高密度高温プラズマを発生する条件を満足するペレットの大きさ，断熱的に燃料の重水素と三重水素を圧縮するためのレーザーの照射方法を決定したり，爆縮の球対称性などの様子を明らかにするため，コン

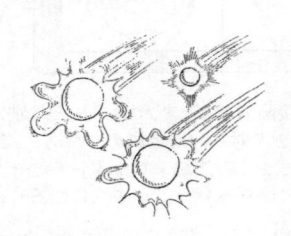

ピュータを使った膨大な計算が必要となります．つぎに，ミニ太陽の設計のためのコンピュータシミュレーションのあらましを紹介します．

9.2　コンピュータシミュレーション

　複雑に絡みあった物理現象を数式や数表でモデル化し，ミニ太陽の発生，核融合反応，爆発の過程をコンピュータは追跡します．レーザーとミニ太陽に関連するすべての物理過程を細大もらさずプログラムに取り入れて，コンピュータに計算させ，実験で現れることを描いて見せるのをコンピュータシミュレーションとか計算機実験とか呼びます．

　完全に球対称にレーザーがペレットを照射したときには，ペレットの動きは半径方向だけで1次元的です．その様子は，1次元の運動を記述するシミュレーションで追跡でき，プラズマ流体の動きは図9.5のように，半径方向の流体要素の位置と時間との関係は流線図* で示すことができます．

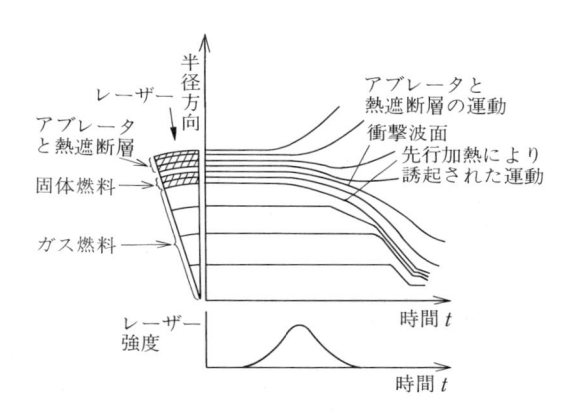

図9.5　コンピュータシミュレーションにより描いた
　　　　球対称なペレットの爆縮の様子

　ペレットの最外殻はアブレータ（剝離層）と呼ばれ，レーザーによる加熱で蒸発，膨張して剝離していきます．剝離した物質はレーザー加熱により高温プラズマとなり，ペレット表面を覆います．このミニ太陽を取り囲むプラズマは

コロナプラズマ（7章参照）と呼ばれ，本物の太陽のコロナ*と呼ばれる高温プラズマの大気に対応します。コンピュータシミュレーションは，このコロナプラズマの発生と，その中でのレーザー光の光線追跡による吸収分布の計算から始まります。

　プラズマの屈折率は，ガラスや水や空気とは逆に，真空屈折率（1.0）より小さくなっています（図9.6参照）。したがって，入射されたレーザー光の大部分は吸収され，残りは屈折により反射されます。ペレット表面のプラズマ中でレーザー光が屈折しながら伝搬する様子が図9.7に示されています。入射されたレーザー光は吸収されながら伝搬し，プラズマが臨界密度となる領域にまで侵入した後，吸収されなかったものは反射されます。

　コロナでのレーザー吸収と熱伝導*によりペレット表面は超高温となり，1000万気圧以上もの超高圧を発生します。その圧力で衝撃波などが発生し，

プラズマで作られたレンズ

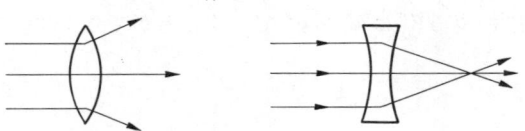

プラズマの屈折率は密度が高いほど1より小さくなります。一方，ガラスの屈折率は1より大きい。そのため，ガラスとプラズマでは屈折の仕方が逆になり，凸レンズと凹レンズの役割が逆転します

図9.6　ガラスの屈折とプラズマの屈折

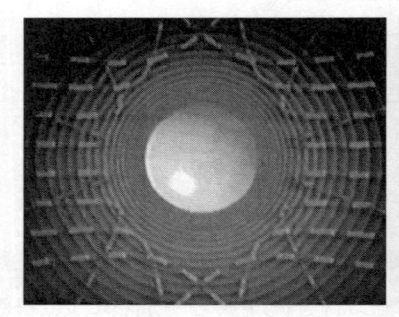

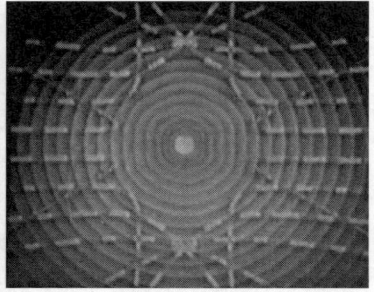

図9.7　レーザー光線追跡と爆縮のシミュレーション

ペレット球殻は圧縮運動を開始します（図9.5参照）。以上のような，レーザー加熱により誘起される流体運動の解析がレーザー核融合のコンピュータシミュレーションの中心テーマです。

　流体運動をシミュレーションするため，流体（プラズマ）は小さく分割され，分割された各要素（流体要素あるいは流体粒子と呼ばれる）の運動を追いかけます。各流体要素は圧力によって運動します。一方，圧力は流体要素群の運動により変化します。したがって，流体要素の運動は相互に力を及ぼしながら動く粒子群の運動と同じです。例えば，流体要素が1箇所に多数集まってくれば密度が高くなり，圧力が上がります。周囲より圧力が高くなると流体要素間に反発力が働くことになり，要素の間隔が広がり，流体としては膨張することになります。

　圧力と静電力や重力などの普通の粒子間に働く力との違いは，圧力が温度によって変化することです。したがって，流体要素の運動は温度変化によって影響を受けます。例えば，レーザーによる加熱で温度が上昇すると圧力が増加し，流体要素間に反発力が発生します。このような，温度変化による流体の膨張と圧縮をシミュレーションは記述します。すなわち，レーザー入射から流体運動（爆縮）までの因果関係がシミュレーションされることになります。

ILEの星（ILESTA）と統合コード　　大阪大学レーザー核融合研究センターでは**表9.1**にまとめたように，目的に応じて種々のコンピュータシミュレーションコードが開発されています。多次元的に爆縮を描くシミュレーションには，2次元ラグランジアンコード*ILESTA-2Dと2次元流体粒子コード*IZANAMIや3次元流体コードIMPACT-3Dがあります。また，新方式による統合爆縮コードが開発されつつあり，より高精度の爆縮流体力学のシミュレーションが可能となっています。**図9.8**は統合爆縮コードPINOCOにより描かれた爆縮の時間変化の様子です。

　完全に球対称な爆縮であれば，球の半径方向の1次元的な運動を追いかければよく，100個程度の流体要素に分割すれば十分正確なシミュレーションになり，普通の大形コンピュータでも比較的短時間に処理できます。しかし，実際

9. コンピュータはスーパーマン

表 9.1 大阪大学レーザー核融合研究センターで開発された
レーザー核融合のシミュレーションコード

コードの種類	コード名	内　　容	方　　式
1次元流体コード	HIMICO	1次元爆縮の流体力学の解析	ラグランジアン法
	ILESTA 1D		ラグランジアン法
2次元，3次元流体コード	ILESTA 2D	2次元爆縮流体力学	ラグランジアンコード
	PINOCO	2次元爆縮流体力学	CIP法
	IMPACT	2, 3次元流体力学	TVD法
	IZANAMI	2次元爆縮流体力学	流体粒子法
粒子シミュレーション	FI 3	高速点火のシミュレーションおよび超高強度レーザープラズマのシミュレーション	粒子コード ＋ フォッカー・プランクコード ＋ 流体コード
分子動力学シミュレーション	SCOPE	強結合プラズマのシミュレーション	分子動力学コード
粒子輸送コード	ILE-FP	電子輸送・α粒子輸送など	フォッカー・プランクコード

の爆縮は有限個のレーザービームの照射によるもので，できるだけ球対称にしても，大なり小なり非対称性が残ります．それで，できるものなら3次元空間のシミュレーションを行いたいわけです．

例えば，3次元の流体を$100\times100\times100$の流体要素に分割したシミュレーションを考えると，そのときの計算量は1次元シミュレーションの1万倍ものばく大なものとなります．普通は2次元で我慢したり，空間分解能を粗くとって流体要素数を減らしてシミュレーションします．

したがって，満足のいくシミュレーションをしようと思うと，計算速度が現在の汎用コンピュータの100倍も1000倍も速いスーパコンピュータが必要になります．3次元のシミュレーションの総演算数は100兆個にもなり，人間が手で計算すると何千年かかってもできません．しかし，コンピュータの計算速度は最近急激に上昇しており，最新のスーパコンピュータでは数時間で実行することができます．まさにコンピュータは"スーパーマン"です．

9.2 コンピュータシミュレーション　　*157*

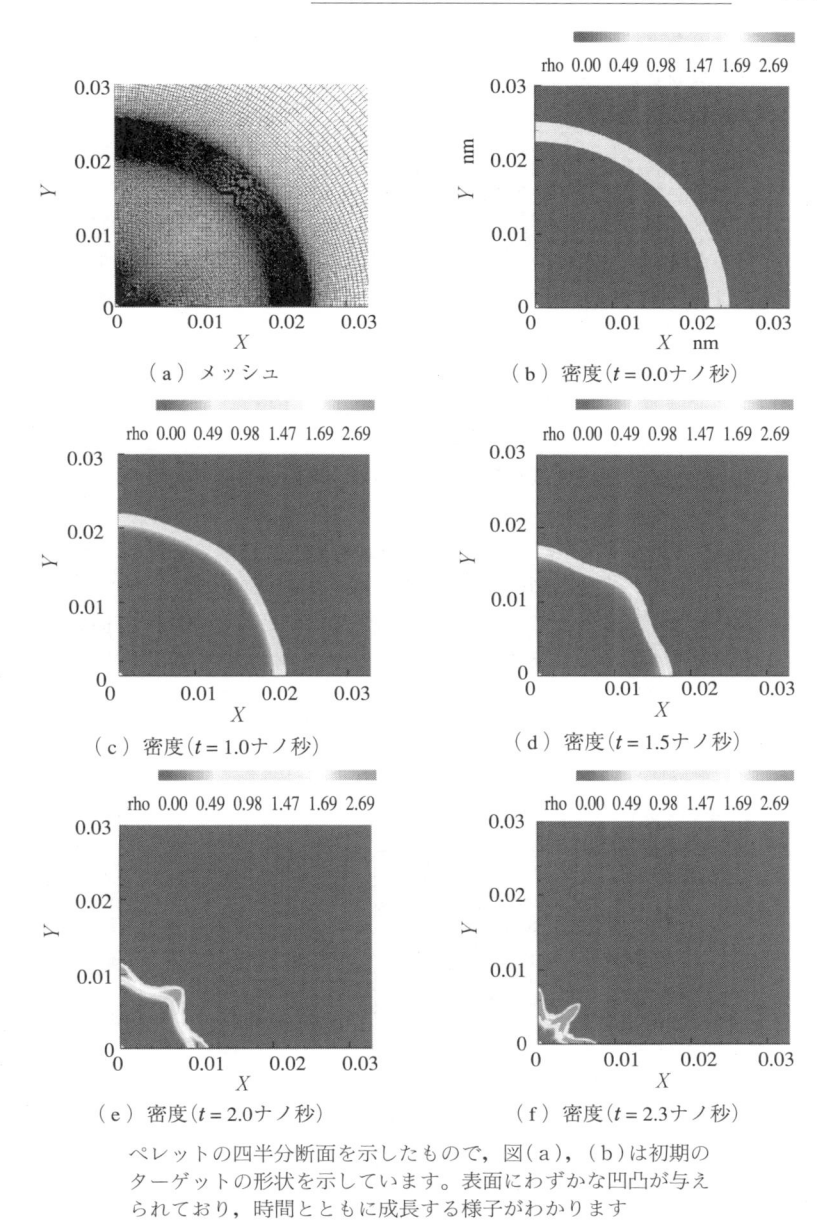

(a) メッシュ

(b) 密度($t = 0.0$ナノ秒)

(c) 密度($t = 1.0$ナノ秒)

(d) 密度($t = 1.5$ナノ秒)

(e) 密度($t = 2.0$ナノ秒)

(f) 密度($t = 2.3$ナノ秒)

ペレットの四半分断面を示したもので，図(a)，(b)は初期の
ターゲットの形状を示しています．表面にわずかな凹凸が与え
られており，時間とともに成長する様子がわかります

図9.8 統合爆縮コード（PINOCO）による爆縮のシミュレーション
（ペレットの不均一が爆縮に与える影響を示す）

9. コンピュータはスーパーマン

―〈ひとくちメモ〉――

スーパコンピュータ

夢の超特急や飛行機が時代とともに速くなってきたようにスーパコンピュータも時代とともに速くなってきました。その時代における最も速いコンピュータをスーパコンピュータといいます。

科学技術計算で出てくる浮動小数点演算の高速化は整数演算の高速化に比べてはるかにむずかしいのですが，スーパコンピュータの性能は浮動小数点演算を1秒間に10億回行う速さを「1」とする GFLOPS（giga floating point operation per second）を目安として用います。

現在のスーパコンピュータは1秒間に1 000億回（100 GFLOPS）以上の演算を行います。近年，1秒間に1兆回（1 000 GFLOPS＝1 TFLOPS（テラフロップス））以上の計算が可能なスーパコンピュータも実現しました。この最高性能は瞬間最大風速のようなもので，平均の速度は実際のプログラムにより変化します。

シミュレーションでは，粒子やメッシュについて反復演算を行うことがよくあります。このとき，単一のデータについて逐次演算を行う（スカラ演算）のではなく，多量のデータ（ベクトルデータ）に同一の演算を同時に施して（ベクトル演算），とか多数の演算機（CPU）を用いて並列に計算をさせるなど（並列処理）により高速処理を行っています。

図6にスーパコンピュータの速度向上の推移を示します。コンピュータ開発がいかに急速に進んでいるかを見てとれます。コンピュータもレーザーも先端技術の花形です。その上に立って発展しているのがレーザー核融合です。

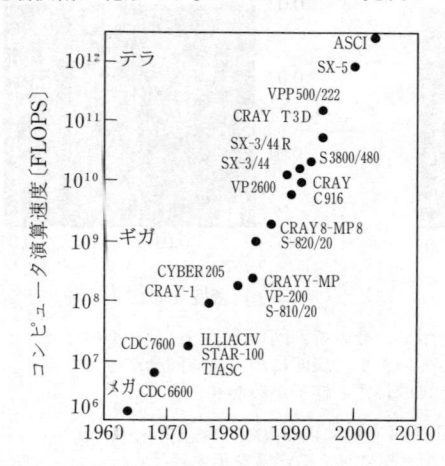

図6 スーパコンピュータの計算速度の発展

9.3 ミニ太陽の容器 — 21世紀の夢 核融合発電所

爆縮によりペレット中心には密度が固体密度の1000倍，温度が1億℃に達する重水素と三重水素のプラズマができます。これは核融合反応が起こっている太陽内部とほぼ同じ状態です。太陽では静かに核融合反応が進行しますが，ミニ太陽では急速に核融合が起こって爆発的にエネルギーを放出します。その様子は太陽よりも超新星爆発に似ています。この意味でレーザー核融合はミニ超新星爆発と呼ぶほうが適当かもしれません。

コンピュータシミュレーションは，爆縮に続きミニ核融合爆発の様子も描いてみせます。ペレットの中心で核融合燃焼が点火し，周辺に燃え広がり，中性子やα粒子としてエネルギーを放出する過程や放出エネルギー量が計算されます。コンピュータシミュレーションでは将来の核融合炉*で実現されるであろうミニ爆発を算出することができて，その結果は"ミニ太陽を入れる容器"の設計に利用されます。

（a）核融合炉のエネルギー　　数百万Jのレーザーエネルギーを注入して起こるミニ爆発によって，その数百倍のエネルギー，すなわち約10億Jのエネルギーが10億分の1秒より短い時間に放出されます。このエネルギーはTNT火薬1トンの爆発で出る量に相当します。このエネルギーの約8割が中性子として放射され，残りの2割が陽子やα粒子やそのほかの荷電粒子とX線として放射されます。この繰り返し起こるミニ太陽の爆風を受け止め，中性

子線*などの放射線を熱エネルギーに変換する容器が核融合炉の本体です。炉容器から取り出される熱エネルギーは蒸気タービンにより電気エネルギーに変換されます。この核融合の発電所でのエネルギーの流れは**図9.9**のようになります。

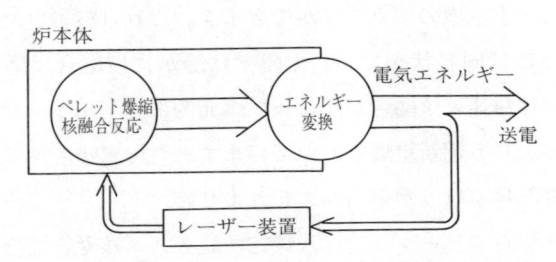

核融合により生じたエネルギーは電気エネルギーに変換されその一部はレーザー装置に送られ、残りが外部に送電されます。レーザー装置により電気エネルギーは、レーザーのエネルギーに変えられ、ミニ太陽を作るため炉容器内へ投射されます

図9.9 レーザー核融合炉におけるエネルギーの発生とその流れの様子

〈ひとくちメモ〉

超新星爆発とミニ太陽

　宇宙には、われわれの太陽のように静かに核融合が進行し輝き続ける恒星と同時に、爆発的に核融合反応が進行し、短時間に膨大なエネルギーを放出する恒星があります。このような現象は超新星爆発とか、新星爆発と呼ばれています。そのうち、最も有名なのがカニ星雲とその中にあるパルサーです。平安時代、数日間突然満月のように輝いたという記録もあります。また、そのときの大爆発の残がいが、カニ星雲や、規則正しく電波を周期的に出すことで有名な超高密度星（中性子星）のパルサーです。また最近（1987年）に発生した超新星は現在もその様子が世界中の天文学者により観測し続けられています。

　ミニ太陽の核融合爆発によく似ているのは連星系の新星あるいは超新星爆発です。二つの恒星が重力により引き合いながらたがいに回転しています。そこでは一方の星から他方の星へ物質が吸引され、星の表面に降り積もります。それが重力で圧縮され高温となり、臨界量を超えると核融合反応が暴走し、爆発します。

9.3 ミニ太陽の容器 — 21世紀の夢 核融合発電所

発電される電気エネルギーの一部を使ってレーザーが駆動され、そのレーザーエネルギーにより炉容器中にミニ太陽が作られます。発生した熱エネルギーは電気エネルギーに変換され、その一部は発電所を運転するエネルギーに向けられ、残りが外部に送電されます。

核融合発電所の概容を図9.10に示します。発電所は、炉容器、レーザー装置、ペレット入射口、エネルギー変換・冷却系・発電装置からなっています。

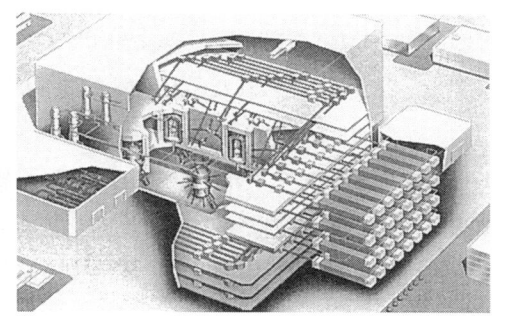

一つのレーザー装置で発生したレーザーパルスを四つの反応炉に順次送り込みます。反応炉一つにつき、1秒間に3個の燃料ペレットが燃えます。このシステムを自動車エンジンで例えると4シリンダ型となります。爆発的に発生したパルス状の熱エネルギーは炉壁の液体金属でならされ、熱となって炉外へ取り出されます

(a) レーザー核融合炉システム構想:「光陽」
電気出力70万kW/基(阪大レーザー研)

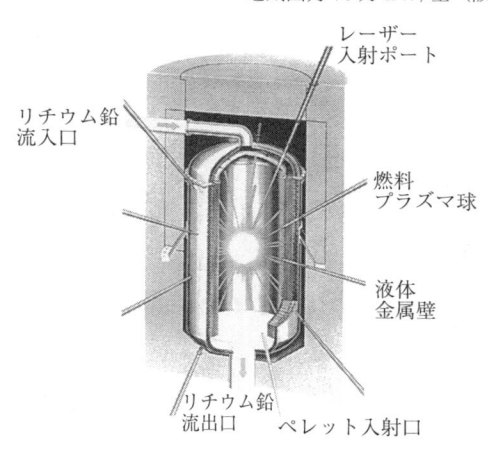

直径5mmほどの球形をした燃料ペレットを炉内へ打ち込み、それに高出力レーザーを一様に照射するとペレットは球対称に縮んで(爆縮と呼ぶ)、爆発的に核融合反応が起こります

(b) レーザー核融合発電炉は、液体金属で内壁を覆った炉内で核融合反応を起こさせ、発生した熱を炉の外に取り出して発電に使用します

図9.10 大阪大学で設計されたレーザー核融合炉「光陽」の概念図

ペレットは，機関銃から発射される弾丸のように，下方の発射口から毎秒数個の割合で炉の中心に向かいます。ペレットがちょうど中心にきたとき，レーザービームが32方向から同時に照射され，合計400万Jのエネルギーがペレットに投入されます。ペレットは爆縮し，核融合反応により燃焼します。発生したエネルギーは外部ブランケット*で吸収され，冷却系を通して電気出力として取り出されます。

炉容器は直径約10m，高さ20mでステンレス鋼でできています。この金属壁は直接ミニ太陽の爆風にさらされるとX線，荷電粒子による損傷や中性子による劣化などを受けます。炉容器は30年以上の耐久性が要求されており，そのままではその要求が満されません。そこで考えられたのが液体金属（リチウム鉛*）による金属壁の防御です。

（b）　リチウム鉛ブランケット—液体の金属でできた壁　　中性子とX線からはリチウム鉛流体壁（図9.10参照）により防御されます。X線を防護するだけなら1mmの厚さで十分ですが，高速の核融合中性子から保護するには50cm以上の厚さが必要です。

大阪大学の設計による核融合炉「光陽」では容器の内側に，シリコンカーバイドのホースでガイドされて流れる厚さ60cmのリチウム壁が設けられています。リチウム鉛流は壁の防御と同時に三重水素の生産を行います。重水素は自然界に大量に存在しますが，三重水素は存在しません。そのため，核融合炉ではどのような形式にしろ，自分自身で燃料の一部である三重水素を増殖しなければなりません。

高速の中性子によりリチウムが照射されると核反応が起こって三重水素が発生します。このことが液体金属壁の材料としてリチウム鉛を用いる理由となっています。

リチウム鉛流を図のようにガイドする様子や爆風を受けたときの擾乱の様子はコンピュータでシミュレーションされています。その結果では，核融合出力を十分受け止め，けっして崩壊しないことが判明しています。また，リチウム鉛は化学反応性が強いため，ステンレス鋼製の炉壁との共存性に十分注意が払

われます。共存性を保証するために炉の温度は500°Cに制限されています。

（c） 出力260万kW　　われわれの核融合炉の設計では1回50億Jのミニ爆発が毎秒12回繰り返すことで600万kWの熱エネルギーが発生します。このときの正味の電気出力は260万kWが見込まれています。このような核融合炉の実現の第一歩として，21世紀前半には実験炉の火がともり，実用化への道を歩むことが期待されています。21世紀後半にはレーザー核融合の発電所が稼動することが夢見みられています。

10 レーザーは細工師

　レーザーは，レンズで集光すると小さな面積に大きなエネルギーを集中できるので，種々の加工に応用されています。光のエネルギーを熱エネルギーに変え，物質を溶かしたり，蒸発させたりして加工を行います。

　最近レーザー光で化学反応を誘起し，加工を行う新しい技術が開発されています。また，レーザー光をX線に変換し，光の波長よりも小さい加工に応用する試みもなされています。

　この章では以下について説明します。
（1）　レーザー加工の特徴と各種の応用例
（2）　レーザー誘起化学反応と新しい加工法としての有用性，応用分野
（3）　超微細加工ともいうべきX線リソグラフィーにおけるレーザーの役割

10.1　レーザー加工の仕組みと特徴

　太陽の光を凸レンズで集めると黒い紙が焼けます。これは，太陽光が平行光であるため，レンズで小さなスポットに集光でき，焦点でのエネルギー密度が大きくなるからです。レーザー光は，もともと広がりの小さい平行な光ですから，レンズで集光すると小さな面積に大きなエネルギーを集中できます。**表10.1**は種々のエネルギー源について，最小のスポット面積とパワー密度を比較したものです。

　レーザー光をレンズで物体表面に集光すると，物質の相変化が引き起こされます。すなわち，表面はレーザーのエネルギーを吸収して高温になり，表面温度が融点を超えると液化が，また沸点を超えると気化して蒸発（レーザーアブ

10.1 レーザー加工の仕組みと特徴

表 10.1 エネルギー源とパワー密度

エネルギー源	スポット面積〔cm²〕	パワー密度〔W/cm²〕
太陽光	10^{-3}	10^5
電子ビーム	10^{-7}	10^9
アセチレン炎	10^{-2}	10^4
レーザー光	10^{-6}	10^{10}

レーションと呼びます。）が起こります。このように，光のエネルギーを熱エネルギーに変え，物質を溶かしたり，蒸発させたりして加工を行うのが，レーザー加工です。

レーザー加工の特徴をまとめるとつぎのようになります。

① 焦点でのパワー密度が大きいので，従来の方法では加工が困難な材料，例えばセラミックス，耐熱合金，高融点材料など硬くてもろい材料の加工が可能であること

② 小さな面積にエネルギーを集中できるので，微細なマイクロ加工を精度よく行えること

③ 非接触加工であり，光ファイバなどを用いて光エネルギーを伝送できるので，立体的に入り組んだ箇所の加工も行えること

④ 大気中だけでなく，真空中や特殊なガス中など，どのような環境でも加工が行えること

⑤ コンピュータなどを用いた制御が容易であるため，複雑な形状の加工が可能であるばかりでなく，無人化，省力化に適していること

微細な加工にはレーザーが不可欠 このような特徴のため，レーザー加工では高品質で生産性の高い加工が行えます。鉄鋼，造船，自動車，電機，機械，木工，服飾など，多くの産業において，従来の機械加工や，アーク溶接に代わってレーザー加工が広く実用化されています。

レーザー加工の特徴は，微細加工の分野で特に顕著に現れます。半導体集積回路（IC）で代表される小形電子デバイス，ビデオディスク，レーザー核融合で用いられる複雑な形状のキャノンボールターゲットなどの製作には $1\mu m$ 程度の精度が必要とされ，レーザー加工技術は不可欠になってきています。

一方，このような熱加工とは別に，レーザー光により化学反応を誘起して加工を行う方式が最近注目を浴びています。光化学スモッグなどでよく知られているように，波長の短い紫外光は物質を分解したり，ラジカル*という化学反応性の強い物質を生成します。紫外域のレーザーによって，プラスチックの結合を直接破って蒸発させたり，生成した反応性ガスと固体との相互作用によって固体表面を削り取ったりして加工を行うのがレーザー誘起反応を利用したマイクロ加工であり，熱加工よりさらに微細な加工が行えるものと期待されています。

近年，パルス幅のきわめて短いフェムト秒レーザーが出現し，新しいレーザー加工の手法が数多く研究されています。熱加工の場合，加熱領域は熱伝導によって時間とともに広がっていきます。このため，パルス幅の長いレーザーでは，加工領域はレーザー照射領域よりわずかに大きくなります。また，周囲には熱の影響が残ります。これでも一般の機械加工よりずっと精度の高い加工が行われていますが，フェムト秒レーザーでは熱伝導が始まる前に加工が終了するため，まったく熱影響のない，きわめて高い精度の加工が可能となります。また，ガラスのような透明物質の内部にフェムト秒レーザーを集光すると，表面を傷つけることなく内部のみを加工することができるので，透明物質の内部に立体的な構造を作るための研究が行われています。

10.2　レーザーによる熱加工

レーザーを用いた加工装置の基本的な構成を図 10.1 に示します。レーザー発振器から出た光はミラー，プリズム，光ファイバ，中空の金属導波路などによって導かれ，レンズで加工物体表面に集光されます。

加工物体は，精密な移動台に乗せられます。移動台の運動はコンピュータで制御され，加工位置を自由に変えられるようになっています。非常に複雑な形状の加工ができます。テレビカメラがレーザー光の照射位置を監視しており，加工の様子を見ながら作業を行えるようになっています。加工物体の熱的特

10.2 レーザーによる熱加工

図 10.1 レーザー加工装置の基本構成

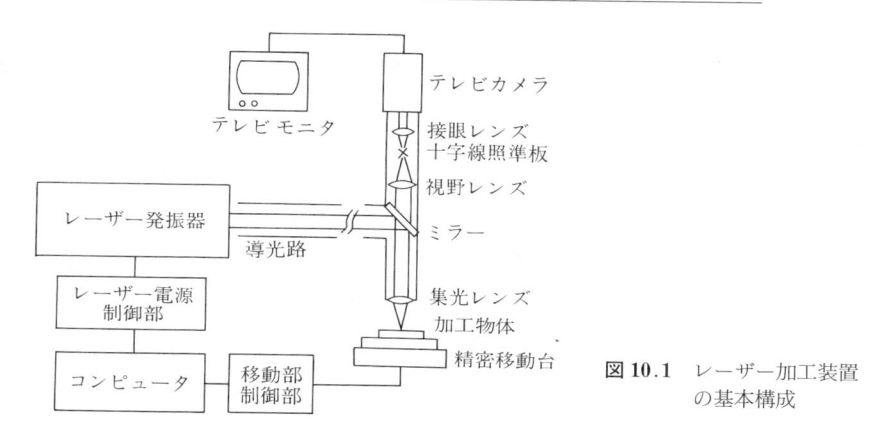

性，表面でのレーザーパワー密度，レーザー光の照射時間によって溶融，蒸発など種々の相互作用が生じるため，これらを適当に選べば所望の加工が行えます。図 10.2 にはレーザーパワー密度と照射時間によってどのような加工が行えるかを示しました。

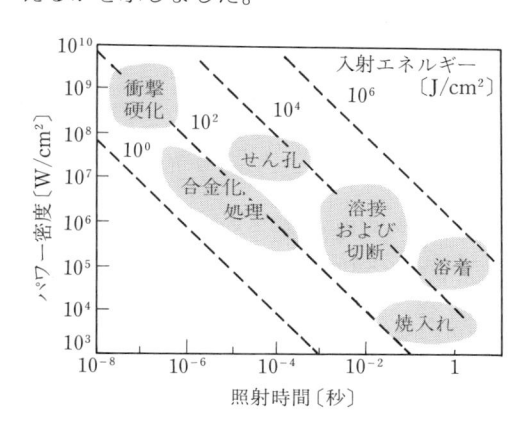

図 10.2 加工に必要なパワー密度と照射時間

レーザー加工は大形加工と微細加工に大別できます。大形加工には大きな出力エネルギーを効率よく取り出せる波長 $10\,\mu m$ の炭酸ガスレーザーが利用されています。一方，微細加工には，集光性能に優れ，ピーク出力の高い波長 $1\,\mu m$ の YAG レーザーがおもに用いられています。具体例を示しながらレーザーの細工師ぶりを見てみることにしましょう。

（a） レーザーによる切断・溶接 ― 金属から布地まで　　鉄，ステンレス，ニッケル，チタン，アルミニウムなどの金属材料の切断や溶接，木材，ゴム，布，紙，ガラス，セラミックスなどの非金属材料の切断などに炭酸ガスレーザーが広く用いられています。加工速度が大きく，熱影響を受ける範囲が小さく，きわめて高い加工能率を有しています。

出力10kW程度の炭酸ガスレーザーを用いると，厚さ1cmのステンレス鋼板を1分間に1.5mの速さで切断したり，溶接したりできます。速度が速いだけでなく，切り口の幅が0.4mm以下，切断により熱影響を受ける領域の厚さが0.1mm以下と小さいのがレーザー加工の特徴です。アークによる切断ではそれぞれ，4mmと0.5mm程度であるのに比べるとほぼ一けた小さいことがわかります。

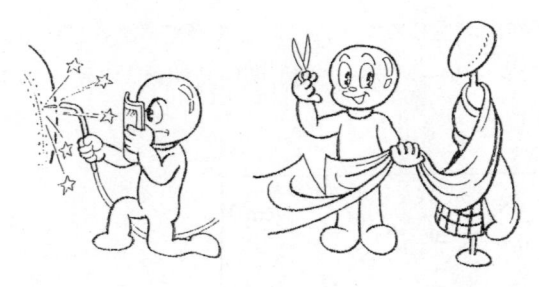

既製服の生地の裁断にも炭酸ガスレーザーが用いられています。生地を何枚も重ねて同時に裁断が可能です。出力300W程度の炭酸ガスレーザーで，厚さ2cmまで重ねて1分間に40cmの速さで切断できます。切り口は溶けた糸どうしが融着し，ほつれることがないので，縫い代を小さくでき，経済性が改善されます。

（b） マイクロ加工　　半導体デバイスは，1枚の基板上に多数個の素子を焼き付けなどにより作成し，境界に沿って切れ目の溝を入れ，割れやすくしてから単体素子に分割します。この溝入れ加工のことをスクライビングといいます。従来は，主としてダイヤモンドでスクライビングを行っていましたが，70〜90％の良品率がせいぜいでした。レーザーを用いることにより良品率を

99〜99.5％に高めることができ，速度も1秒当り5cmと倍増しました。**図10.3**はレーザースクライビングにより分割したアルミナ基板の断面で，基板厚さの1/3程度の穴を100μm程度の間隔であけています。

黒い部分がレーザー加工された箇所
図10.3 レーザースクライビングにより
分割した基板の断面図

　基板上の抵抗の一部を除去して抵抗値を精密に調整したり，時計などに使われるテンプや水晶振動子の周波数を合わせるため一部を除去したりするトリミングにもレーザーが使われています。抵抗値や周波数を測定しながらレーザーを照射して希望の数値に調整できるので，精度をきわめて高くすることができます。非接触加工の特徴を生かした一例です。

　半導体の製造では10.3節で述べるように，ガラス基板上にクロムなどの金属をコーティングしたフォトマスクが用いられます。マスクの製造過程で生じた欠陥の修正にもレーザーが用いられています。ガラスを損傷することなく，金属膜のみを加工することが必要で，ガラスを透過するYAGレーザーが用いられます。**図10.4**は線幅および間隔がそれぞれ1μmのマスクパターンで，

10. レーザーは細工師

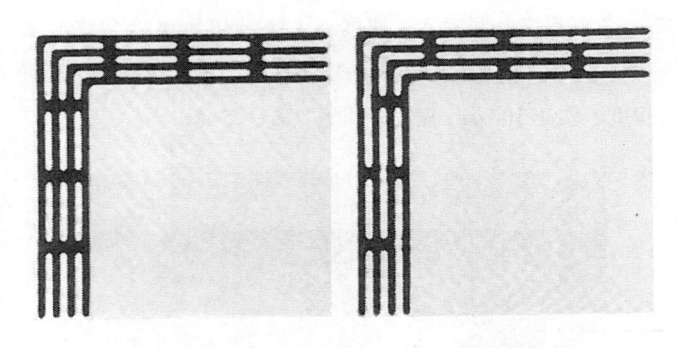

(a) 修正前 　　　　　(b) 修正後

図 10.4　レーザーによるマスクパターン修正

欠陥を観察しながらレーザーを照射して一部を除去，修正した例です。

ICのリード線のはんだづけ，トランジスタのキャップのスポット溶接もレーザーで行われています。レーザー光を半透鏡などで何本かに分割し，光ファイバで伝送して，同時に何箇所ものはんだづけができる仕組みになっています。

(c) 表面処理　レーザー光は，材料のごく表面で吸収されるため，表面層のみが加熱されます。また，加熱が短時間であるため，昇温，冷却の速度がきわめて大きくなります。このような特性を利用して金属表面の焼入れ，新しい合金相の形成，半導体のアニールなどに利用されています。

シリコンのような半導体に不純物を注入すると，欠陥が生じたり非晶質となったりします。図 10.5 はパルスレーザーによるアニールの様子を示したもの

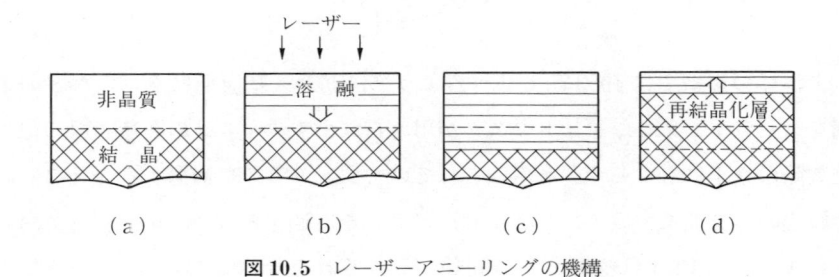

図 10.5　レーザーアニーリングの機構

です。レーザー照射によって，表面が溶融し，単結晶層まで溶融層が広がります。その後，基板に熱が拡散して冷却が始まり，表面に向かって再結晶化が進み欠陥が修正されます。太陽電池の製作などに応用されています。

ステンレス鋼など金属を加工したとき，表面近傍に応力が残っていると応力腐食割れといわれるひびが発生しやすくなります。これを防止するため，これまでは，硬い金属の小球を表面にたたきつけるショットピーニングという方法が用いられ，歯車などの強度を向上するのに利用されてきました。ここにもレーザーが用いられるようになりました。レーザーで加熱された金属表面から内部へ衝撃波が伝搬し，この圧力によって残留応力が改善されます。水中での加工に特に有効で，原子炉の燃料部を取り囲むシュラウドといわれる金属壁表面の応力改善などに利用されています。

10.3　レーザー誘起化学反応を利用したマイクロ加工

これまで述べてきたレーザー加工は，光エネルギーを熱エネルギーに変換し，固体 → 液体 あるいは 固体 → 気体 という物質の相変化を引き起こす熱加工でした。これに対して，光のエネルギーで分子を励起・分解させたり，生成したラジカルと物質の化学反応を起こさせるなど，光誘起化学反応を利用したレーザー加工法が最近開発されてきています。熱加工に比べてさらに熱の影響が少なく，加工の選択性が大きく，加工限界が光の波長程度か，それよりも小さくなる，などの特徴があり，半導体プロセスなどリソグラフィー* 技術への応用が期待されています。

熱加工では，YAGレーザーや炭酸ガスレーザーが用いられてきましたが，光化学反応には波長の短い紫外線が有利で，各種のエキシマレーザー* が広く利用されようとしています。まずリソグラフィー技術の概略を説明し，それぞれの過程にレーザーがどのように応用されようとしているかをみてみましょう。

（a） リソグラフィー　　ダイオード製作を例にしたリソグラフィー工程を図 10.6 に示します。シリコン基板の上に厚さ 0.11 μm 程度の酸化膜 SiO_2（酸化ケイ素）を作り，その表面に感光性を有するフォトレジスト* と呼ばれるプラスチック膜を塗布します。図(a)のようにパターンの描かれた金属マスク

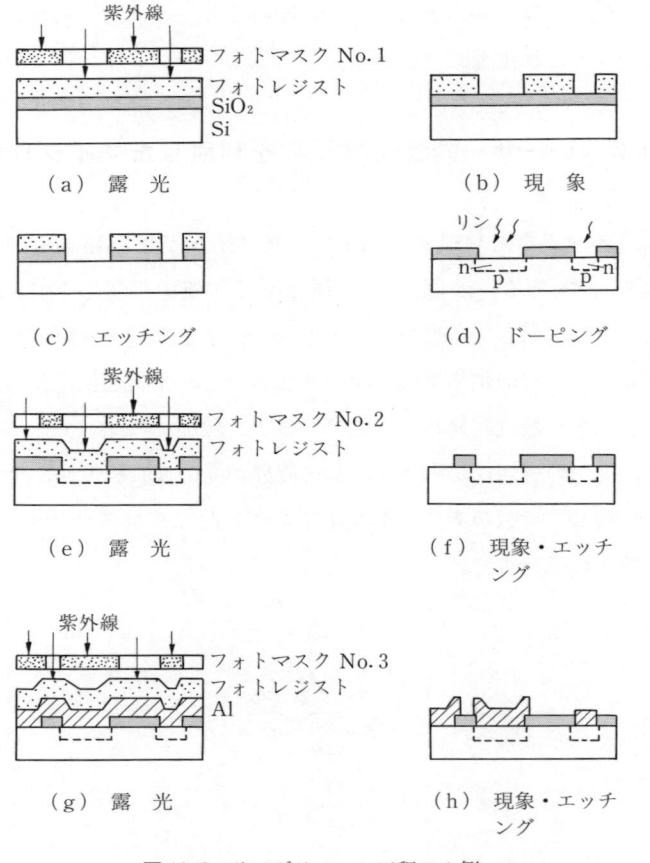

図 10.6　リソグラフィー工程の 1 例

(フォトマスクと呼ばれます)を通して紫外線を照射すると,光の当たった部分だけが現像工程で溶け,図(b)のようにパターンが複写されます。その後フッ化水素酸のような溶液に試料を浸すと,レジストは保護膜として働き,レジストに覆われていない部分の SiO_2 のみが溶けて,図(c)のようにシリコン表面が現れます。この過程をエッチングといいます。つぎに残ったレジスト膜を除去します。リン(P)を包んだ雰囲気中で基板を加熱するとシリコン(Si)の表面からリンが拡散し,図(d)のように部分的に pn 接合と呼ばれる領域が形成されます。この過程をドーピングと呼びます。

この後は電極を接続する工程で,膜の材料やマスクを変えて図(a)～(c)の工程を繰り返すことにより,図(h)のように電極を形成して完了します。

このようにリソグラフィーの基本技術は露光・現像,エッチング,酸化膜や金属膜の形成,ドーピングの4種類であり,マスクを精度よく位置合わせする技術とを組み合わせて,$0.1\mu m$ に達する微細加工を行っています。

(b) **レーザー誘起エッチング**　　露光の光源に紫外域で発振するエキシマレーザーを用いると,照射強度が強いため露光時間を大幅に短縮できます。そこで,波長 $0.19\mu m$ の ArF(フッ化アルゴン)レーザーをレジストに照射したところ,現像過程を経ることなく,レーザー照射部のレジストが蒸発して除去できることが見いだされました。

紫外線の強度が弱い場合にはレジストを形成しているプラスチックの結合がところどころ破れて,現像液に溶けるようになるだけですが,強い紫外線を照射すると結合がばらばらに壊れ,揮発性の分子になって蒸発してしまうためと考えられています。

この方法では,レーザー光を集光する必要がなく大きな面積を一度にエッチングできます。露光と現像を同時に行えるのでリソグラフィー工程を単純化できるものと期待されています。

この技術は,プラスチックの加工に有用で,レーザー核融合用ターゲットの製作に応用されています。**図 10.7** はキャノンボールターゲットの外球殻にレーザー光導入用の穴をあけた例を示しています。気体中での化学反応を利用し

(a) キャノンボールターゲット

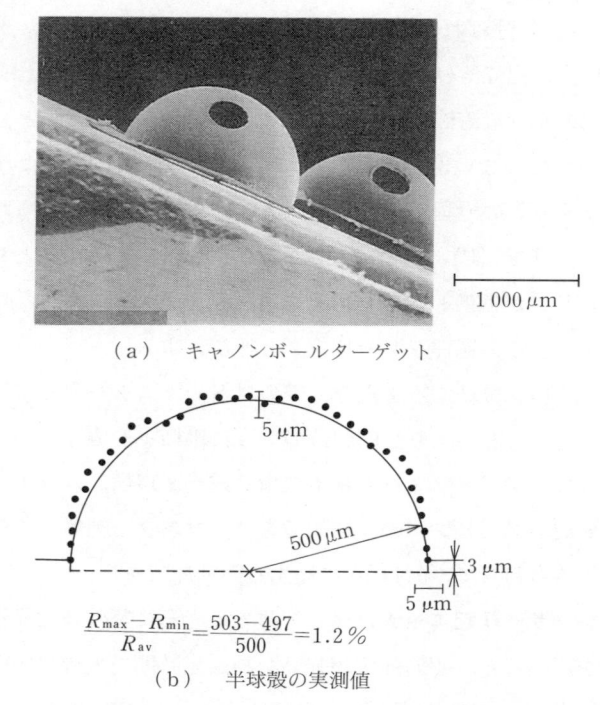

$$\frac{R_{max}-R_{min}}{R_{av}} = \frac{503-497}{500} = 1.2\%$$

(b) 半球殻の実測値

図 10.7　エキシマレーザーによって穴あけ加工を行ったキャノンボールターゲットの半球殻

たエッチングも可能です。

図 10.8 に示すように，塩素ガス（Cl_2）中に固体を入れ，レーザー光を照射します。レーザー光によってガスが分解されて生じたラジカルが，固体表面と反応する光化学反応や，レーザー光によって加熱された固体表面とガスとの間で起こる熱化学反応により固体表面が削り取られてエッチングが進行します。光化学反応では，ガスがレーザー光を吸収して分解する必要があり，ガスの種類によってレーザー波長を選択することが重要です。

図 10.9 は図 10.8 の装置により，マスクを通してエキシマレーザーを照射し，シリコン基板をエッチングした例で，レーザー光の当たった部分のみがエッチングされています。この方法ではフォトレジストが不要となり，リソグラフィー工程を大幅に短縮できます。

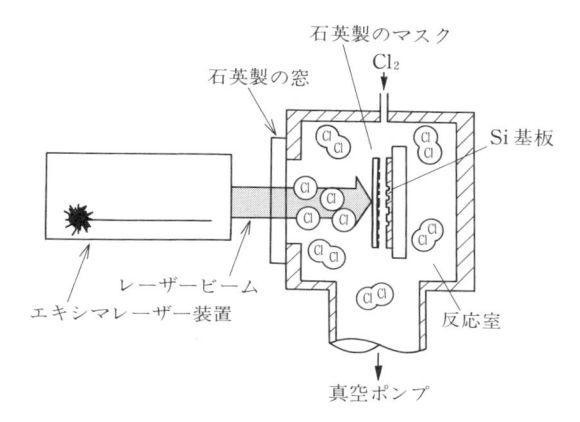

10.3 レーザー誘起化学反応を利用したマイクロ加工

マスクを用いずにレーザー光を走査する方法もあります

図 10.8　レーザー誘起エッチング法

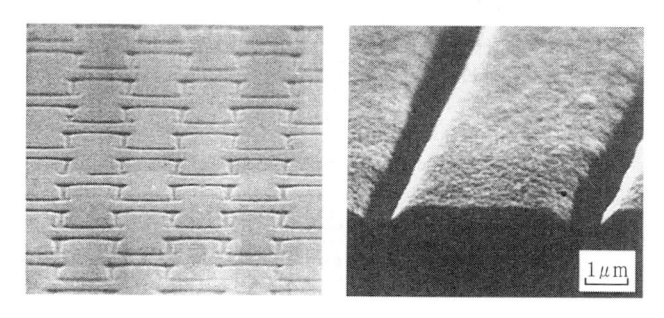

図 10.9　フォトレジストを用いないでレーザー誘起エッチングされたシリコン基板

(c) レーザーCVD　CVD (chemical vapor deposition) は，化学反応を利用して，固体基板の上に気相から薄膜を堆積する方法です。例えば，シランガス (SiH_4) と酸素 (O_2) の混合ガスを流しながら基板を 300〜400 ℃ に加熱すると，基板に近い部分の SiH_4 が加熱されて熱分解が起こり，$SiH_4 + O_2 \rightarrow SiO_2 + 2H_2O$ の化学反応によって酸化ケイ素 (SiO_2) が生成され，これが基板の上に析出して薄膜を形成します。

レーザーCVD は，このような反応をレーザー光により誘起するもので，エッチングの場合と同様に光化学反応と熱化学反応が併用されます。例えば，レー

ザー光により SiH₄ を光分解して基板の上に Si を析出させるものが前者であり，レーザー光で直接基板を加熱して基板上で反応を起こさせるものが後者です。

レーザー CVD でも，レーザー照射領域でのみ膜の形成が引き起こされるため，加工限界は光の波長程度です。エキシマレーザーを用いて，シリコン，ゲルマニウムなどの半導体だけでなく，アルミナ，窒化シリコンなどの絶縁物，

―― 〈ひとくちメモ〉――

キャノンボールターゲット

　レーザー核融合の燃料として用いられるターゲットで，大阪大学レーザー核融合研究センターで発明されました。核融合の燃料である重水素，三重水素を含んだ球状の燃料ペレット（内球）の周りに同心の球殻（外殻）を持つ構造で，外殻に設けた小孔からレーザー光を入射して，内球と外殻の間の空洞にエネルギーを閉じ込めます。燃料を均一に圧縮でき，核融合反応の発生効率を高くできるターゲットとして知られています。内球は直径 300〜500 μm，外殻は直径 1 mm 程度の大きさで，製作には種々の微細加工技術を駆使します。図7に示すように，別々に製作した2枚の半球状の外殻（プラスチック，直径 800 μm，厚さ 10 μm）と内球（ガラス中空球，直径 400 μm）を組み立てて作ります。外殻上のレーザー光導入用小孔の穴あけや，2枚の半球殻の溶接にはレーザー加工技術が利用されています。

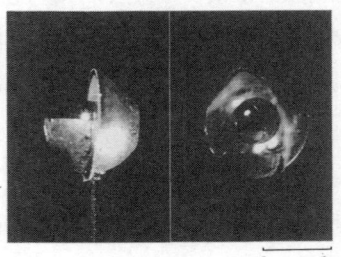

図7　キャノンボールターゲット

アルミニウム，クロム，タングステンなどの金属の膜生成が行われています。

同様の方法を用いて，半導体へ不純物をドーピングする例もあります。三塩化ホウ素（BCl_3）に ArF レーザーを照射すると光化学反応により BCl_3 は分解し，ホウ素が生成されます。この反応をシリコン基板の近傍で引き起こすと，生成されたホウ素がシリコン内に入り込みます。この方法は，太陽電池の製作に応用できます。

（d） レーザーによる半導体デバイスの製作 レーザー誘起反応を利用したエッチングや CVD を導入すると，半導体製造プロセスを大幅に簡単化できます。考えられるプロセスの一例を**図 10.10** に示します。図(a)では，レーザー光を集光せずに照射してレーザー CVD により基板全体に SiO_2 膜を生成します。図(b)以下ではレーザー光を集光して照射します。照射位置を走査して必要部分のみの加工を行います。

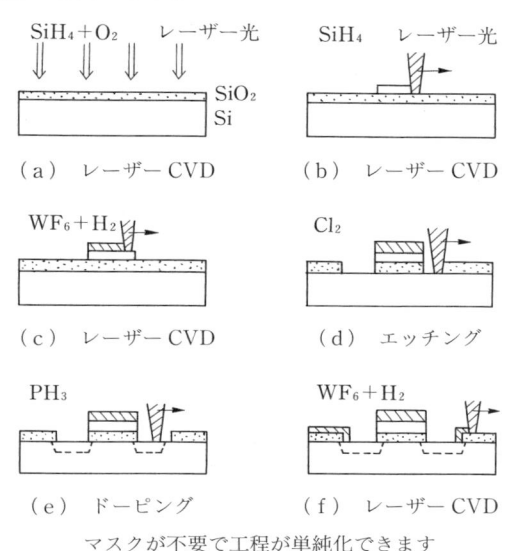

図 10.10 レーザーを用いたリソグラフィー工程

（a） レーザー CVD
（b） レーザー CVD
（c） レーザー CVD
（d） エッチング
（e） ドーピング
（f） レーザー CVD

マスクが不要で工程が単純化できます

フォトマスクを使用する必要がなく，また雰囲気ガスを変えるだけで，金属や誘電体膜の形成，エッチング，不純物のドーピングなど，必要な多くのプロセスを行えるという特徴があり，今後の発展が期待されています。

10.4 EUV（極紫外線）リソグラフィー

　半導体集積回路が急速に高密度化するにつれ，加工限界を $0.1\,\mu m$ 以下にまで小さくすることが必要となってきました。このような超微細加工法として EUV リソグラフィーが注目されています。

　例えば，キセノン（Xe）から発生する特性 X 線は波長が 13 nm であり，従来の紫外光源に比べて波長をけた違いに短くできます。このため，回折によるパターンのぼけがほとんど無視でき，原理的には，フォトレジスト分子の大きさ（$0.03\,\mu m$）程度まで加工限界を小さくできます。

　EUV 露光に用いる線源には，強力なレーザー光をターゲットに集光して，発生するプラズマから出る EUV 光を利用するレーザープラズマ線源が非常に有望と考えられています。

　レーザープラズマ線源を用いるリソグラフィーの配置図を図 10.11 に示します。$10^{12}\,W/cm^2$ を超えるパワー密度でレーザー光を固体ターゲットなどに照射すると，高温（10〜100 万℃）で高密度のプラズマが発生します。プラズマから放出される EUV 光を光学系で集光し，マスクのパターンを Si 基板上に投射します。$0.05\,\mu m$ 以下の微細パターンを形成できます。

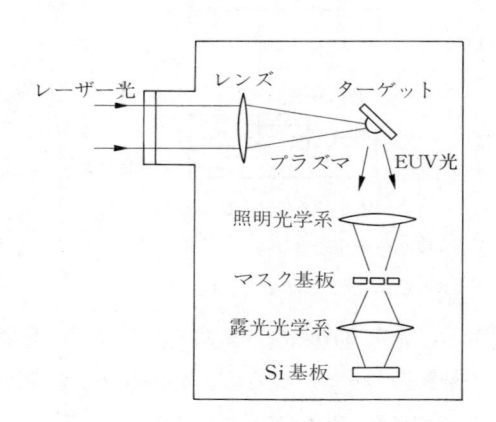

図 10.11　レーザープラズマ線源による EUV リソグラフィー

10.5 フェムト秒レーザー加工   179

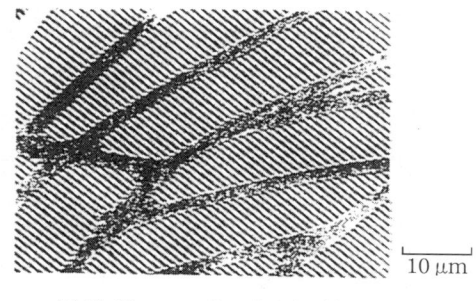

図 10.12 レーザープラズマ線源により
作製されたパターン

図 10.12 はレーザープラズマ線源により露光したフォトレジストのパターンで，0.5 μm 以下の微細パターンが形成されています。

鉛，金など重い金属をターゲットにするとプラズマから強力な X 線が放出されます。レーザーエネルギーから X 線エネルギーへの変換効率は 40 ％にも達します。このため，レーザープラズマは X 線レーザーを作る方法としても重要です。

10.5　フェムト秒レーザー加工

フェムト秒レーザーは，小さいエネルギーでも，パルスが短いためレンズで集光するときわめて大きな光強度を作り出すことができるので，多光子吸収などの非線形現象を利用した種々の新しい加工法が研究されています。ガラスやサファイアなどの透明な物質の内部に，周囲とは屈折率の異なるファイバなどの構造を作ることができます。図 10.13 はガラス内部に作った空洞の拡大写真で，直径 250 nm 程度（レーザー波長の 1/4）の微細な空洞ができていることがわかります。この写真は，内部の様子を観察するため，ガラスを削って加工部分を露出させて撮影したものです。

図 10.14 は，紫外線で硬化するプラスチックの内部にフェムト秒レーザー光を集光し，プラスチックを棒状に硬化させた例で，サンプルを縦，横方向にス

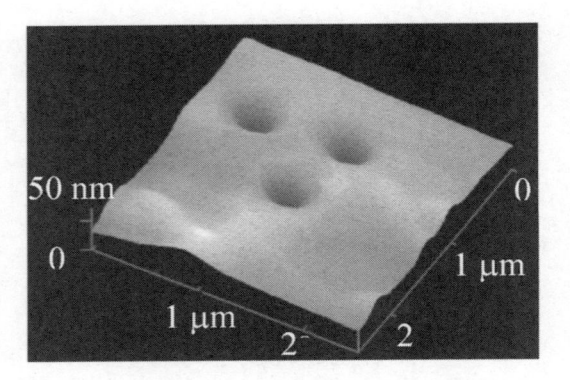

加工部分を観察するためガラスをけずり，加工部分を露出させて顕微鏡で撮影しています

図 10.13 フェムト秒レーザーによりガラス内部に作成した微小空洞

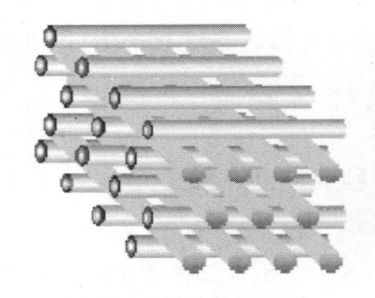

(a) 立体構造の模式図　　(b) 電子顕微鏡写真

図 10.14 フェムト秒レーザーにより製作した光硬化性プラスチックの立体構造

キャンすることにより，あたかもキャンプファイアーで用いるまきのように，棒を立体的に積み上げた構造を作り出しています。図(a)はその模式図で，図(b)は電子顕微鏡写真です。

　フェムト秒レーザーによる加工はまだ研究開発段階ですが，ほかの方法では製作不可能な，微細で，しかも複雑な立体構造を作り出せる新しいナノ加工技術として大きな期待が寄せられています。

10.6 おわりに

　レーザー加工機はすでに生産ラインに組み込まれ，大形の加工においても，マイクロ加工においても大きな威力を発揮しています。また，紫外域のレーザーによる化学反応やフェムト秒レーザーによる非線形現象を利用した新しい加工技術も数多く研究され，細工師としてレーザーの活躍する場はどんどん広がっています。

　一方，次世代の超微細加工法として重要な EUV 光や X 線リソグラフィーにおいてもレーザーへの期待は大きいものがあります。レーザープラズマ線源によるリソグラフィーはレーザーを用いて波長よりも小さい加工を行おうとする試みです。このようにレーザー加工技術はナノテクノロジーにおける重要な基盤技術として大きな期待が寄せられています。

11 レーザーとビーム

　ビームとは，光や荷電粒子が方向性を持って飛んでいくその流れをいいます。すなわち，レーザーは光ビームであり，高速の電子，イオンあるいは原子の集団的な動きが粒子ビームです。単にでたらめに飛ぶのではなく，空間で集団的にかつ方向性を持っています。

　強力な粒子ビームとレーザー光との相互作用は，新しい研究展開をみせています。粒子ビームからレーザーを発生したり，レーザーにより粒子ビームを加速したりすることができます。また，電子ビームと光ビームとの衝突を利用して，きわめて高エネルギーの光子を指向性よく，高効率で作ることも可能になってきました。このような進展は，科学・工業技術に新しいインパクトを与えています。レーザービーム自身の性質として，遠距離に伝送できる特性があります。これを利用した宇宙レーザーの新しい概念が出てきました。

　この章では，以下について説明します。
（1）　強力な粒子ビーム発生の原理と技術
（2）　レーザーの中でも特にパルス，連続ともに高出力の炭酸ガスレーザーの仕組み
（3）　レーザーと粒子の相互関連，レーザーと粒子ビームとしての新しいハイテク分野
（4）　コンプトン散乱によるγ線発生，光蓄積によるコンプトン散乱とγ線を用いた原子核変換
（5）　宇宙太陽光直接励起レーザーと，このビームの地上や宇宙空間へのエネルギー伝送方式
（6）　レーザーによる雷の誘導技術や大気中でのレーザー伝送

11.1 大出力ビーム

　大出力短パルス高電圧技術（パルスパワー技術）の進歩により，電子やイオンはその強度が近年著しく増大してきました．大出力レーザーとこれらビームを組み合わせて用いることにより，いろいろな応用が生まれてきました．

　連続出力*のレーザーでは炭酸ガスレーザーで100 kW，パルス出力*ではガラスレーザーおよび炭酸ガスレーザーでピーク出力1 000 TWが得られています．粒子ビームでは，数十MVで数MAのビームが発生されます．この分野の技術は急速な進展をみせており，今後の発展が期待されます．

　このような方向のそろったビームは，遠方へのエネルギー輸送に，また種々の形に変換することにより，いろいろな利用の道が開けています．このビームエネルギーは，レンズなど適当な集束方法により，微小点に集中できるので，きわめて大きなパワー密度が達成され，この高密度集中エネルギーは，広い科学技術分野で応用されます．レーザーあるいは粒子ビームによる慣性核融合，レーザー加工，造船所のドックヤードなど大形構築現場での溶接，切断などへの応用があります．レーザーにより解体建築物を飛沫・粉塵を発生せずにブロックに切断し処理する技術などは，これから原子炉の廃炉処理技術としても活用されるでしょう．

　将来，人類の活動領域が宇宙まで拡大した場合，このような指向性のよいエネルギーの伝送は，さらに応用が拡大していくことになると予測できます．これまでにもレーザーの指向性のよい特性を利用して，月面を照射し，そこからの反射光を測定して，地球-月間の距離を測定したり，人工衛星を介したレーザー三角法により大陸間距離が精密に測定されています．また，宇宙に浮かんだ太陽光励起レーザー衛星から指向性のよい強力ビームにより地上にエネルギーを伝送するシステムなども考えられています．

　数十MeVの高エネルギー大出力粒子ビームの発生には，パルス高電圧のパルス幅を短縮し，超高電圧を得るパルスパワー技術が用いられています．爆薬

の爆発エネルギーによりパルス発電し，これを昇圧して粒子加速を行わせる技術なども開発されています。荷電粒子ビームは，位相のそろったビーム粒子の振動により強力な電磁波を発生します。また，強力な電磁波により荷電粒子を加速することや，荷電粒子ビームと電磁場とを強く結合させることで，最近自由電子レーザーとかレーザーによる粒子加速など，新しい技術の開発が脚光を浴びています。

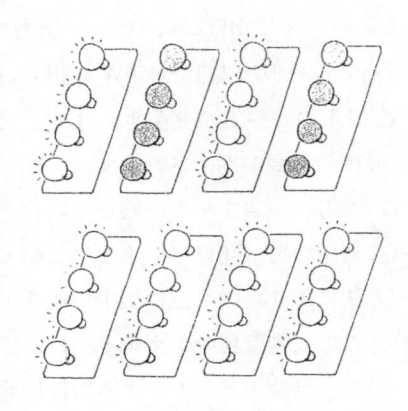

パルスパワー技術とは，スイッチにより長時間-低パワーの電力を極短時間-高パワーの電力に変換していく技術です

11.2 大出力粒子ビーム発生技術

粒子ビームは，同方向の速度を持ったイオンや電子や原子の束です。この発生・応用に関する技術は，近年，著しい進歩を遂げ，強力なビームの発生に成功しています。慣性核融合はもとより，強力なX線・中性子線源，レーザー励起など，科学および工業技術としての応用も活発に進められています。この節では，この大出力粒子ビームの物理と技術および応用について述べます。

（a）**パルスパワーによる粒子ビーム**　パルスパワー技術は，パルス高電圧技術および大電流ビーム発生技術から成り立っています。前者は，高電圧（～10 MV）の短パルス（～10^{-8} 秒）発生に関する技術です。地球上で，現在人類の使っている平均の電気パワーは，10^{12}～10^{13} W といわれていますが，それより高い電力を瞬時に発生することも可能です。

11.2 大出力粒子ビーム発生技術

このような大形パルスパワー装置は,アメリカ,ロシアおよび日本などで,活発に研究・開発が進められてきました。大阪大学レーザー核融合研究センターに設置されている"励電IV号"の写真を図11.1に示します。6.4 MV, 0.3 MA, 2×10^{12} W のパルスを発生します。これは単機としては,世界最大級の装置で,このような装置を30〜50台,並列に運転し,イオンビームやライナーを用いた慣性核融合の点火-ブレークイーブン研究がアメリカで進行中です。

図 11.1 粒子ビーム発生装置,励電 IV 号

(b) 発生装置の機構 装置の動作機構は,電気的なエネルギーを時間的に圧縮することです。まず,多数のコンデンサに充電してエネルギーを蓄えます。これを直列に放電し,各コンデンサの電圧がたし合わされて,高電圧を発生します。このときのパルス幅は 10^{-6} 秒程度です。充電時間(〜10^{2} 秒)に比べて 10^{-8} の短時間にエネルギーを放出し,パワーとしては 10^{8} 倍増倍されたことになります。この増倍率は,エネルギーを解放するときのインダクタンスで決まります。コンデンサが持っているインダクタンスにより,パルス幅がある値以上に短くならないためです。そのため,より低インダクタンスのコンデンサにエネルギーを一時的に移し,貯蔵し直し,その後,さらに急速に取り出す方式がとられます。このときには出力側のスイッチがきわめて高速,すなわち立ち上がりが速く,インダクタンスの低いことが必要です。そのため,電流

186　　11.　レーザーとビーム

の流れるアーク放電路が何本も同時に発生するような特殊なスイッチを用います。最終的にパルス幅は，10^{-8}秒程度になり，10^{10}倍以上に圧縮でき，10^{12}〜10^{14}Wの高パワーが得られるわけです。

　このようなパルスパワー装置において発生電圧をできるだけ高くするためには，コンデンサの充電電圧やそれを直列に積み上げる段数を増やすことによってもできますが，これでは装置が大形化し，好ましくありません。最近では，上述のような短パルス発生後に，さらにインピーダンストランス，プラズマ開路スイッチ，誘導型電圧重畳器などの特殊な装置を利用してパルス幅をさらに圧縮したり，電圧を上昇する技術が開発されています。充電電圧の1 000倍程度の電圧が，コンパクトな装置で発生可能になっています。

　このようなパルスパワー技術の確立により，きわめて短い超高出力パルスパワーをいろいろな分野に自由に応用できるようになりました。

（c）　大電流ビーム発生技術　　つぎに大電流粒子ビーム発生のためのダイオードについて説明します。ダイオードとは二極管のことです。陽極と陰極とからなっており，この間に，さきほど述べた高電圧パルスが印加されます。すると，まず負電圧が印加される陰極から電子が放出されますが，大電流であるため表面がプラズマ化します。また，正電圧の陽極では，この電子ビームの衝突などにより，同様に表面がプラズマ化し，これらの表面プラズマが電極となり，イオンあるいは電子を供給します。その概略を**図11.2**に示します。

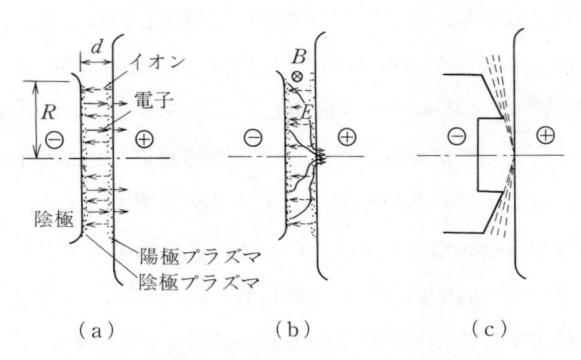

図11.2　大電流ビーム発生ダイオード

11.2 大出力粒子ビーム発生技術

　荷電粒子は，陽極-陰極間の電界により加速されますが，大電流であるため，自分自身が発生した磁場により軌道が曲げられ，電界の方向ではなくそれに垂直な等ポテンシャル面*に沿った運動（$E \times B$ ドリフト*）を起こします。このような効果は，特に質量の小さい電子に顕著に現れます。その結果，図(b)に示すように，電子はダイオード中心に収束し，イオンは陽極から陰極へ直進するような状態となります。効率よく電子を中心に収束させるために，図(c)のように陰極の形状に工夫をこらすこともあります。

　また，このような効果を積極的に利用することにより，イオンビームだけを発生するダイオードも可能となってきました。電子ビーム，イオンビームとも現在の発生パワーは，10^{12}〜10^{13} W に達しており，10^{14} W を超える装置も稼動中です。

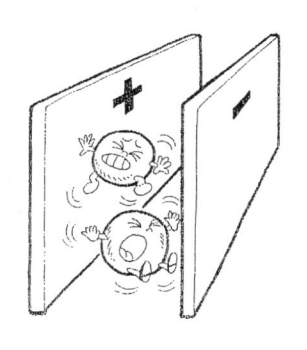

大電流のダイオードでは，荷電粒子は単に電界による運動だけでなく，自分自身の電荷および磁界により，ダイオードの間げきを複雑に漂います

〈ひとくちメモ〉

どこまで大電流

　大電流の荷電粒子ビームは，古くから興味のあるテーマで，1930年代後半から研究が行われています。特に，Alfven の仕事は有名です。彼は，電荷中和された荷電ビームの伝搬には，上限があることを発見しました。これは，ビームの自己磁場により，粒子が進めなくなるためです。

　その後，1960年代から70年代にかけて開発されたパルスパワー技術により，短パルスでは，磁場の時間変化による電界の誘起により，電流の中和現象が起こることが判明しました。これにより自己磁場が緩和され，この上限以上のビームの発生・伝搬の可能性が示されたのです。

(d) **パルスパワー粒子ビームの応用**　大出力粒子ビームは，慣性核融合，X線・中性子線源，レーザー励起などに利用されています。慣性核融合に適した粒子は軽イオンです。高エネルギーのイオンビームを強く収束してペレットに投射することにより，7章でのレーザーと同様の原理で核融合を行わせることが可能です。パルスパワー技術を用いたイオンビームは電気エネルギーからビームエネルギーへの変換効率が高く，固体ターゲットに投射されたとき，ターゲット表面でなく，少し侵入した内部でそのエネルギーをターゲットに与え，この部分で圧力を発生するという，レーザーとは違った特性を持っており，効率のよい爆縮が期待できます。このようなイオンビーム特有の性質を利用したキャノンボールターゲットや魔法びんターゲットと呼ばれる爆縮用ターゲットが設計されています。図11.3にペレットターゲット構造の一例を示します。

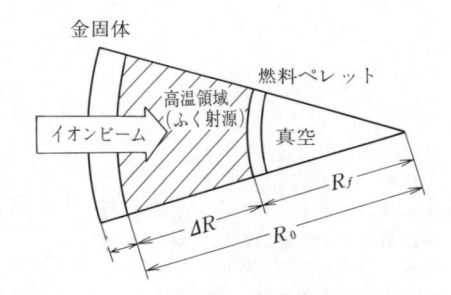

図11.3　イオンビーム用核融合ターゲット（部分）

また，ライナと呼ばれる円筒状や線状のターゲットを，パルスパワーの大電流自身の磁気圧を用いて圧縮する方式も検討されています。レーザーと比べてパルスパワーを用いた核融合は，パルス当りの全エネルギーが大きいため大きな径のターゲットを爆縮できます。これは，圧縮時のレイリー・テーラー不安定性* に対し強く，アメリカのサンディア研究所などで研究が進められています。

パルスパワーのX線源，中性子線源への応用も有望視されています。X線への変換効率は，電子ビームが高エネルギーになるほど効率が高く，MV以上では，高Z物質において10％近くに達します。また，線量率（X線の実効パワー）は，$10^{10} \sim 10^{11}$ rad/cm^2, sec, A となり，きわめて大きな値を示します。

このような強力X線源は，放射能の多い宇宙で用いられる電子機材の耐久性テストに必要なものです．また，ビームイオンとして重水素を用いた場合，1ショット当り10^{12}個以上の中性子を発生することができ，中性子照射特性が重要な今後の核融合炉材料の開発，テストに有効です．また最近ではX線リソグラフィー光源にライナX線やパルスパワー放電を利用することも考えられており，研究が進行中です．

11.3 炭酸ガスレーザー

炭酸ガス（CO_2）レーザーは，高出力でかつ最も高効率なレーザーとして科学，技術，産業に広く実用されています．連続動作およびパルス動作が可能であり，連続動作炭酸ガスレーザーは，各種加工用レーザーやレーザーメスとして盛んに使用されています．一方，パルス動作炭酸ガスレーザーは，TEA炭酸ガスレーザーおよび電子ビーム制御炭酸ガスレーザー*の開発により，パルス大出力が得られるようになり，慣性核融合ドライバとして大形装置が各国で建設されました．

（a）**動作原理** 炭酸ガスレーザーの発振波長は，$10.6\,\mu m$であり，目には見えない赤外線です．炭酸ガスレーザー励起は，放電プラズマ中の電子の運動エネルギーを炭酸ガス分子の分子振動に変換することで行われます．電気放電による直接励起であるため高い励起効率が得られます．

図11.4にレーザー動作に関連した分子振動のエネルギー準位を示します．量子効率といわれるレーザー遷移のエネルギー利用効率は，$(E_1-E_2)/E_1=40$％と，He-Neなどの可視レーザーに比べきわめて高く，先に述べた高い励起効率とともに総合効率として30％近い値が連続動作炭酸ガスレーザーで実現しています．

高い効率を実現するため，炭酸ガスに窒素ガスおよびヘリウムを混合して用います．図に窒素ガスの分子振動のエネルギー準位も合わせて示していますが，炭酸ガス分子の上準位と$\Delta E=18\,cm^{-1}$（波数）しか離れていないため，

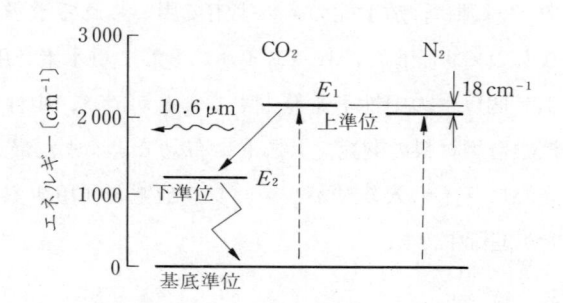

図 11.4 炭酸ガス分子，窒素ガス分子のエネルギー準位と励起，発振の過程

窒素ガス分子から炭酸ガス分子へ共鳴的なエネルギー移行が生じ，高効率励起の基礎となっています。ヘリウム分子は，下準位の分子を基底準位に下げることにより，効率を高める働きをします。

（**b**）　**電子ビーム制御放電レーザー**　　きわめて高い出力を得るためには，装置を大形化すること，およびレーザーガスを高気圧化しエネルギー蓄積媒体である炭酸ガス分子数を増加することが必要です。ところが，電気放電は高気圧中では一様につかず，雷のようなアークになります。一様で安定な放電をつけるためいろいろな方法が開発されています。その中でも，電子ビーム制御放電技術の開発は画期的なもので，現在の技術レベルでパルスエネルギー数 MJ までの大形化が可能とされています。

図 11.5 に，電子ビーム制御炭酸ガスレーザーの概要を示します。真空チャ

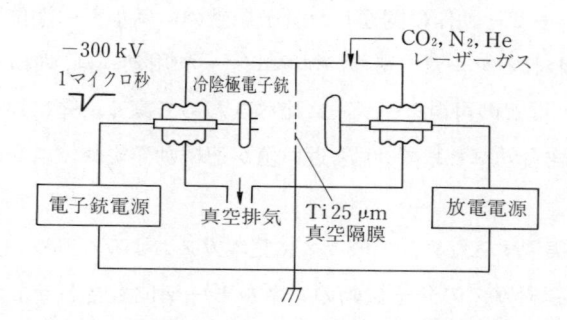

図 11.5　電子ビーム制御放電レーザーの原理

ンバ内で300〜400 kVの高エネルギーに加速された電子は，30 μm 程度の薄膜を通過して，レーザーガス中に入射されます。高エネルギー電子は，中性分子と衝突を繰り返し，大量の低エネルギー電子を生成します。

　この低エネルギー電子は，放電を維持するとともに主放電電界からエネルギーをもらい，これを炭酸ガスおよび窒素ガス分子の分子振動に与えることを繰り返すことにより，電気エネルギーを分子振動エネルギーへと効率よく変換します。このようにして励起された媒体にレーザー光が入ってくると増幅されることになるわけです。

（c）　**高出力炭酸ガスレーザーの高効率化**　連続動作の炭酸ガスレーザーでは，30％近い総合効率が実現されています。一方，ナノ秒程度の短パルス動作の高出力炭酸ガスレーザーの総合効率は，現在のところ1〜2％程度です。この総合効率を5〜10％に高める方法として多重パス増幅が考えられています。

炭酸ガスレーザーを高効率で使用するためには多重パス増幅を用います。光子が1人よりも2人のほうが，誘導放出をたくさん起こせます。

　図11.6に連続動作とパルス動作の場合のエネルギーの流れを対比して示します。図(a)の連続動作の場合，上準位への励起エネルギーの40％は光として取り出すことができます。これは，(①→②→③，あるいは①′→①″→②→③) の過程が定常的に繰り返されているためです。一方，図(b)に示すように短パルス動作の場合，励起後瞬間的に光エネルギーを取り出すため，図(c)のように上準位のエネルギーの半分が下準位へ移った時点で逆転分布がなくなり増幅できなくなります。

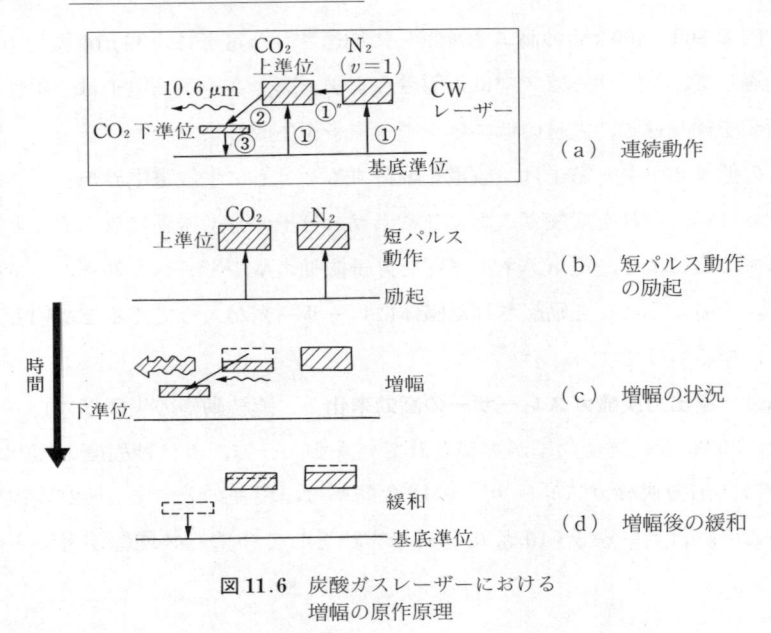

図 11.6 炭酸ガスレーザーにおける増幅の原作原理

つまり，窒素ガス分子に蓄えられたエネルギーと上準位に蓄えたエネルギーの半分は，まったく利用できないわけです．短パルス増幅終了後，図（d）に示すように①″の過程により上準位のエネルギーは増加し，③の過程により下準位のエネルギーは減少し，再び増幅可能な状態に回復します．

図（c）から図（d）の状態へ移行する特性時間は，典型的なレーザーガス組成に対して100ナノ秒程度です．そこで，**図 11.7** に示すように100ナノ秒間隔でレーザーパルスを増幅器に入射することにより，単一のレーザーパルス

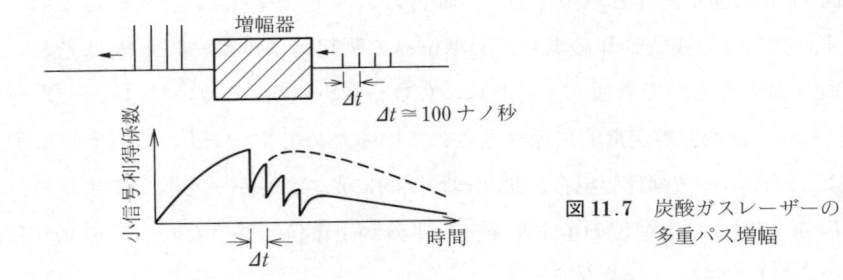

図 11.7 炭酸ガスレーザーの多重パス増幅

で取り出せなかったエネルギーを取り出すことが可能になります。

このような多重パス増幅により8％の効率が実験的に得られています。このような方式による3パス炭酸ガスレーザーシステム烈光VIII号のモジュールである10 kJ増幅器の図を**図11.8**に示します。レーザー入射口が三つあり、レーザーパルスは3回時間差をもって通過し増幅されます。

10 kJ炭酸ガスレーザーシステム（烈光VIII号）
図11.8　多重パス増幅による高効率化

11.4　粒子ビームとレーザーとの相互作用

電荷を持った粒子ビームは、電磁波であるレーザーといろいろな形で相互作用をし、エネルギーのやり取りをします。このような相互作用を積極的に利用して、粒子ビームによるレーザー発振（自由電子レーザー）、レーザー光による粒子ビームの加速（レーザー粒子加速）やコンプトン散乱によるγ線発生などが可能です。

（a）**自由電子レーザー**　　高エネルギーの電子ビームと光との相互作用を利用して、電子ビームのエネルギーを直接レーザー光に変換することができます。これを自由電子レーザー*（free electron laser：FEL）と呼んでいます。

従来のレーザーは，レーザー媒質の原子あるいは分子を外部のエネルギー源（例えば，フラッシュランプなど）で励起してレーザー発振を行います。原子分子の励起エネルギー準位を利用しているため原理的に発振周波数は限られており，発生効率（出力レーザー光エネルギーの入力エネルギーに対する比）もよくありません。

一方，自由電子レーザーは，電子ビーム自身がレーザー媒質であり，かつエネルギー源でもあります。このため，自由電子レーザーは従来のレーザーの欠点を補うレーザーとして期待されています。

自由電子レーザーの原理は古く，その根底にあるウィグラ（wiggler，周期磁場）によるコヒーレント放射光は，1950 年代の初めに H. Motz によって提案されたものですが，実験による実証は，J. Maedy らによる 1977 年のスタンフォード大学における波長 $3.4\,\mu m$ の発振が最初です。以後，理論的および実験的研究が盛んに行われてきました。

（b） **動作原理**　速度が光速に近い高エネルギー電子が，磁場によって曲げられ，加速度を受けると，電子はその軌道の接線方向に電磁波を放出し，それに対応するエネルギーを失います。この現象はシンクロトロン軌道放射と

―〈ひとくちメモ〉―

サーフィン

波（レーザー光など）と粒子の相互作用は，よく波乗りに例えられます。波の波面に乗ればどんどん加速され，粒子は波からエネルギーをもらいます。これが粒子加速で，サーファーが波乗りをするのとよく似ています（図8参照）。一方，波の後面（減速位相）に乗ってしまうと減速され，粒子（電子）のエネルギーが波（電磁波＝レーザー光）へ移ります。これが自由電子レーザーです。

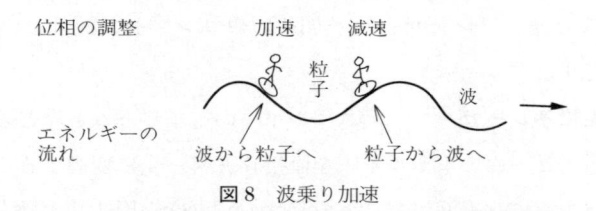

図8　波乗り加速

11.4 粒子ビームとレーザーとの相互作用

呼ばれ，赤外線からX線領域にわたる広い連続スペクトルを持っています。

このシンクロトロン軌道放射を光源として利用し，加速度を周期的に加え，干渉効果により，放射を特定波長に集め，強度を上げることができます。このような目的で磁場を周期的に並べたものをウィグラあるいはアンジュレータ (undurator) と呼びます。図 11.9 は，ヘリカル状になったウィグラの形状と内部での電子の軌道を示します。

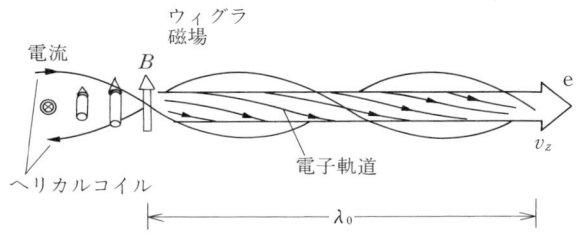

ウィグラ磁場は，2本のたがいに逆方向に電流が流れるコイルによって作られます。中心軸近くでは磁場は軸に直角で周期的に回転します。電子はこの磁場により力を受け加速度運動をします。電子軌道は，ヘリカルコイルと同様な螺旋状となります。発生する電磁波からの力により，電子は加速・減速を受け，電子の密度に粗密ができ，それにより光の放出がおきます

図 11.9 ウィグラ場へ電子ビームを入射した場合の電子軌道

ここで，ウィグラによって放射される光の周波数はどうなるか考えてみます。図のように，ウィグラの1周期長を λ_0，電子ビームの軸方向の速度を v_z とします。電子は λ_0 進むごとに1回転します。その回転周波数は静止系でみると，$\omega_0 = 2\pi v_z / \lambda_0$ となります。しかし，電子ビームに乗った系でみると，相対論的効果により時間の進みが γ_z^{-1} 倍遅くなり，周波数は $\gamma_z \omega_0$ となります。ここで γ_z* は相対論的質量系数* で $\gamma_z = (1-\beta_z^2)^{-1/2}$，$\beta_z = v_z/c$ は光速です。電子の進行方向の前方にいる観測者がこの電磁波を観測する場合，光のドップラー効果および相対論効果によりさらに $2\gamma_z$ 倍の周波数として観測されます。結局周波数は $2\gamma_z^2$ 倍となり，発生する光の波長 λ は

$$\lambda = \frac{\lambda_0}{2\gamma_z^2}$$

となります。電子ビームのエネルギーを変えることにより発生光波長を変化させることができます。

このような電磁波の発生は，一般のレーザーの場合の自然放出に対応します。実際には，電子ビームは，このプロセスを進めていくと発生した電磁波から力を受けます。この力を介して正方向にフィードバックがかかり，レーザー動作となります。

（c） **自由電子レーザーの展望**　現在，自由電子レーザーの研究は大きく二つの方向に分かれています。一つは線形加速器などによる高エネルギーの電子ビームを用い，短波長化，高効率化を図る方向です。この方式は，赤外域を中心に利用研究施設としていろいろの応用研究に用いられています。また大形の線形加速器を用いて，100 nmをきる波長の自由電子レーザーが観測されています。また，線形加速器でエネルギー回収をすると高い効率で大出力が得られます。これは特に平均出力を出す場合に有効な方式と考えられています。

二つ目は，パルスパワー技術などに代表される比較的低エネルギーで大電流の電子ビームを用い，大出力パルス発振をする方法です。波長 cm の GW 級発振が得られています。レーザー核融合研究センターでは，パルスパワー装置を用いて，ヘリカルウィグラ実験を行って，大出力パルスマイクロ発振や，より高エネルギーの RF 線形加速器* を用いたレーザー発振を観測しています。

自由電子レーザーの実験および理論的研究は近年ますます多くの場所で行われるようになってきており紫外線から X 線領域に至る波長可変，高効率レーザーの開発が期待されています。

（d）　**レーザーを用いる粒子加速**　レーザーと粒子の相互作用のもう一方の応用として自由電子レーザーとちょうど逆の，レーザーを用いた高エネルギーへの粒子加速が可能です。

加速器はおもに原子核研究や素粒子研究に用いられてきました。しかし，現在これを大出力化していろいろの応用に用いることが考えられています。

11.4 粒子ビームとレーザーとの相互作用

荷電粒子と光がうまくマッチすれば，相互にエネルギーのやり取りをし，荷電粒子を加速したり，反対に，光を増幅したりします

　加速器は電磁波を用いて粒子を加速します。これは電磁波の位相のある部分でちょうど波乗りに似た現象が起こるからです。波の前面に荷電粒子が存在すると荷電粒子は波から加速を受けます。ちょうどサーファーが波の頂上の手前で波に乗って加速されるのと同じです。加速器は電磁波に共鳴したり，これを進行させる空洞よりなります。この中で荷電粒子は波乗り現象により加速されます。レーザーによる加速も同様ですが，波長が短いため共鳴する加速空洞は必要ありません。

　現在，高エネルギー物理実験では，100 TeV 以上の超高エネルギー電子の発生が望まれています。しかし，従来の線形加速器（ライナック）では，1 m 当り数十 MeV が加速限界があり加速器の全長は 100 km 以上となり，事実上実現は不可能です。

　一方，レーザー生成プラズマ中では，数百 μm の長さで数 MeV まで電子が加速されていることが実験で明らかになり，加速電界は 1 m 当り 10 GeV 以上に達します。このようなレーザー加速の原理をうまく利用することができれば，加速器の全長を短くでき，100 TeV の超高エネルギーも可能となります。

　レーザー光で粒子を加速するには，つぎの 2 点が必要です。第 1 は，レーザー光は横波であるため，その横電界を，粒子を加速する方向の縦電界へ変換する必要があります。第 2 に，粒子の速度と加速電界の位相速度をうまく合わせて，波乗りができるようにすることです。それぞれの要請を満たすいろいろな

方法が提案されています。ここではレーザープラズマ相互作用を利用した方法を紹介します。

（e）レーザープラズマ相互作用を利用した加速　　レーザー光はレンズにより非常に小さく集光することができ，現在の技術ではレーザーを収束させ，10^{18} W/cm² 以上の強度を得ることができます。このようなレーザーをプラズマに入射するといろいろな非線形現象が起きます。例えば，レーザー光が，プラズマ中に波（プラズマ波）を励起し，これにより自分自身は散乱されます（誘導ラマン散乱と呼ばれます）。これを用いてプラズマ中の電子を加速できます。この励起されるプラズマ波は電子の粗密波で縦波ですから電界ベクトルは進行方向に向かっており，これにより粒子を加速することができるのです。また，励起されたプラズマ波の位相速度は，プラズマの密度により選択可能なので，うまく電子の進行に合わせることができます。

このようなウェーキ（波跡）条件で加速電界を計算してみると，波長 1μm のガラスレーザー光を電子数密度 10^{18} 個/cm³ のプラズマに入射した場合，理想的には 1m 当り 100 GeV の加速勾配ができることになります。この値は従来の線形加速器より 1000 倍大きい値です。レーザー核融合研究センターで行われた実験では，烈光VIII号炭酸ガスレーザー装置を用い，直径 600μm のパイプターゲットに集束したレーザー光を入射し，加速領域の長さ 3.3mm で，1MeV の電子発生が観測されました（図 11.10 参照）。このとき，粒子加速電界は 0.3 GeV/m となります。

このようなウェーキによるレーザー粒子加速を実用化するにはまだいろいろな問題があります。例えば，現在の実験では加速領域は mm 程度で，うまく動作させるにはさらに研究が必要です。

レーザー粒子加速技術は，大きな潜在能力を持つものと考えられ，研究が進められています。

（f）コンプトン散乱による γ 線発生　　まったく新しい高輝度-単色 γ 線を高効率で発生する技術が開発されてきました。レーザーのエネルギーを時空間で圧縮できる技術や光の蓄積技術が向上した結果，自由電子とレーザー光と

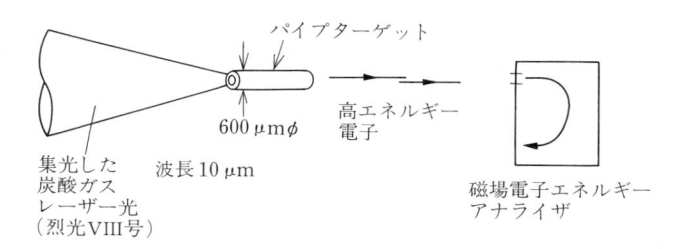

11.4 粒子ビームとレーザーとの相互作用

レーザーエネルギーは 200 J，パルス幅は 1 ナノ秒を用い，パイプターゲット長 3.3 mm で加速電子エネルギー 1 MeV を観測しました

図 11.10 烈光 VIII 号炭酸ガスレーザー装置を用いたレーザー粒子加速実験の配置概略図

の相互作用が強力に誘起できるようになり，このような光子-電子相互作用（コンプトン散乱）による高輝度放射光は，電子のエネルギーを変化させることにより X 線から γ 線までの広い範囲で波長可変の光源となります。

特にスーパキャビティと呼ばれる，高反射率空洞を用い，光重畳蓄積を行い，光子を往復 10 万回以上空洞内に閉じ込めることが可能となっています。このようなキャビティ内において，加速器より導入された電子ビームとこの蓄積レーザー光を相互作用させる研究が進められています。この概略を図 11.11 に示します。

電子とレーザー光の衝突により，コンプトン散乱が発生します。これはよく知られた物理現象です。しかし，この散乱確率はきわめて少ないのです。この

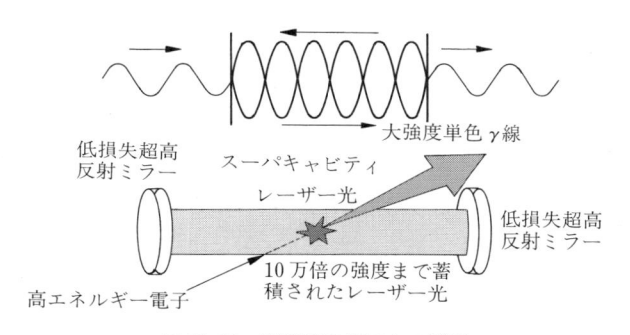

図 11.11 蓄積光と電子との衝突

ためいままでは，エネルギー分野への利用はあまり考えられてきませんでした。しかし，この光をためる技術が発達したことにより，強力にこの散乱を起こす可能性が出てきました。

図 11.12 にコンプトン散乱の概要を示します。高速の電子ビームがレーザー光と衝突することにより，元のレーザー光よりも短波長，つまり高エネルギーの光子が散乱され，散乱光は電子ビームの進行方向に対して $1/\gamma$ の角度内に集中されます。

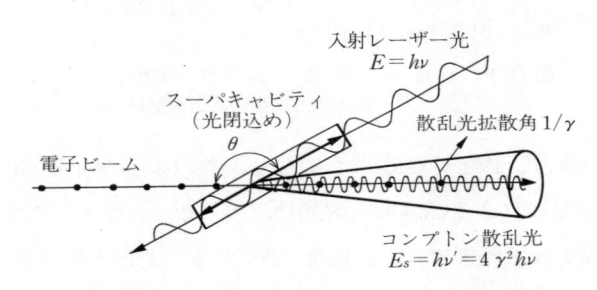

入射レーザー光
$E = h\nu$

スーパキャビティ
（光閉込め）
散乱光拡散角 $1/\gamma$

電子ビーム
θ

コンプトン散乱光
$E_s = h\nu' = 4\gamma^2 h\nu$

θ：電子ビームと入射レーザーのなす角度
$h\nu$：レーザー光子のエネルギー
$h\nu'$：コンプトン散乱された光子のエネルギー
γ：電子のローレンツ因子

図 11.12　コンプトン散乱

（g）核　変　換　地球温暖化などの環境問題の観点からみると，人類は使用エネルギーの多くの部分を今後もかなり長期的に核エネルギーに頼らざるをえません。原子炉は当面安価な電力を安定して供給できます。またこの方式は，炭酸ガスの排出量がきわめて少ない方式です。しかし，放射性廃棄物が派生します。これらは地層処分により安全に処分することができますが，この処分の負担の軽減，経済性の向上に核変換が有効です。

半減期が 100 万年以上もある長寿命核については FBR（高速増殖炉）や加速器を用いて核変換処理を行うことが考えられてきました。この加速器を用いて核変換処理を行う方式は，おもに高エネルギー陽子をターゲットに当て核破砕-中性子増倍を行い放射性核を安定核に変換するもの，および高エネルギー光子，すなわち γ 線を核に当て放射性核を安定核に変換するものとが考えら

れています。これら長寿命核は，年間数百 kg のレベルで発生しますので，変換率が低ければ意味がありません。このため効率のよい方式が探究されてきました。

γ 線を用いて，核巨大共鳴* を利用し核消滅を行うには，いままで制動放射 γ 線を用いる方式が考えられてきました。最近のレーザー技術や高輝度電子ビーム技術の発展により，新しい単色 γ 線を高効率で大量に発生することができる技術が開発されてきました。高度蓄積レーザー光-電子相互作用（強調コンプトン散乱）による高輝度 γ 線光を用いることにより核変換ができる可能性が検討されています。

この方式は，電子ビームもレーザー光も蓄積し繰り返し利用するので，γ 線への変換効率はきわめて高くかつ発生する γ 線のスペクトルも比較的狭く可変であるため，核共鳴の最大断面積に効率よく同調できます。低エネルギー（15 MeV）の光子を使うので，対創成* の問題はありますが比較的効率よく核変換を行うことができます。この概略を図 11.13 に示します。電子を蓄積するリング形の加速器で電子を一定のエネルギーに保持して回します。これに先ほどの光を蓄積するキャビティを付加します。

電子加速器装置であるため，陽子の加速器に比べて装置規模は比較的小さく，100 m 級のサイズの電子蓄積リング* がおもな装置となります。このため装置は低コストでコンパクトに製作が可能です。この方式はまだ基礎実験が始まったばかりですが，新方式として今後の発展に期待が寄せられています。

〈ひとくちメモ〉

核　変　換

原子力発電をすることにより，放射性の廃棄物ができます。これらを安全に処理することは急務です。地下の深い場所に埋めること，いわゆる地層処分を行うことが考えられています。地層処分は厳重な管理のもとに行われます。これを，より低コストにできるように核変換による処分を合わせて行うことが考えられています。核変換の方式は加速器を使うものや専用の原子炉を使うものがあります。ここで述べている γ 線を使う核変換方式は加速器を使う方式の一部で，ほかに陽子ビームを使う方式もあります。

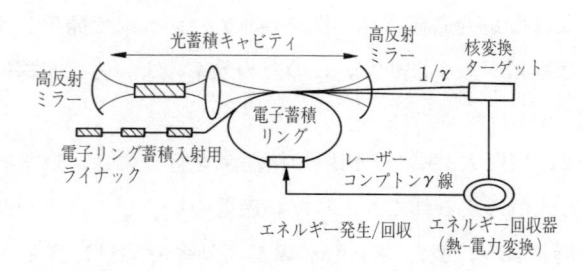

図11.13　核変換装置概要

11.5　宇宙とレーザー

　地上では，太陽エネルギーは平均的にピークの15％しか使えません。夜には日照はありませんし，季節や天候によって影響を受けます。このため，地上での太陽発電は効率のよい方法ではありません。1970年代にアメリカにおいて太陽光を宇宙で太陽電池を使って電力に変え，これをマイクロ波に変えて地上に送り電力に変換する概念が出てきました。石油危機の影響もあり，これに関する研究が活発に進められましたが，エネルギー危機の緩和が80〜90年代にあったこともあり，その後，研究開発の速度は遅くなっています。しかし，地球温暖化などの問題によりこの方式が再び取り上げられるようになりました。特にこの間，レーザー技術の進歩があり，最近ではかなり異なった概念が出てきました。

　マイクロ波を使う方式では太陽光を電力に変えそれを伝送用のマイクロ波に変換し，地上においてこのマイクロ波をまた電力に変えます。太陽電池の効率があまりよくないこともあり，またエネルギー形態が何度も変わるため，効率が思ったほど大きくとれません。マイクロ波の波長の関係でビーム径が広がるため地上基地は大きな面積が必要になります。また，太陽光発電衛星の重量が大きく，そのため実現への課題がいろいろとあります。

　宇宙で太陽光エネルギーをレーザーに変えて地上に送ることは可能です。太陽光を直接レーザー励起に使い，その光を地上に送りエネルギーとして利用す

11.5 宇宙とレーザー

ることができれば，利用効率が上がるのではと考えられています。マイクロ波の場合より衛星の重量が軽減され，地上のエネルギー受信施設が小形になるなどの利点があります。また，レーザー光を電力に変換せず，例えば光触媒で水素やメタノールに変換すれば電力に変換する方式に比べて自由度が増します。日本の南方海上にメガフロートのようなサイズの基地を作りそこで水素やメタノールを生成すればよいわけです。

しかし，マイクロ波方式ほど詳細な検討は進んでいません。これに関する基礎研究が現在，宇宙開発事業団（NASDA）およびレーザー総研などで始まっていますが，今後，実証へ向けての研究が必要です。どれほどのレーザー効率を得ることができるかが最大の課題です。

このレーザーの一例として考えられている固体方式の太陽励起宇宙レーザーの概要を図 11.14 に示します。この動作原理はつぎのように考えられています。まず薄いフレネルレンズで太陽光を収束し空洞内に閉じ込めます。この光は外縁において繰り返し反射され下流へと進み，ロッドレーザーの励起に効率よく使われ，レーザー光に変換されていきます。ファイバレーザーとよく似た機構であると考えるとよくわかります。Cr などを適当な密度でドープしておくとかなりの効率が得られます。

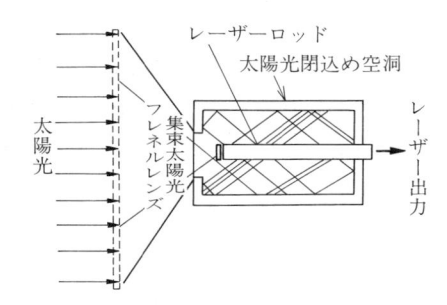

図 11.14 太陽励起宇宙レーザーの概要

このレーザーを用いた太陽励起宇宙レーザー水素生成システムの概念図を図 11.15 に示します。実現のための課題は太陽光励起レーザーの効率ですが，30％程度あると考えられ，この実証実験が急務です。光触媒による水素生成は，種々の触媒材料開発が世界で進んでいますし，またほかにもいろいろのエネ

11. レーザーとビーム

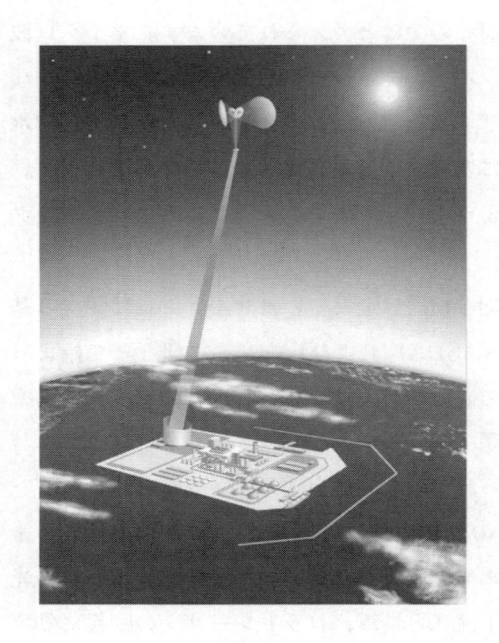

図 11.15 太陽励起宇宙レーザーとそのエネルギー伝送，光触媒-水素生成の概念図（NASDA）

ギー変換方式が考えられます。この方式は宇宙方式に限らずいろいろな形の可能性を秘めており，レーザーの未来技術として大きな価値を持っているのです。

　宇宙での太陽光励起レーザーの技術が確立すれば，この広い応用が考えられます。ここで述べた宇宙太陽エネルギー開発以外に宇宙空間における人工衛星間エネルギー輸送，宇宙デブリ*の検出やこの軌道変更による消滅，宇宙空間におけるロケット推進などです。これらはLE-NETとして，レーザー総研や航空宇宙研を初めいろいろの研究所で興味が持たれています。

　一方，宇宙においては地上と異なり，24時間365日間，天候に関係なく日照があるので，人工衛星の電力供給には高効率太陽電池が大切です。現在，太陽電池の効率化が進み，研究室レベルでは40％近くに達するものも現れてきました。これは太陽光スペクトルの波長に合わせた材料による太陽電池により太陽の広いスペクトルの大部分を使う方式です。この高効率太陽電池を用いたレーザー駆動も有効です。レーザーは宇宙開発において今後ますます重要な技

術要素になるのです。

11.6 レーザー誘雷

　高出力レーザービームの応用として，実際の雷を安全な場所に落とそうという研究が行われています。

　日本海側の冬に発生する雷は冬季雷と呼ばれ，雷雲内の電荷中心高度が低く（1〜3 km），高出力のレーザー装置が実現したことにより冬季雷を対象としたレーザーによる誘雷研究が日本で盛んに行われています。

　レーザー誘雷の概念は，安全な場所に設置された高い鉄塔の先端に強力なレーザー光を照射し，鉄塔の先端から上空に向けてレーザープラズマチャネルを発生させます。レーザープラズマチャネルは高い導電率を持っており，また，鉄塔の先端は電界集中が起こっているために，放電の前駆現象であるリーダが先端から発生し，レーザープラズマチャネルに沿って上空へ進展していきます（上向きリーダ）。リーダは自己進展することにより雷雲にまで到達します。これにより地上と雷雲とが短絡され，雷を安全な場所に落雷させることができます（図 11.16 参照）。

　1998 年には日本海側の冬季雷を対象として野外での実験が行われました。雷を予知してレーザーを照射するシステムや高密度のプラズマチャネルを生成する技術などが新しく導入されました。この結果，CO_2 レーザー光を照射して

〈ひとくちメモ〉

上向きリーダ

　雷現象は雷雲から下向きに放電が伸びてきて地上に達することにより生じるのが一般的です（下向きリーダ）。しかし，雷雲の雲底が低く，高い構造物がある場合には，構造物の先端から上向きに伸びていく放電現象が観測されます。これが上向きリーダと呼ばれています。カナダのトロントにある CN タワー（535 m）や北陸電力福井火力発電所の煙突（200 m）などの先端から上向きのリーダがよく観測されます。レーザー誘雷は，この現象を誘雷に利用しています。

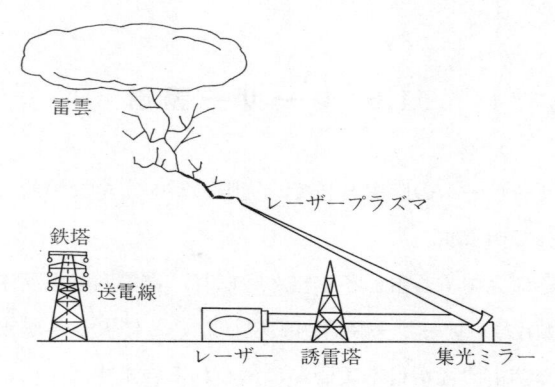

図 11.16　レーザー誘雷概念図

レーザープラズマチャネルを鉄塔の先端に生成することにより，世界で初めてレーザー誘雷に成功しました（口絵参照）．

11.7　大空で活躍する白色のレーザー

　レーザーの特徴の一つに単色性があげられます．赤色のレーザーの代表格はHe-Neレーザーです．しかし，単色性があることは必ずしもレーザーであることの条件ではありません．あくまでコヒーレンス（可干渉性）の高さ，あるいは波のそろい具合がレーザー光の本質なのです．したがって，波さえそろっていればさまざまな色を含んでいてもレーザーと呼べるのです．とりわけ，超短パルスレーザーはスペクトル幅が広くないと実現できません．逆にいうと理想的な極短パルスのスペクトルはフーリエ解析すると白色であることがわかります．

　超短パルスレーザーは一瞬の間にエネルギーを集中させることができるので，非常にピーク強度の高いレーザー光です．普通，光は大気中を光速で伝搬しますが，強度の高い超短パルスは素直に進んでくれません．光強度によって伝搬速度が変化します．言い換えると光強度によって媒質の屈折率が変化するのです．同じパルスの中で，ある強度の光は先に進み，別の強度の光は遅れて

進む現象が現れてきます。演奏中のアコーディオンの蛇腹のように，高速のところは蛇腹が広がり，低速のところは蛇腹が縮む状態を連想してください。蛇腹が広がったところは波長が伸びて赤色の光に対応します。逆に縮んだところは波長が短くなり青色の光に対応します。規則正しく光強度により蛇腹を伸び縮みさせれば，干渉性を保ったまま赤色から青色を含んだレーザー光が実現できます。赤色から青色までのすべての色の光を足し合わせれば，太陽光のような白色の光に見えるため，白色レーザーと呼ばれています。実際は紫外線から赤外線までの広範囲な光を含んだレーザー光を実現することが可能となっています。

　レーザーポインタに代表されるように，レーザー光は指向性が高いといわれていますが，実際は100mも光を飛ばせば，レーザーポインタの光も広がってしまいます。ところが，超短パルスレーザーは，条件を調整すれば，遠くのほうまで広がらずに飛んでいきます。先ほどは，時間的に光強度が変化すると波長が広がることを説明しましたが，空間的に光強度が変化するとどうなるでしょう。一般にレーザー光は中心の強度が高く，周囲に向かって強度が低くなっています。この中心の強度が高い部分は大気中では遅れて進みます。周囲が先に進んで中心が遅れると，あたかもレンズを通過した後のように，光は集束し始めます。もともと，光はなにもしなければ広がりますが，このレンズ効果とうまく釣り合いがとれれば，光ファイバの中を進むように広がらずに遠くへ飛んでいきます。これは，チャネリング現象とも呼ばれています。

　大気中に白色のレーザーを長距離飛ばすことにより，どんな役立つことがあるでしょう。まず初めに考えられることは，大気観測です。これまでにも，レーザーは成層圏（上空約15km以上）まで広がらずに飛ばすことが簡単にできるので大気観測に用いられてきました。これはライダー（light detection and ranging：LIDAR）と呼ばれています。大気中のエアロゾル（浮遊粒子）やガス分子の濃度の高度分布が測定されてきました。しかし，これまでは，ある特定のガスを測定するのに，そのガス特有の波長を持ったレーザーを用意しなければなりませんでした。長距離伝搬する白色光レーザーを用いれば，あり

とあらゆるガス分子の測定が一台のレーザーで一気に可能となります。
　別の使い道として，レーザー誘雷のチャネリング生成が考えられます。白色レーザーはピーク強度が高く，紫外光成分を含むため，伝搬中に大気を電離させていきます。すなわち，電気の通りやすいチャネルを大気中に自在に作り出すことが可能です。

12 レーザーの新しい仲間

新しいレーザーの開発が，いろいろな形で進められています。この章では特に以下の点に絞って紹介をします。
（1） 実用上代表的なレーザーの性能は，どこまで向上しており，またどのような点に力を入れて開発が進められているか
（2） 産業で数多く使われている固体レーザーを高出力化するためのアプローチの紹介
（3） レーザーの発振波長を短くするX線レーザーの開発とその将来

12.1 はじめに

レーザーの応用は，最近飛躍的に広がってきました。しかし，これらはまだレーザーの可能性のほんの一部を実現したものにすぎません。さらに多くの夢を現実のものとするために，レーザーの性能向上，および新しいレーザーの開発が，世界中の多数の研究機関で着実に進められています。レーザー開発は，どのような点に力を置いて進められているのでしょうか。それはレーザー応用にどのような新しい展開をもたらすのでしょうか。ここではこれらの研究の一端を紹介します。

本論に入る前に，電磁波の波長とその生成方法について考えてみます。波長が約10 cm～1 mの電磁波はラジオ波と呼ばれ，ラジオやテレビの送信に使われます。電子回路により制御されたラジオ波を作ることができますが，電磁波の波長が短くなるほど発生が困難になります。このため，いままではミリ波までしか発生させることはできませんでしたが，最近，超短パルスレーザー光の

固体表面照射により，テラヘルツ波（波長数 $100\,\mu m$ の遠赤外光）の発生が可能になっています。

光の誘導放出を用いたコヒーレントな電磁波の発生は，波長が数 cm のマイクロ波から，$120\,nm$ の極端紫外光の領域まで，五けたもの波長範囲にわたっています。また，この波長をさらに短くした X 線レーザーの研究が進められ，$4.2\,nm$ までの軟 X 線で誘導放出光が実現されています。

マイクロ波から赤外光のレーザーは，おもに分子が回転あるいは振動するときのエネルギー放出を利用して作られます。これより短い波長では電子の励起状態からの遷移が用いられます。γ 線の領域では原子核を励起することが必要となります。この章では，レーザーの短波長化およびその応用についても紹介します。

12.2 代表的なレーザーとその進歩

レーザーは，レーザー媒質の状態により，気体レーザー，液体レーザー，固体レーザーなどに分類されます。現在市販されているおもなレーザーとその特徴を表 12.1 および図 12.1 に示します。これらのレーザーは，長時間にわたり安定に動作するだけでなく，それぞれがほかのレーザーにない特色と，それを生かした応用分野を持っています。

現在市販されているレーザーに関しても，性能向上のための技術開発が続け

表12.1 代表的なレーザーの励起方法と特徴

	レーザー名	レーザー媒質	代表的励起方法	特徴
気体レーザー	He-Neレーザー	ヘリウムとネオンの混合ガス	低電流直流放電	小形，小出力，長寿命，周波数安定
	Ar^+レーザー	アルゴンガス	大電流直流放電	中出力，緑～青色および紫外レーザー光
	Kr^+レーザー	クリプトンガス	大電流直流放電	中出力，赤色レーザー光
	He-Cdレーザー	ヘリウムとカドミウムの混合ガス	低電流直流放電	3原色（赤，緑，青）レーザー光，紫外レーザー光
	CO_2レーザー	ヘリウム，窒素，炭酸ガスの混合ガス	直流放電（あるいはパルス放電）	高効率，大出力，赤外レーザー光
	エキシマレーザー	KrF，XeFなどハロゲン系ガス	大電流パルス放電	紫外レーザー光，高効率
	F_2レーザー	フッ素ガス	大電流パルス放電	真空紫外レーザー
固体・液体レーザー	Nd：YAGレーザー	$Nd_xY_{3-x}Al_5O_{12}$単結晶	クリプトンアークランプ光励起	コンパクト，高出力，連続あるいはパルス発振
	Nd：ガラスレーザー	Nd：ガラス	フラッシュランプ光励起	高出力パルスレーザーに適する
	ルビーレーザー	$Al_{2-x}Cr_xO_3$単結晶	フラッシュランプ光励起	高出力Qスイッチ発振に適する
	アレキサンドライトレーザー	$BeAl_{2-x}Cr_xO_4$単結晶	フラッシュランプ光励起	700～818 nmで波長可変，ルビーより高効率
	チタンサファイアレーザー	$Ti：Al_2O_3$単結晶	レーザー励起	超短パルスレーザーに適する
	半導体レーザー	ダブルヘテロ構造半導体	電流注入	小形，高効率，近赤外-赤外波長可変レーザー
	色素レーザー	有機色素のアルコール等溶液	レーザー光励起	可視光波長可変レーザー

られています。代表的なレーザーとその進歩をみてみましょう。

（a）**He-Neレーザー**　He-Neレーザーは，小形・軽量・長寿命・安価で，かつ可視光（633 nm）で発振するため，多くの分野で使用されています。放電管と反射鏡を一体化した内部ミラー型レーザーの実現により，温度・振動・衝撃などに耐える丈夫な構造となりました。寿命も12ヶ月以上の連続使用が保障されています。

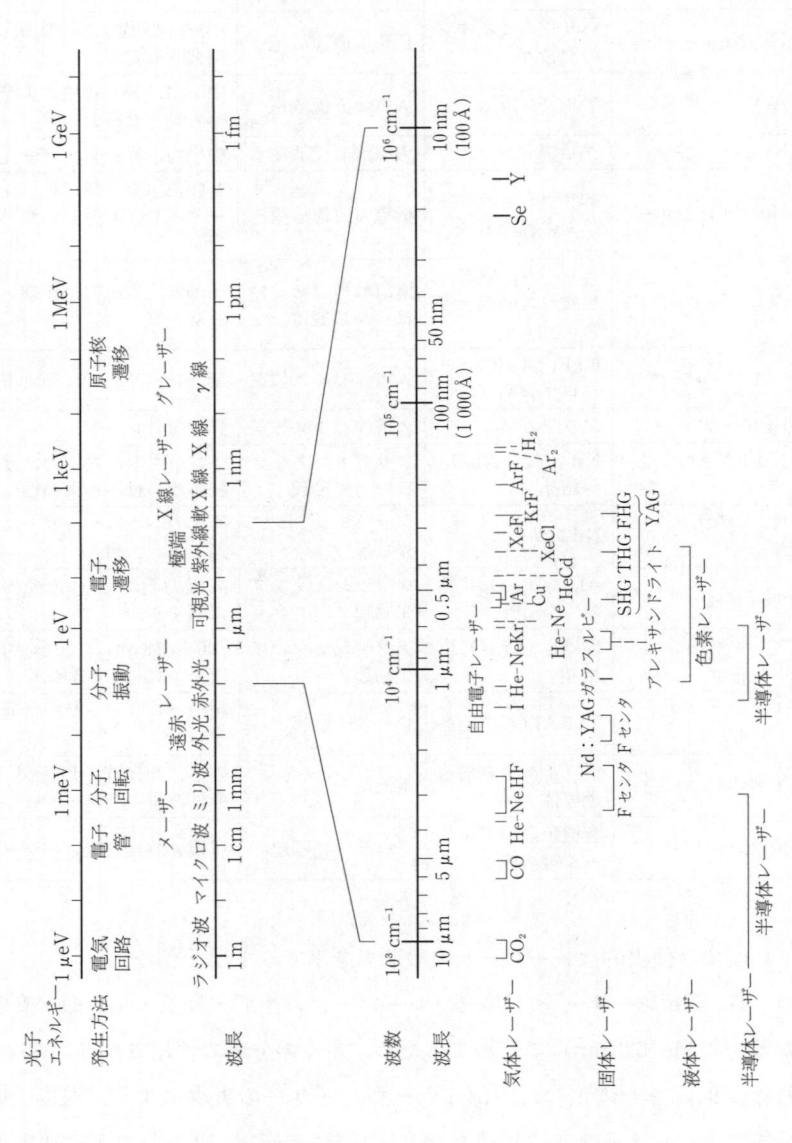

図 12.1 電磁波のスペクトルとおもなレーザー

12.2 代表的なレーザーとその進歩

　He-Neレーザーは単一モード発振を簡単に得られるので，干渉計の光源として用いられています。レーザー干渉計*は，レーザー光の波長の1/20程度の測定精度を持つので，これを工作機械の制御に用いると，30nm程度の位置制御が可能となります。このように，レーザー光は超精密の物差しとして使用されますが，この場合，レーザー光の周波数の絶対値が安定であることが要求されます。分子の吸収線に一致するようにレーザー光の周波数を制御することにより，約4kHzの安定度が実現されています。波長$3.39\mu m$のHe-Neレーザー光の周波数は8.8×10^{13}Hzですから，これは0.44×10^{-10}の安定度に相当します。1983年よりレーザー光の周波数が周波数の国際標準*として使われ，また長さの標準は従来の^{86}Kr（クリプトン86）の発光線の波長に代わり，真空中の光速度で定義されることになりました。

　He-Neレーザーは，ジャイロスコープとしても用いられています。これにはリングレーザーという閉じた光路の共振器を使用します（**図12.2**参照）。リングレーザーが回転すると，回転方向と反回転方向に進むレーザー光の発振周波数に差ができるので，この周波数差を二つの光波のビートとして検出すると，回転の角速度が測定されます。

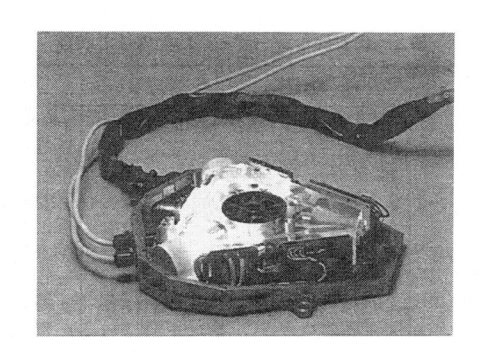

図12.2 He-Neを用いたリングレーザージャイロ

　高安定He-Neレーザーを用いたレーザージャイロは0.01°/hと非常に高精度の回転角速度を計測できます。軸が直交する3台のレーザージャイロを航空機に搭載することにより，航空機の位置および進行方向を高精度で決定できます。レーザージャイロ用のリングレーザーには，高安定・長寿命が要求され，

製作には高度の技術を必要とします。光ファイバをリング状にしたファイバジャイロは，精度は上記の値より落ちますが，使いやすいため，工業的応用が期待されます。

（b） アルゴンレーザー，クリプトンレーザー　低圧（～1/1 000 気圧）のアルゴン（Ar）気体中に大電流を流しアーク放電を起こすと，アルゴンイオン（Ar⁻）に反転分布が生じ，緑～青の可視域で11本，紫外域で3本の発振線が得られます。アルゴンの代わりにクリプトン（Kr）を用いたクリプトンレーザーにおいても，同様に多数の波長で発振が得られますが，特に赤色（647.1 nm）の発振線の出力が強いことが特徴です。

これらのイオンレーザーは，連続発振で1～10 W と高い出力が得られ，またその波長域が500 nm 付近と視感度および光電感度の高い領域にあるため，He-Ne レーザーよりも応用範囲が広いといえます。しかし，大電流放電を必要とするので，He-Ne レーザーに比べ大形で，高価となります。イオンレーザーは放電管の強制冷却が必要ですが，最近は強制空冷の小形アルゴンレーザー（出力≦100 mW）が一般化しています。

（c） 炭酸ガスレーザー　炭酸ガス分子を窒素やヘリウムとの混合気体とし，放電で励起すると，CO_2 分子の特定の分子振動のみが強く励起され，反転分布が形成されます。炭酸ガスレーザーの特徴は，効率（レーザー光出力と電気入力との比）が10～20 % と高く，また連続発振で非常に大きな出力が得られることです。レーザー光を集光すると金属を初めとする各種の物質を局所的に加熱し，切断，溶接，焼き入れなどの加工ができます。どの程度大きな物質

12.2 代表的なレーザーとその進歩

を高速に処理できるかは，使用するレーザーの出力に依存します。例えば，77 kW の炭酸ガスレーザーを使用し，5 cm の厚さのステンレス鋼を1分間に1.3 m の速さで溶接した例が報告されています。鉄鋼業のような重工業でレーザーが加工に利用されるには，大出力のレーザーが必要です。わが国では，連続出力 20 kW 級の炭酸ガスレーザーが実用化されました。**図 12.3** に高出力炭酸

（a） 20 kW 級炭酸ガスレーザー（最大出力 26.5 kW，発振効率 16.5 ％）

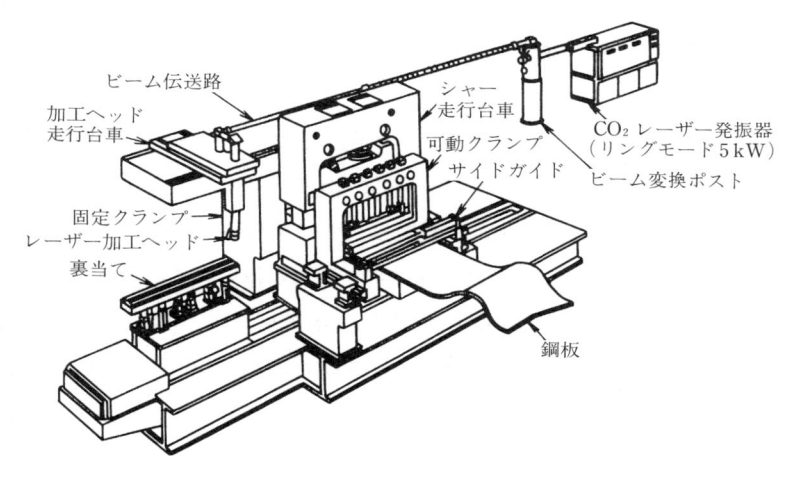

（b） 炭酸ガスレーザーを用いた連続鋼板溶接機

図 12.3 高出力炭酸ガスレーザー

ガスレーザーの写真を示します。

（d） エキシマレーザー　　炭酸ガスレーザーは，波長が $10.61\mu m$ と赤外域にありますが，これと反対に，波長が 400 nm 以下の紫外域で発振するのが，エキシマレーザーです。基底状態では結合しない二つの原子 A および B のうちの一方を電子励起状態に励起すると，A と B が結合し $(AB)^*$ という分子状態になるものを，エキシマ（励起分子）といいます。

エキシマレーザーは，使用する気体により異なる波長で発振します。代表的なものとして，XeF（波長351nm），XeCl（308nm），KrF（248nm），ArF（193nm）があります。パルス発振で，繰り返し100 Hz，パルス当りの出力エネルギー約200 mJ，平均出力10 W程度が得られます。エキシマレーザーは短波長で発振し，したがって光子のエネルギーが大きいため，リソグラフィーの光源として，あるいは光化学反応を誘起するための光源として，非常に適しています。超高密度の集積回路を作成するリソグラフィーの光源として KrF レーザーが生産に使用されており，ArF レーザーも実用段階に入っています。さらに真空紫外域の155 nm で発振する F_2 レーザーを用いたリソグラフィ装置の開発も進められています。リソグラフィー装置では光源だけでなく，縮小転写するための光学系，感光材となるレジストなど，システム全体の開発が必要です。

（e） Nd：YAGレーザー　　YAG $(Y_3Al_5O_{12})$ の単結晶にネオジウム（Nd）を数％含ませたもの（Yの一部をNdで置換）を，Nd：YAG（ネオジウムヤグ）と呼び，$1.064\mu m$ で発振します。Nd：YAG レーザーは，各種固体レーザーの中でも，効率がよく高い平均出力が得られるので，工業用に広く用いられています。波長が $1\mu m$ の光は近赤外域にあり目には見えませんが，非線形光学結晶を用いると，532 nm，355 nm，266 nm などの短波長光に，高い効率で変換できます。このように変換した光は，レーザーレーダ，色素レーザー励起などに使用されます。

Nd：YAG レーザーもほかのレーザーと同様，より高い出力を実現することが重要です。固体レーザーでは，励起を強くしたとき，レーザー媒質内に生じ

る強い応力により引き起こされる光学的異方性および機械的破壊が限界要因となります。これを解決するために，後に述べる半導体レーザー励起固体レーザーやスラブレーザーが開発されつつあります。セラミックレーザーも期待されています。

（f） 波長可変固体レーザー　　最近，固体レーザー材料に関する研究が急速に進歩し，多くの新しいレーザーが登場しています。波長可変固体レーザーもその一部で非常に面白い性質を持っています。図 12.4 に広い波長範囲で発振するチタンサファイアレーザーおよびアレキサンドライトレーザーのエネルギー準位図を示します。

（a） チタンサファイア
　　　レーザー

（b） アレキサンドライト
　　　レーザー

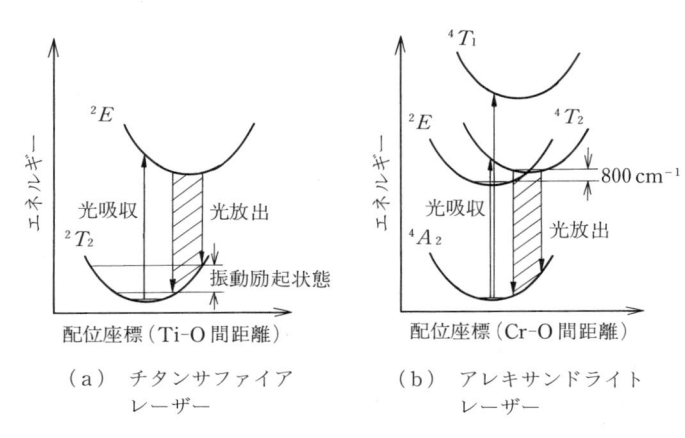

図 12.4　波長可変固体レーザーのエネルギー準位図

アレキサンドライトレーザーは，700〜815 nm で波長可変の固体レーザーで，連続発振およびパルス発振動作が可能です。アレキサンドライトの結晶は，$BeAl_2O_4$ にクロムイオン (Cr^{3+}) をドープしたもので，ルビーレーザー (Cr^{3+}：Al_2O_3) と同様に Cr^{3+} のエネルギー準位間で発振します。下準位は格子振動が励起されたホノン準位なので，ルビーレーザーより効率がよく，可変波長の発振が得られます。

チタンサファイアレーザーは 660〜1 180 nm で波長可変の新しい固体レーザーで非常に安定な発振が得られ，高調波発生，パラメトリック変換などを用い

ると，赤外～紫外域の光を発生することができます。また，モード同期により広い波長範囲にわたり多数の周波数で位相をそろえて同時に発振させると，超短パルスレーザー光を発生することができます。チタンサファイアレーザーにより，6.5フェムト秒の極短パルスレーザー発振が得られています。

（g） 半導体レーザー　　2重ヘテロ構造（図5.4参照）の半導体に電流を流すと，中間の活性層で光放出を伴う電子-正孔の再結合が起こります。活性層は電位障壁*によってキャリヤを閉じ込め，また屈折率の差によって光をも閉じ込めるので，2重ヘテロ*レーザーは非常に効率よくレーザー発振を行うことができます。

導体の種類により，紫外～近赤外の広い範囲で発振が得られます。

① 　InGaN系：波長 390～430 nm
② 　In(GaAl)P系：波長 600～700 nm
③ 　AlGaAs系：波長 720～850 nm
④ 　InGaAs系：波長 900～1 100 nm
⑤ 　InGaAsP系：波長 1 200～1 650 nm

半導体レーザーは小形で消費電力が小さく，かつ出力も10 mW程度と大きいので，ほかのレーザーに比べ非常に高性能といえます。半導体レーザーの信頼性が向上したため，各種のレーザー応用機器の光源として，半導体レーザーが広く使われるようになりました。ビデオディスク，オーディオ用のコンパクトディスク，レーザープリンタなどに使われています。

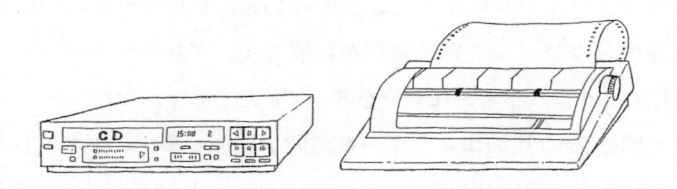

半導体レーザーは，電流を変化させることにより，高周波でレーザー光に変調をかけることができ，また波長も光ファイバの低損失領域にあります。これらの理由から，半導体レーザーは，光通信用の光源として大量に利用されてい

ます。

　半導体レーザーの用途を広げるため，高出力化，短波長化の研究が進められています。高出力化に関しては，単体のAlGaAsレーザーで4Wの連続発振が得られています。多数の半導体レーザーを，一つの基板上に作成した1次元配列半導体レーザーではピーク出力100W（200μsパルス，繰返し率10Hz）が得られており，さらにこれを積層した2次元配列半導体レーザー（図12.5参照）により，ピーク出力110kWの高出力レーザーが実現されています。

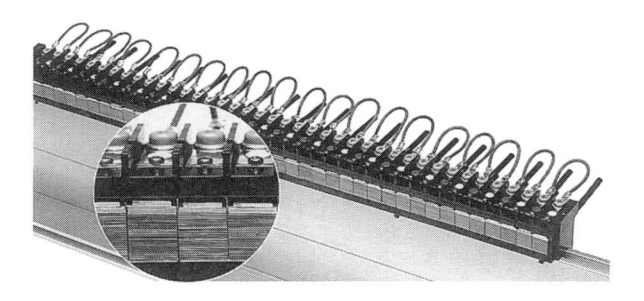

110kW半導体レーザーアレーの外観。1バーが幅10mm。これを縦に25個（高さ約10mm）並べて1スタックとし，これを横に40スタック（幅約420mm）並べ，合計1000バーの構成となっています。各バーは100個近くの半導体レーザーで構成されており，全体で10万個近い発光点があります。円内はその拡大図

図12.5　2次元配列高出力（110kW）半導体レーザー

12.3　固体レーザーの高出力化

　年とともに新しいレーザーが開発され，またすでに商品化されているレーザーも，その性能が向上しています。ここでレーザーの性能とは，出力の向上，出力の安定性，周波数の制御，使いやすさ，寿命，価格など，多くの要因を含みます。ここでは固体レーザーの出力の向上についての新しい試みを紹介しましょう。

　固体レーザーの中では，高効率で高い出力が得られるNd：YAGレーザー

が，最も広く用いられています。Ndの励起状態の寿命は約250マイクロ秒で，炭酸ガスレーザーなどと比べ比較的長く，大きな反転分布が得られます。また発振波長は$1\mu m$ですので，レンズを用いて数μm程度の小さな径に集光することができます。したがって，YAGレーザーは，大きな出力のレーザー光を小さな点に集中するのに適しています。この特徴を生かして，金属やセラミックの穴あけ，切断，溶接などに広く使われています。

（a） YAGレーザー高出力化の難点とその解決法　しかし，応用範囲が広くなるにつれ，さらに高い出力が必要となってきました。平均出力が高くなれば，先に述べたような加工をより短時間に行うことができます。また，新しい応用として，高強度のレーザー光により生成したプラズマからのX線輻射を，リソグラフィの光源として用いることができます。さらに，軟X線*レーザーを発振させるための励起光源としても使用できると予想されています。

現在使われているYAGレーザーは，ロッド形といって，**図12.6(a)**に示すような円柱状の形をしています。このレーザーロッドを，周囲からクリプトンアークランプの光で照射して励起します。高い出力を得るためには強い励起

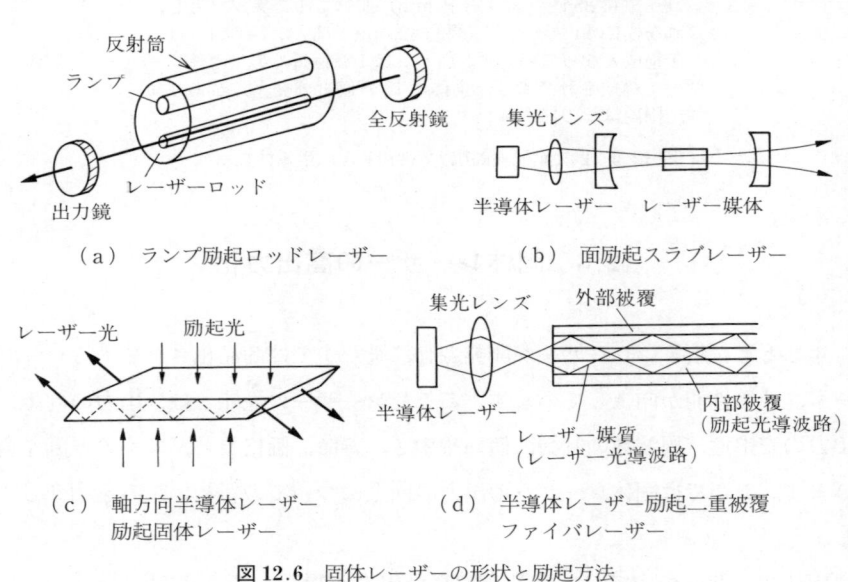

図12.6　固体レーザーの形状と励起方法

をすることが必要です。このときレーザーロッド全体が高温になりますが，ロッドの周囲は水で冷却されるため，ロッド内部に温度分布が生じます。この温度分布により，ロッド内部に軸対称の応力が発生します。内部応力は光学的な異方性を引き起こすため，内部を通るレーザー光の偏光に影響を与えます。結局，ロッド形レーザーでは，励起を強くすると，熱的および光学的な変形が生じ，しだいに出力の上昇が小さくなり，またレーザー光の質が低下して集光特性が悪くなります。さらに励起を強くすると，ついには内部応力によりレーザーロッドが破壊します。

（b）**スラブ形レーザー**　これらの難点を克服するには，内部に生じた熱的・光学的な変形が，レーザー光の特性に影響を与えないような配置を選択することです。このような考えから考案されたものが，図 12.6（b）に示すスラブ形レーザーです。この場合，レーザー媒質は板状をしており，レーザー光はその内部を全反射しながら伝搬します。励起は上下両面から光学的に行い，また冷却も上下両面を，液体，あるいはヘリウムなどの気体を介して行います。スラブ形レーザーは，つぎの性質を持っています。

① 方形状をしているので，光学的異方性の光軸が直交系をなしている。
② 内部全反射を繰り返すことにより，熱的レンズ効果，偏光解消などが除去される。

平均出力の最大値は，レーザー媒質の破壊で決まります。できるだけ破壊が起こらないためには，レーザー媒質の機械的強度が強いこと，熱伝導がよく内部の温度差を小さくできることなどの性質が要求されます。Nd：YAG は，引き上げ法により円柱状の結晶を作りますが，その中心部に結晶格子の不整の部分ができます。このため大形のスラブレーザーを作るにはあまり適していません。このため，任意の大きさと形状に加工できるレーザーガラスを，破壊を起こさずにどこまで励起できるかが，重要な点となります。また，大形結晶の育成が容易にできる Nd：GGG も有力な候補です。**図 12.7** に YAG，YLF および GGG の単結晶写真を示します。冷却方法に工夫をしたスラブ形レーザーにより，連続出力で 1 kW，パルス発振で 10 J 以上の出力が得られています。

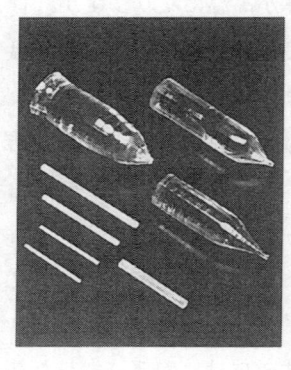

(a) Nd：YAG （$Y_3Al_{15}O_{12}$） 直径 60 mm 長さ 170 mm

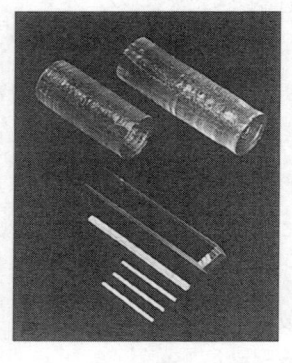

(b) Nd：GGG （$Gd_3Ga_5O_{12}$） 直径 60 mm 長さ 250 mm

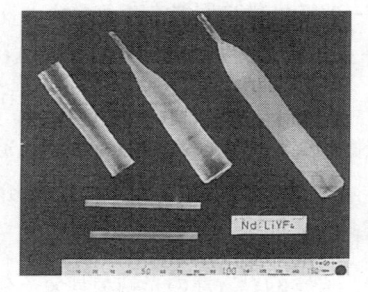

(c) Nd：YLF （$LiYF_4$） 直径 20 mm 長さ 120 mm

図 12.7 レーザー用大形単結晶

(c) **半導体レーザー励起固体レーザー**　　最近，高出力半導体レーザー励起の全固体レーザーが実用化され，従来の放電管励起固体レーザーや，アルゴンレーザーなどの放電励起気体レーザーから代わりつつあります。半導体レーザーにより結晶を端面から励起する配置（図 12.6(c)）が一般的ですが，より高出力を得るため，レーザーロッドを側面から励起する方法も開発されており，高出力の全固体レーザーが市販されています。また図 12.6(d)に示す半導体レーザー励起ファイバレーザーでは非常に高効率の励起が可能なため，コンパクトな装置で高出力発振が得られます。

(d) **T キューブレーザー**　　T キューブレーザーとは，テーブルサイズのテラワットレーザー（table-top TW：T^3）の略称です。チタンサファイアを

レーザー媒質とし，パルス幅100フェムト秒以下，ピーク出力10 TW，繰り返し10 Hzの小形レーザーが商品化されています。研究室では100 TW出力のレーザーも実現されています。このレーザー光を集光するときわめて高いレーザー電界が生じ，10 μm程度の距離で電子が10 MeV以上に加速されます。レーザー光が加速器となり，小形の電子加速器，イオン加速器，X線発生装置となります。レーザー生成高エネルギーイオンをがん治療粒子線として利用する研究が開始されています。

12.4 X線レーザー

　私たちは健康診断でX線写真をとり，体に異常がないかを調べます。ここで用いるX線はつぎのようにして発生させます。直流高電圧を印加して電子を真空中で約10万Vの高いエネルギーに加速し，タングステンなどの重い元素でできた対陰極に衝突させます。すると原子の内殻の電子が励起され，電子が元の安定な状態に戻るときに，X線が発生するのです。このようにして発生するX線は広い角度範囲にわたり，また周波数の広がりも非常に大きなものです。X線は可視光線に比べて波長が短い電磁波なので，物質を透過する能力が高く，したがって，人体の透視写真や，あるいは空港での所持品の検査などに使用できるのです。

　さて，可視光のレーザーと同じように，指向性がよく，スペクトル幅の狭

い，X線レーザーは作れないものでしょうか．かりにX線レーザーができたとしましょう．レーザー光はコヒーレントで干渉現象を示します．そこでX線レーザー光を，ホログラフィーの光源として使うことができます．例えば，生体を形づくっている高分子は，X線をほとんど透過しますが，X線の位相を変化させ，一部X線を散乱します．

そこで図12.8に示した配置により，フィルム上に散乱X線と参照X線との干渉じまを記録します．ここでできる干渉じまはX線の波長，つまり1nm程度の細かいものです．そこでこの干渉じまを電子顕微鏡を用いて拡大します．このようにして作った拡大ホログラムを可視のレーザー光で再生しますと，高分子を形成している各原子の立体的な配置が，私たちの目の前に再現されるのです．ホログラムを連続撮影すれば，高分子の連続的な動きも見ることができるでしょう．

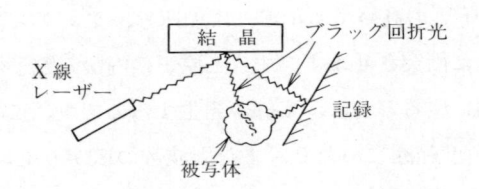

(a) X線レーザーによるホログラムの撮影

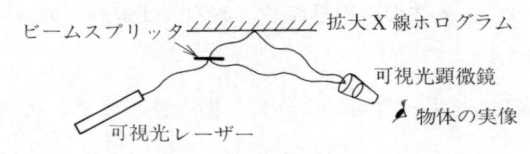

(b) 可視光レーザーによる像の再生

図12.8 X線ホログラフィー

(a) X線レーザーの集積回路製造への利用　　いま，電子工業界では，集積回路の集積度をどこまで上げられるかが，大きな課題となっています．集積回路の微細パターンを基板上に焼きつけるために，現在は，エキシマレーザーの紫外線を光源として用いており，分解能は約 $0.2\,\mu m$（200nm）が限界となっています．波長 10nm のX線レーザーを光源として使用できれば，分解能

で20倍，集積度にして100倍以上も向上できるでしょう。

(b) 軟X線レーザーの成功　このようにすばらしい可能性を秘めたX線レーザーは，実現の一歩手前まできています。X線レーザーを発振させるためには，通常のレーザーと同様に，原子を励起状態に上げ，かつ反転分布を作ることが必要です。励起状態の寿命（励起状態にとどまっている時間）は，波長の3乗に比例して短くなるので，同一の反転分布量を作るために必要な励起パワーは，波長の3乗に反比例して大きくなります。従来の放電励起による方法では，120 nmで発振させることが，短波長の限界でした。ところが，高出力レーザー光を励起に用いることにより，この壁はついに破られました。レーザー光はそのエネルギーを短時間に小さな部分に集中できるので，非常に大きな励起強度を，原子に与えることができるのです。

〈ひとくちメモ〉

X線レーザーの誕生

　1972年にユタ大学のケプロスが，X線レーザーの成功を報告しました。しかし，多くの人はこの結果を信用せず，同一の条件で実験を再現することを試みましたが成功しませんでした。1974年にはパリ大学のジェグルが，軟X線領域での誘導放出による増幅を報告しました。しかし，この結果に対しても詳しい検討が加えられ，増幅が起きていると多数の人が納得するところまではいきませんでした。1984年10月にカリフォルニア大学リバモア研究所のマシューズが，波長20.6，20.9 nmでの誘導放射増幅を発表しました。この発表は，発生X線の時間・空間・スペクトル・エネルギーなどの測定結果，および理論解析との比較を含め非常に完全なものであったので，今度は皆が納得をしました。同時期に，プリンストン大学がやはり18.2 nmでの増幅を報告しましたが，これは実験結果が少なく，ほかの研究所では結果が再現されていません。

　リバモア研究所では，さらに同一の方式で物質を変えて実験を行い，4.2 nmの増幅を観測しました。これが現在実験室で実現された最短波長のX線レーザーです。リバモア研究所ではX線レーザーの励起にレーザー核融合用の非常に大形のレーザーが使用されました。その後Tキューブレーザーの開発により高出力レーザーの小形化が可能となったため，現在ではX線レーザーの研究は通常の実験室規模の装置を用いて行われています。

図 12.9 に示すように，円筒状のレンズを用いて，レーザー光を細い線状に集光します．集光部分に置かれた物質は，レーザー光の照射により電子が解離したプラズマ状態となります．このプラズマ中では，電子がイオンと衝突したり，あるいは再結合をしたりします．このようにしてイオンは励起状態に上げられますが，条件を適当に選ぶと反転分布を作ることができます．プラズマが細長い形状をしていると，その軸方向に放出される光子が，ほかの励起状態のイオンに作用して誘導放出を引き起こし，増幅されます．このようにして，指向性を持った強い X 線放射を得ることができます．

高出力レーザー光を用いて物質を高密度励起することにより，軟 X 線* 領域でのレーザー光が実現されました．誘導放出により得られている，最も短い電磁波の波長は，現在 4.2 nm です．これにはタングステン（W）が使用されました．2.3～4.4 nm の波長域は「水の窓」と呼ばれ，水中に置かれた細胞や遺伝子の構造を生きたままで見ることができます．X 線レーザーのパルス幅はき

―― 〈ひとくちメモ〉 ――

CPA（チャープパルス増幅）法の原理

レーザー光に含まれる波長の違いを利用して，一度パルス幅を伸ばすことにより，ピーク出力を小さくして増幅し，最後に再びパルスを圧縮して，極短パルス幅で高いピーク出力の光を発生させます（図 9 参照）．

図 9　CPA

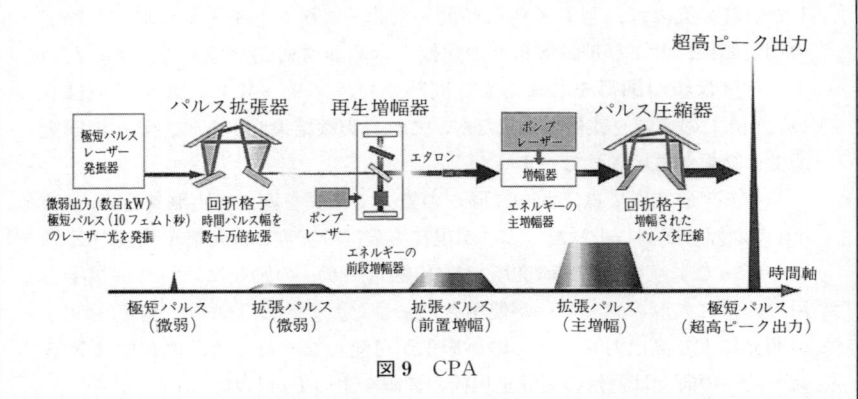

12.4 X線レーザー　　227

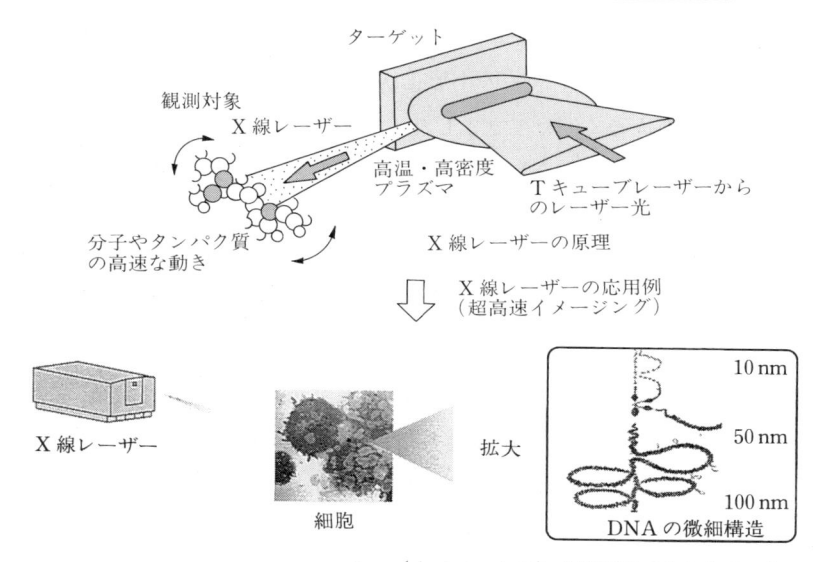

図12.9 高出力レーザー励起によるX線レーザーの発振

めて短いので，これらの生体の動きに影響されない「瞬間撮影」が可能になります．

（c） X線レーザーの実用化　先ほど述べたような夢を実現するには，もう少し歩を進める必要があります．まず，現在実現されている軟X線領域の誘導放射光は，コヒーレントな光ではありません．コヒーレントな光を作るには，レーザー媒質の両端に反射鏡を置いて，少数のモードの電磁波だけを発振させることが必要なのです．軟X線は物質に吸収されやすいので，高い反射率を持つ反射鏡を作ることは困難ですが，軟X線領域で70％以上の反射率を持つ反射鏡が実現されています．コヒーレントな軟X線である高次高調波光を「種光」として増幅することにより，コヒーレントな軟X線レーザー光を得ることができるようになるでしょう．これにより，先ほどの夢を実現するための第1段階が可能となります．

つぎのステップは，さらに短波長化を進め，波長0.1nm程度のX線レーザーを実現することです．これには非常に大きな励起パワーが要りますのでどの

ようにして実現するのか，現在はまだ模索段階です．しかし，Tキューブレーザーにより，超高出力レーザーの小形化が実現されたので，短波長X線レーザーへの見通しが大きく開けてきました．短波長レーザーについては非常に多くの提案があり，先ほど紹介した以外にも，いろいろな方法で実験が行われています．高エネルギーの電子ビームを用いた「自由電子レーザー」もその中の一つです．また，X線の領域よりもさらにエネルギーの高い，γ線レーザー（これはグレーザー*とも呼ばれます）を実現できないかという検討も行われています．

　わが国には，レーザー核融合用に開発された高出力レーザー装置や，研究用のTキューブレーザー，素粒子実験を目的とする高エネルギー電子加速器などがあります．このような装置は，短波長レーザーの開発を進めていくうえでも，非常に有効な道具となるでしょう．

13 レーザートピア

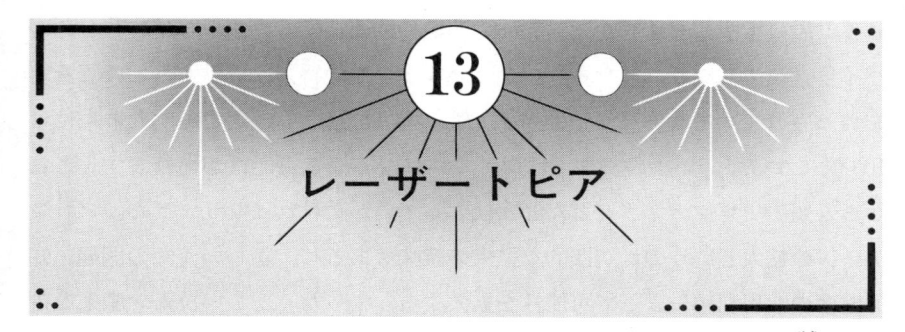

レーザーが20世紀最大の発明として登場してすでに半世紀がたち，堰を切ったようにレーザー産業が開花し始めています。オプトエレクトロニクス産業とも呼ばれるこの市場は，1985年には1兆円，1990年には2兆円，2000年には7兆円台を突破し，主要産業の一つに成長しています。

このレーザーという先端技術に焦点を当て，来たるべきレーザートピアを主題に斯界の第一人者の方々による座談会を開催し，その主張を通して未来を展望してみました。

13.1　ハイテクノロジーとレーザー

A：「レーザーと現代社会」という題目で話していただきたいと思います。まずBさんからレーザートピアを描き，将来像を示していただけませんか。

B：ハイテクノロジーにはいろいろありますが，その中で一番筋のいいテクノロジーというのは代替案のない技術です。いわゆる置換え型でない技術ですね。そうすると，やはりレーザー技術というのはいままでできなかったことを可能にしたということでポテンシャルの非常に高いテクノロジーだと思います。情報処理については戦後からこれまでかれこれ60年近く大変な進歩を遂げたわけですが，情報処理やITは社会に大きなインパクトをもたらしました。

レーザーは在来技術となにが違うかというと，情報処理に加えてパワーもあるし，それから究極的にはエネルギーの創造にもつながるという意味でカバーする領域がたいへん広いといえます。したがって，将来大きな可能性を持って

いると思います。ハイテクノロジーの問題に関連してこれからなぜわれわれがハイテクをやらなければならないかというと人類の将来に貢献するという責務を負わされているからです。世界人口はいま60億ぐらいですが，近未来には100億になって，いまのままでは食べていけなくなる可能性があります。これから人類のフロンティアをどんどん拡大していかなければなりません。フロンティアの拡大というのは空間的な拡大の意味もあるし，新しい資源の開発，知的財産の活用利用によって可能性を拡大する，まったく新しい技術で産業を創成するなどいろいろな意味があります。これらの随所にレーザー技術が利用できる余地があるという意味で非常に重要だと思います。

A：レーザートピアがいかに実現するかということにかかるところでしょう。ところでレーザー技術が初めて日本に上陸したとき，一番最初に活躍した先達という意味で，Cさんの貢献は非常に大きいと思うのです。

C：いろんな人が，20世紀の最大の発明は，レーザーと原子力の平和利用だといってます。ところで，レーザーは原子の性質を使ってレーザー発振させています。すると，いまレーザー核融合というのは，原子力の平和利用のつぎに来るような問題がドッキングしつつある面白い主題だと思います。

　20世紀の最大の発明はレーザーと原子力の平和利用でしょうけれど，もっと近い意味でインパクトを与えた非常に大きな発明として，ICの発明があると思う。ICとレーザーの発明が劇的にたがいに影響しあってずうっと新しい技術の開拓をし，非常に面白い発展をしてきました。未来に向かってもそういうパターンは変わらないと思います。

A：確かにICとかレーザーは，省資源的でハイテクが集約された形という意味で，これは将来に向けて十分適応しているといえます。自動車とか船舶とか大形建造物に資源的な意味で日本に向いているかという意味もあるでしょう。

　新進気鋭のレーザー研究者としてDさんから一言述べてください。

13.2 レーザー応用の開花

D：レーザーも低迷していた時期があったわけで，そういうところから脱却するきっかけになったのは，レーザーの初期に考えてなかったような，例えば光ファイバが登場し，たまたま，同じ1970年に光ファイバの低損失化と半導体レーザーの実用的な室温連続発振とが同時に出て，これでムードが変わりました。

ハイテクノロジーというのはそういうときに生まれるのだと思います。レーザーは確かに先端技術で，1960年からずっと研究開発が続いたわけですが，ある時期に急に応用分野が出てくる，あるいは応用の可能性が見えてくるということがあると思います。

とにかく，光ファイバや半導体レーザーは通信とか情報処理の分野においては非常に大きな影響を与えました。

A：最も目覚ましい発明といわれるレーザーの発明は1960年代，それがハイテクとして産業界に進入するのは1970年代です。それは半導体も同じで，1947年のトランジスタの発明がハイテクに応用されるのはICの発明（1961年）からですね。10年以上たって世の中の実情と合っていくんですね。トランジスタだったらIC，レーザーだったら半導体レーザーだとか光ファイバとか，うまくドッキングしていくことが大切だと思われます。

B：筋のいいハイテクというのは原理原則のところがシンプルでよくわかっているという特長を持っています。工夫をしなければならないのはデバイスをど

う作るかというような技術的なことです。シンプルなものの組合せで，いくらでも応用がきく，だから技術開発の方向も見通しやすいといえます。例えば，マイクロエレクトロニクスはつまるところpn接合だけの組合せですから，あとは基本的には技術の蓄積だけなんですね。

A：イニシエーターとプロモーターという，そういう二つの面があるのかもしれませんね。基本的な発明があって，それがある程度熟成期を経たときに，それにプロモーター的な要素が働き掛けると，突如，急速に伸びます。

D：そういうものもある一方，レーザー応用の中でもレーザー加工はわりと着実に初期から発展してきて，いまでは，かなり成熟したものになっていると思います。

C：レーザー加工は僕も初期にやってきましたが，ルビーレーザーとかガラスレーザーとか制御できない発振ではあまり実用化的な意味がない。制御された発振が出てからサイエンスから技術に変わってきました。

A：レーザー加工機も広い意味で実用化というのは最近だと思います。それの初期はレーザー応用のリーダーのような意味で走っていたでしょうけれど，本格的に産業として成り立つのは80年代に入ってからではないでしょうか。炭酸ガスレーザー加工だとか微細加工という話はどんどん進歩している。

D：加工が一つの産業として成り立つのは80年代に入ってからでしょうね。

B：それがあらゆる意味でマイクロエレクトロニクス技術と関連していますね。それを使ういろいろな応用製品，レーザーロボットなんかも結局はマイクロエレクトロニクス技術を使えるようになってより細かい加工にも応用されるようになり，そのためにロボット自体もより高度な精度が要求されるようになっています。

A：加工機は，レーザーが大切なパーツだけど，それは一部であって，どう制

御するか，どういうふうに使うか，どういうふうにラインにとりつけるかとかというのは制御工学とか精密工学とかの分野なんですね。それらがドッキングしていくというのが最近のハイテクの傾向なんです。

C：日本だと受け入れがうまくいくからわりと技術が進むけれど，レーザーはレーザー屋だけ，半導体は半導体屋だけではなかなかうまくドッキングしません。人件費の問題もあり，技術の国外流出という課題が今後とも大きな影響を持つでしょう。

13.3 日本の技術展開

A：ハイテクノロジーの集合的な技術としての能力は日本は非常に高いと思います。ヨーロッパやアメリカと日本を対立させたとき，次世代を見通した産業展開，総合技術展開はどういう勝負になるんでしょうか。

C：ヨーロッパはそういう相互作用を及ぼしあうというのがわりにへたな国で，個人をものすごく主張する国だと思います。アメリカはヨーロッパとは違って競争至上主義ですね。日本は集団の，まさしく集団の世界でこの改革が問われています。

A：よくいわれたことですが，アイデアはロシアから出て，ヨーロッパでリファインされて実用化がアメリカで行われて，商品化が日本で行われるという。いままではこれでよかったかもしれないけれど，これから先日本の将来を考えるとき，一つの輪のような形にして，オリジナルも日本から出るというような形にしていかなければならないでしょう。

C：いままでは流れの下にいて日本全体はその受け皿のような形になっていました。しかし，段々とレベルが高くなり受けるほうで待ってても来なくなると自分で考えるしかありません。

E：レーザーの場合は，どのようなレーザーが使えるかということで勝負がだいたい決まってしまいます。アメリカではレーザーの開発が進んでいたので，すぐそれを使って新しい研究ができました。日本にはあまり独自のレーザーと

いうのがありませんでしたが最近は随分いいレーザーが生産されるようになりました。

レーザーがどれだけ生きるかというのは，どれだけハイパワーのレーザーが使えるかとか，レーザーをどれぐらい自由に使いこなせるかというのが非常に大きなポイントです。

その辺の開発とか進歩というのは日本で最近随分やられていますので，日本でそういうレーザーを自由に使える状態になるでしょう。そうしたら自然にそれを利用した新しい技術も急速に伸びてきて，相乗的に展開することによりこれからの将来，日本は有利な立場に立てるといいのですが。

A：そういう意味でアメリカのレーザー産業とかレーザー工業の強力な体制は，レーザーだけでなく，その周りの光学部品とか，さらに基礎的なことをいえば，どういう物質がレーザーとして探索されるべきかとか，非常に幅の広い研究が展開されてきて，それがレーザー産業をトップまで押し上げてきたということがあるのですね。

ところが日本では，レーザーはアメリカから買ってきて使うものなんだという，したがって輸入業者を喜ばせるだけというパターンが非常に長く続いてきたので，関連の光学技術，例えば反射鏡とか，それに対する無反射のコーティングの問題とか，レンズの問題とか，あるいは非線形クリスタルの問題とかに，とても手が回らなかった。また，参入人口が残念ながら不足していたということがある。

研究展開を推進するうえで大阪大学のレーザー核融合研究は一つの推進力になったという評価はできます。幸い，そういうものがいくつも出るようになってきた。またオプティカルファイバで減衰率 0.2dB/km のものが日本ででき

るというのも大きなメリットですね．最初にダウコーニング社でマウアーらがやったとき，20 dB/km で驚異的だという話があったのもその後 5～6 年の間に日本がトップというところまで伸びたのはよい傾向でしょう．

D：最近はアメリカのほうが張り切っていますね．いままで日本はファイバで，断然上だったんですが，ここ 1～2 年はアメリカのほうが盛り返してきたようですね．

A：いや最近は IT バブルがはじけてアメリカもたいへんです．日本としても自信を持つべきだと思います．

13.4 創造性とレーザー

C：日本で創造的なものがあまり出ないといわれるが，それがすぐ日本に創造性がないんだという話にはならないと思います．というのは，いまわれわれが関連しているレーザーの発明は戦後，トランジスタの発明も戦後，原子力の発明は戦時中だけど，これら 3 大発明は，すべて第 2 次世界大戦に関連して出た発明なんです．これらの発明を最初に享受できるのは戦勝国であって敗戦国ではないわけで，戦勝国が実を取ってしまった．それを日本がフォローして，発展した．

レーザーの発明も，元はといえばマイクロ波の発振からです．その前はレーダです．それは戦争中ものすごく勝敗を支配した兵器で，アメリカはおそらく人類の歴史でかつてないぐらいの人と金を投入したのです．その結果として出てきたものがトランジスタです．あるいはマイクロ波の検波器として研究していたのがトランジスタとして発展してきた．そして発振器として研究してきたのがレーザーに発展したのです．だから戦時中，第 2 次世界大戦に勝つため，人と物資と金の投入が集中して行われ，その結果がいまの形に出ているのです．日本ではそういうことをやったためしがないわけで，おそらくそれだけの人と金と物質を投入すればあるいは日本でもできるでしょう．科学技術基本計画がこれにあたります．

D：はっきりした目的があれば有用なものは発達すると思います。例えば，レーザーにしても半導体レーザーの場合には，光通信とかコンパクトディスクというような目的がはっきりしたから進歩する。半導体レーザーの生産量がほかのすべてのレーザーの生産量よりも多いというのも，まずコンパクトディスクが出たからなんです。コンパクトディスクは先ほど話が出ましたが，レーザーはその一部なんですけど，そういうものを使って製品を作るということがはっきりしますと，それに使うレーザーの研究は日本で非常に進歩する。光ファイバ通信システムでも，いいシステムを作ろうと思えばそれに必要なレーザー研究は進歩して，たぶん半導体レーザーの水準は日本が一番上だと思うんです。

　それからハイテクの座談会みたいになりますが，ハイテクの姿というのは，いろんな分野に関連していることだといわれています。レーザーが一つのパートであるという話がありましたけど，これからのハイテクは光がどこかにからんでいるという形になる。その意味で光あるいはレーザーにとっての将来というのは明るいと思います。

A：大分結論じみた話が出たんですけれど，最後におっしゃったことはまさにそうだと思いますね。ハイテクには必ず情報の流れ，ITシステム，精密計測とかがついてまわる。レーザーがないと動かないだろうといえると思います。

D：しかもそれが日本のやり方としてマーケットがはっきりすればそこに人もお金もつぎ込んでうまくいけるのではないか，これからもいいものが出てくると思いますが。

A：しかし，最初のほうのポイントは必ずしも僕は同意していないんですね。目的がはっきりしたということは。じつは，もうアイディアがすでにあるということでしょう。われわれがイノベーションを持つことが望まれます。教育改革はまさにそれをやろうというのがイニシエーションだと思うのです。日本人が戦後あげた仕事の長所と欠点をよく判断して今後のコンセプトを考えなければならない。

C：日本はコンセプトを作るのはあまりうまくなくてね。コンセプトを作るときはなにもない状態でいろいろ議論しなければならないんでね。そういうトレ

ーニングがあまりできていないんじゃないかな。

A：それは結局，僕は，人間の余裕だと思うんですね。なにか研究していると，その研究でその人の頭脳が100%いっぱいになっていたら新しい展開はなかなか出てこないんじゃないかと思う。だから研究というのはその人の第1のホビーである。第2のホビーは全然違った領域にあると，その第1のホビーと第2のホビーの間を意識が行ったり来たりしている間にパッと違った展開が出て来るという感じがする。

われわれの周りをみたら，みなさん研究に精進しておられて世界的なレベルにおられるんですが，それではいまいった第2のホビーはと聞くと研究で満杯という。一般的な話ですよ。例えばヨーロッパの人と比べるとそういう点は非常に違う。それがオリジナリティーというか，まったく新しいコンセプトを生み出すことに欠けている点だと思ったりするんですけれど。

かつて英国のインペリアルカレッジのマルコム・ヘインズという先生が阪大のレーザー研に来たんですが，その人がいうにはプラズマ物理は第1のホビーで第2のホビーはパイプオルガンを弾くことだと。そのパイプオルガンを弾くことがほとんどプロフェッショナルのレベルにきているんだよね。日本にいる間にもほとんどその二つの仕事をパラレルにやるという感じだったが。その人の能力からいうと，研究に対する集中度は半分ぐらいです。それでなおかつ世界的なレベルの仕事をしている。われわれがフルタイム研究に没入していてそれで同じレベルだったら分が悪いですね。逆にいうと，目標がはっきりしたときフルタイム集中するから格段によい製品ができるということだが，欠点は目標探求に余力がないということでしょうね。

13.5 研究開発と付加価値

B：フルタイムで働きますからすぐによい製品に目をつけて市場に参入しますね。研究開発でも効率性を重視します。いまのようにかなり技術の先行きが読めるようになりますと，どこもほとんど同じことをやるようになります。たしかに品物を作るという過程だけみれば効率はいいんです。ところが，どこでも同じことをやっているから付加価値があまりつかないんですね。品物は一つなんだけど供給先はいっぱいあって，競争に巻き込まれてしまう。研究開発は物を作るという過程では効率よくみえるんですけど，全体の利益率を考えたら必ずしもあまりよくないことをやっている。人件費が高いからなかなか中国などと価格競争はできないのです。

C：ものすごくハイテクの製品なら，付加価値をたくさんつけてよいわけですが，付加価値があまりない場合は技術移転を受け人件費の安いほうが勝ってしまう。

B：日本は現在不況の中にある。1990年代の生産大国はバブル景気の崩壊のもと，アメリカのITやバイオ技術をベースにしたニューエコノミーに席けんされ苦しんでいます。このままでいくとどうなるか。付加価値の高い技術が求められます。売り値の中で，研究開発費は半分ぐらいとか，そういう製品のことを考えてみなければいけない。いまアメリカの飛行機なんか買わされていますけど，研究開発費が大部分でして，確かに1機100億円といいますけど素材のコストは3割ぐらいで後は全部研究開発費です。やはりそういう製品を作っていかなければ，なかなか研究開発費を投入できないんです。価値観を変えなければいけない。確かに安くて品質のよい製品を提供するという意味では世界に貢献してきたのですけどね。利益が少なく，苦労が多いというパターンを変えていかなければならないと思います。

A：一番そういうのが自動車と半導体なんでしょうね。

B：考えてみたら日本の車はいくら値をつけても300万円ぐらいでしょ。とこ

ろがベンツとかジャガーなんかは，1 000万円とか1 200万円で売れるんですね．要するにユニークさがあるから．そういうのと見比べると日本の車はどの社のも同じです．確かに台数はたくさん作ってるけど．

C：ニコンなんかカメラのメーカーだと思ってるかもしれませんけど，いまじゃカメラじゃなくてステッパーのほうが多いんです．というのはカメラよりもステッパーのほうが利益が大きいんです．ニコンはもうカメラメーカーじゃなくて半導体機器メーカーになっちゃってるんです．

A：それもね，考えようによると，かつて五つの大きな電気メーカーはね，それぞれ2 000億円ぐらいの投資を超LSIのためにやった．これだけ投資して，後どうなるかということはあまり考えてない．たしかにわれもわれもとどんどん応じてハードばかりに力を投入してきた．先端技術はアイディアという時代に，後れをとったことに気がつかなかった．

13.6 21世紀の情報産業

A：日本の産業あるいは科学技術の特徴が浮かび上がったと思うんですけど，話題を変えてつぎのポイントとしてはレーザートピアというのが未来に来るとしたらどういうふうな状態であろうかということを少し空想の翼を広げて予測していただきたいんです．分野としてはレーザー本来の仕事というのは，情報産業に向けたものとエネルギー産業に向けたものと大きく二つに分かれると思います．もう一つ第3にはバイオ，メディカルというのもある．そういうものをどう展開していくかということを，レーザートピアというのは21世紀にどういう状態になっていくかというのをお話ししていただきたい．まず情報産業

を上から見たらどうなっているかというのを専門家として，Dさん，どうでしょうか。

D：光エレクトロニクスも一つのピークになっている。一つは光ファイバ通信ですが，これからますます盛んになって21世紀のわれわれの生活に非常に強く影響するでしょう。

A：もう少し一般の人たちにもわかるように，例えば光ファイバがわれわれの生活に入ったらどうなるのでしょうかね。

D：それは一般の人たちの要求によります。例えばいまの電話は映像を持つものになる，あるいは自宅勤務が比較的容易になるとか，要するに通信できる情報量が画期的に多くなると思うんです。例えば現在の電話は音声ですから，4 kHzとか3 kHzの帯域幅です。各家庭に光ファイバをつけるということがいろいろと考えられていますが，いままでは比較的グレードの低いファイバをつけることが考えられていましたが，最近は比較的グレードの高いものも考えられてきました。コストが下ってきたからでしょうが，そうするとそのときに送れる情報量は電話線に換算すれば何千チャンネルというものになるはずで，それをどういうふうに使うか，インターネットが各家庭に入ってきました。これからは夢の多い人の出番です。

　例えば具体的にあげると，高品位テレビが放送でなくて光ファイバを用いて各家庭に送られる。双方向通信という可能性がありますね。

A：どうですか，郵便物というのはだんだんなくなるでしょうか。はがきを配るということはなくなるでしょうかね。

D：まあ，ずいぶん変わるかもしれませんが，なくなるということはないでしょうね。われわれにとってはインターネットだけでいいと思うんですけど，字を書くのに自信のある人は満足できないかもしれません。

A：たちどころに当人がどこにいるかなんてすぐに検知されてしまうでしょうしね。携帯電話の普及はすごいものがあります。

C：ファックスやEメールで送るから郵便は斜陽でしょう。

B：いまDさんがいわれたデジタル高品位テレビが普及するのに少なくとも

3, 4年はかかりますね。このことはだいたいわかる。家庭まで光ファイバに変わるのは若干時間がかかる。やはり通信とか放送衛星のほうがてっとり早いと思います。共同視聴システムみたいな格好でサテライトにパラボラアンテナがあって，そこから先が光ファイバになるかもしれません。家庭内の情報機器は，おそらくビデオテックスみたいなものやパーソナルコンピュータでしょうね。高品位テレビは単にテレビだけじゃなくて端末にもかなり大きな影響をもたらすと思うんですよ。いまの端末はそれほど見やすくないですからね。パソコンが家庭の端末に入り，手紙は電子メールの形で送り届けられます。21世紀にはドラスチックに時代が変わりましょう。

C：いまの進歩はすごいですからね。

B：これはまちがいなくいくと思います。

D：使うほうの意識がそこまでフォローするかどうかってことが問題で，テクニカルにはそういうことは準備できるでしょうけど。

C：それはわれわれが考えるからで，いまの子供なんかコンピュータゲームに熱中してますね。

B：だからそこらまではだいたい変わっていくと思うんですよ。パソコンはいったんはやりだすと柔軟性がありますから，テレビにもなるしビデオディスクのような光技術を使った端末が入ってくると思いますね。ここらの予測はあんまり間違いはないんじゃないかと思います。

A：まあ，情報産業から見たら現在の延長線上でだいたい想像ができるという状態かな。

D：光ファイバ通信ともう一つは，光ディスクですね。コンパクトディスクと

いうのは，10年前に導入されたものが急激に大きくなって，実用化されています。昔のコンパクトディスクは読むだけですけれども，追記できるものであるとか，あるいはいったん書いたものを消してさらに書き換えることができる，もうそういうディスクやチップが進歩してますから，広く画像情報がとり扱われています。

D：いままでと生産量のオーダが違ってきますからね。

C：大衆消費財だから。動き出すとものすごく速いのです。

D：生活のパターンを変えるかもわからないですよ。

13.7　情報とエネルギー

C：それに比較するとエネルギーの絡んだものは遅いですね。

B：マスがありますからね。

D：情報にしろ，なんにしろ，やっぱりお金がかかる。しかも，それも究極的にいえばエネルギーが絡んでくるだろうと思います。やはりエネルギー問題が21世紀にどうなるかというのは，そういうことも含めて非常に影響を及ぼすのじゃないかと思います。

C：情報なんかは，エネルギーがなくってもいけるわけです。そんなにエネルギーを増やさないでも。JRとNTTの比較をしてみるとよくわかりますが，NTTは情報を売るだけだから同じ人間であれだけ合理化できるんです。ところがJRは人間の体と荷物を運ばなければならないですから，あれだけ合理化して，切符を切ったりする人をなくしてもまだ，採算は厳しいと思いますね。

D：情報とかそういうものに対する要求はそれを使ってなにをするか，なにができるかが問われるのだろうと思いますね。そういう意味でエネルギー問題があるんで，それが解決されないかぎり，IT的なものだけでは駄目なんじゃないかと思いますよ。

B：しかしいまいったように家庭にパソコンが入り，光ディスクなどがどんどん用いられるようになるといまの通信コストは下がると考えていいんじゃない

んですか.

A：Bさんはいまのレベルをそのまま延長して15年先ぐらいのものは想像は十分可能であるといわれる.そこに非常なギャップは出てこないだろうと思いますか.

D：むしろ住宅事情などを考えますと,昔よくいわれましたね,市内に家があるよりは郊外にあるほうが安くて大きな家が買えて自動車も持てると.これが将来はね,郊外に土地を安く買って家を建てて,そしてはやりの情報通信を完備すれば,この前 IEEE のスペクトラム誌に書いてあったハイテクハウスみたいなものが作れる.そのハイテクに要する費用というものは市内の土地を売ったお金でできるでしょう.そういう形も出てくると思います.

B：情報分野の技術進歩は目覚ましいですからね.例えば,LSI メモリでも1Gぐらいまで行くのではないでしょうか.高品位テレビは,相対的な価格の感じからすると,いまのパソコンぐらいになる.インターネットは各家庭に入ります.いまや各人が携帯電話を持っている.

C：20年前だったら電話1本しかなかった.

A：携帯電話を持たないっていうのがこれからハイソサイエティーに属することになるかもわからないよ.

13.8　21世紀のエネルギー

A：エネルギーの話が出ましたが,いま,エネルギーはそんなに不足してないんですね.ただこれがどういう将来の評価になるか,21世紀はそう欠乏した

って状態にはならない。話が出たついでにちょっと議論させてもらうと，一つはレーザー核融合，もう一つはレーザーによる核処理がある。この分野で最初のテーマはレーザーウラン濃縮でした。これは拡散分離法あるいは遠心分離法に対してはるかにコストが低い。例えば拡散分離法に対して遠心分離法は一けた低い。その遠心分離法に対してレーザーはもう一けたコストが低い。ただ現時点では濃縮ウランが余っている。せっかく開発したAVLIS*の技術は目下お蔵入りの状態です。ところでレーザーと電子ビームの相互作用でコンプトンγ線を発生する技術が伸びてきました。これは原子炉の核廃棄物の核変換を行い安全化する技法です。エネルギーに対してのレーザーの寄与というのは，まず核処理という問題を通して出てくる。これはいままでの核廃棄物問題を解決することになると思いますね。そのつぎにレーザー核融合が出現するだろうとわれわれは期待しています。

C：磁気核融合もITER*に向けて着実に動いて来てるんですけれど。

D：新聞に出てましたけどアメリカは，ITERから手を引いたのですか。

A：また復帰するという話もあります。日本・ヨーロッパ・ロシアの協力という形で進んでいます。日本は六ケ所村にITERを誘致する計画です。

C：アメリカは目下のところレーザー核融合に専念するとしている。

A：なんといってもレーザー核融合点火装置（NIF）ができるのは2008年なんですよ。それまでの研究舞台は激光XII号の核融合高速点火計画です。

B：ヨーロッパはフランスのMJレーザーでいくというんじゃないですか。

C：日本の場合は，大形計画がなくて，細々とやるという姿勢です。技術はある程度維持されます。だけどエネルギー問題というのは非常に時間がかかることなんで将来を見据えた見識が求められます。

A：そうです。情報産業のようなわけにはいきません。

B：そうですね。マーケットしだいで急には変わらないんです。なにしろ全体のマスが大きいですから。

13.9 宇宙とレーザー

C：科学技術基本計画で政府は24兆円を5ヶ年でIT，環境，バイオ，ナノ技術などに投入すると決定したもんだから，理研もえらく慌ただしくなっていろいろな会社がどんどんきています。そのもう一つ，アメリカがいま弾道ミサイル防衛構想（MD）とかいっているでしょう。あれがまさしくレーザーになるでしょう。そうすると，Bさんのいう50年先を考えてみると，スペースにはレーザーがものすごく右往左往していることになります。戦争はないと思うのでそうすればエネルギーがいるときは空から使いたいときにぱっとくるというふうになると，これが一番レーザートピアに近いのではないでしょうか。

E：21世紀は宇宙がいまよりもずいぶん身近になっている時代じゃないかと思います。MDというのは軍事絡みですが，もっと平和目的の宇宙利用とレーザーを結びつける方法はずいぶんあるんじゃないかと思います。例えば前から可能性がいわれているものに，レーザーロケットがあります。レーザー光をロケットのおしりに当てて，アブレーションを起こし，それでもって加速すればものすごいスピードが出るというわけなんですが，いずれそういうのができるかもしれません。レーザーによる宇宙デブリの除去とか太陽エネルギーレーザー輸送も考えられる。レーザーじゃないとできないから，面白いと思っているんですけど。

A：レーザーロケットというのは面白い。このほか，エドワード・テラーがいっている，核融合を宇宙船の船尾で起こさせて，その動力で惑星間を飛んでいこうという考えがある。エネルギー的にいってレーザーロケットを生み出すためのレーザーの光発生エネルギーをどこから取るかっていう問題がある。夢物語だけど宇宙空間には1cc当り水素原子が1個ずつある。その水素を集めて融合反応を起こさせてどこまででも飛ぶっていうアイディアで大分，スケールが雄大になってきた。

C：僕が最初にちょっといったのは，トランジスタの発明も，レーザーの発明

も，原子力の開発にしても，全部第2次世界大戦のものすごい集中的な研究ですね。このような総力体制がなかったらレーザーなんていまごろまだ出てなかったかもしれない。だからそういう意味でいまのMDなんていうのも科学技術を進歩させる一つの原動力になるかもしれない。戦争のためのプロジェクトでなくて，戦争を止めるためのプロジェクトであるなら本当に非常に立派な計画だろうと思いますね。ブッシュの代弁をするわけではないけれども。

A：ハイテクっていうのも，もろ刃の剣で平和利用ももちろん可能だけれども使い方によっては，いくらでも軍事利用の面も出てくる。いまはどうしても戦敗国として受けた洗脳がまだ残っているから片面だけを見るということを人々が正当化しているのだと思います。

D：アメリカの雑誌を見てもミリタリーハイテクノロジーとコマーシャルハイテクノロジーという言葉がありますね。軍産技術転換という意識はちゃんとあるんですね。

アメリカでは軍事研究がけん引力となってハイテクノロジーを引っ張ってきた。それに対し，日本では，産業応用がハイテクノロジーを引っ張ってきましたね。

E：確かにいまのMDというのはコマーシャルハイテクノロジーをミリタリーハイテクノコジーのほうに振り向けて，それでアメリカのコマーシャルテクノロジーもプロモートしようという，そういう面が随分あるような計画ですね。

C：ミリタリーハイテクノロジーに取り込まれることばかりを恐れるんじゃなくて，ミリタリーハイテクノロジーをコマーシャルのほうへ取り込むということを考えていかないといけない。ミリタリーハイテクノロジーの中には民生用に使えるものが多数あります。インターネットはまさにそれでしょう。

13.10 技術開発のけん引力

A：まあ MD の話というのは議論すればいろいろあるでしょうけど，アメリカでも MD というのは可能だっていう人と，とてもそういうのは実現不可能だというサイエンティストとがいます。だからまったく評価っていうのは二つに分かれているって感じがするんです。でもブッシュ大統領にはそういうアドバルーンを上げる超大国意識があります。

　いまの C さんの話じゃないけど，戦争があって技術が伸びたという。平和の時代にどうやって技術を伸ばすかっていうことが問われます。マーケット主導のみではもう一つでしょう。日本は 90 年代のブームが去って再びアメリカ一人勝ちでしょうかね。日本は平和国家ですからアメリカの尻馬に乗らず独自にハイテクを推進するための政策はいかにあるべきか。レーザートピアを目指そうとすれば，そういうポリシーが必要です。自然発生的にそういう発展が急に出てくるわけじゃないと思うんです。日本としてハイテクを構成するための政策が，科学技術基本法として打ち出されています。

　いままではどちらかというと商業ベースでそろばん勘定にのるものについて発展が大きかった。いわば産業界にお任せという線できた。それをお手伝いするという感じで政府のプロジェクトがありましたが，21 世紀のハイテクノロジーをいかに伸ばすべきかについての新方策が出されました。急に変われるかどうか。いままでどうみても水の流れに任せて進んでいくというのが日本のポリシーであったような気がするんです。今度の科学技術基本計画を皆さんどう

いうふうに考えておられますか。

C：戦争によって技術がジャンプしてきたのを平時でもジャンプするような案を出さなくてはならないわけです。第1の方法は関連する分野をコストに関係なしにすべて埋めるというやり方です。問題があるときには全部洗うという考えです。もう一つは，そういうものとは関係なしにいろいろな分野で考えられる極限をつついていこうという発想です。いま日本はどっちかというと極限をつつくというほうです。それがIT，バイオ，環境，ナノテク材料という今度の重点分野です。いろんな分野があってそれをシステマティックに埋めてその中からいいものを選ぶという，そういうアプローチが下手なんですね。

A：なにか社会にパッと訴えるようなキャッチフレーズっていう感じで，もっと科学技術の基本に立つことが望まれます。

C：行政の縦割をなくすようにし，その上にリーダーがあるような組織にしないといかんね。省庁からずうっと登って行くんでは，文科省は文科省，経産省は経産省だけでやっていたから限りがあります。かつてサンシャイン計画で通産省がああいう行政をやっても往生しているところがたくさんあるわけですね。

A：そういう見方をしたら総合科学技術会議の企画と立案は国の浮沈をかけた重要施策にする必要がある。

C：国の政策をポンと全体にかぶせられるっていうのはアメリカのシステムのまねでね。日本では，なかなか全体の省庁にかぶさらない。この前の科学技術会議がよい例で，中曽根さんが委員長でよい案を出していっても，各省庁は皆それを自分の省に関係あるところだけちょっと持ってきて使うわけです。全体をまとめて評価する手法がまったくないのです。

　世界に奉仕する日本とか，世界の機関車とか，そういう理想があるわね。でも特化した分野で世界のリーダーという気概が求められる。

A：なんかそういう含蓄のあるやつを一つ考えておかないといけないね。イニシアチブっていうのはやっぱり主張とか提案とかという意味だからね。かつての日米の核融合の共同作業は福田イニシアチブっていうものね。なにかそうい

う新しいイニシアチブが求められるんだ。

　ところで国際宇宙基地はどうもやっぱり夢をつかむような話で目的がはっきりしないような感じだけれども，産業界っていうのはそれで予算がつくんだからあんまりつべこべいわずに賛成賛成っていうんだろうね。その科学的価値というのはちょっと割引して考える必要があるんじゃないかな。

　一方，国産の H-2 ロケットとかレーザー核融合とかは国のポテンシャルの尺度になると思う。終わりに一言，日本はいまやマーケット指向の技術開発に引きずられ，経済第一主義に流れているが基礎研究の重要性を忘れたくないですね。

13.11　21世紀を迎えて

A：日本の21世紀における地位という話に話題が移ってきたわけですけれども，どういう国づくりといいますかどんなパターンでやっていくか，さらにレーザートピアを目指すとすればどういう方式があるとお考えでしょうか。

D：MDが戦争ってものに関係するならやっぱり日本は平和と関係した一大プロジェクトを作らないといけない。そのようなプロジェクトの可能性はいろいろあるでしょうが，われわれが21世紀になにを期待するかが，まず大切でしょう。

A：日本の将来の姿勢はむずかしいですね。右肩上がりの時代が過ぎ，人口が減少しつつもなお能力のある1億の国民を持つ先進国としてアジアの一角でいかに生きるか，そうかといってこれだけ資源のない国だから石油をちゃんと輸入するぶんだけの元資がいる。どのくらい石油を輸入しているかというと年間10兆円ぐらいかな。国家予算が80兆円，それに財政投融資が30兆円ぐらいです。石油代金を賄うだけの輸出は当然しなきゃならない。なお石油を確保するという日本の立場は，今後もいまの延長線上にあるかどうかむずかしいですね。10兆円の1％，1000億円ぐらい毎年エネルギー開発に投入できないでしょうか。10兆円輸入している石油に上乗せ税金1％かけるとしたら1000億，

それで石油に代わるようなエネルギー開発に毎年1000億ずつつぎ込んだら，今世紀中に達成できるでしょう。

　原子力研究所のJT-60はとにかく10年間で2000億だからね。だから毎年それだけやったらすごいでしょうね。それはおそらくハイテクの推進力にはなるだろうし，でもそういう話をうちの総長にしたら，「君そんなことをいってもだめだ。それは公共投資のいくらかを科学研究に回せというのと同じことだよ。」といわれた。「ああそれはいい案だ」ぐらいいってくれるかと思ったのに。でも国は未来の構想を考え，石油のある間に将来の補償を手当てすることは合理的だと思うんだけどね。いま日本の国の研究費は3.5兆円ないんじゃないかな，民間の1/4ぐらい。せめて半分ぐらいほしいね。民間の研究は結局は生産につながるような研究のみということになる。

E：やっぱり国としての未来指向がないからでしょうね。

A：民間の活力にのみ頼るというのは科学技術立国として情けないと思いますね。基礎研究は大学，応用は企業という分担が大切でしょう。

B：日本の国全体の研究費はだいたい全部で16兆円です。民間が12.6兆円ぐらいですね。だから国の予算が3.5兆円です。

A：それを倍くらいにしないといけないね。

B：日本の大学での科学研究は国立大学が主体で，しかも国立大学が99ありますからいまのようなシステムだったら，予算をいくら増やしても全体では薄められてしまって効果はないといわれる。

A：そういう見方もされるんだよね。国立大学を行政独立法人にする計画が進んでいる。大学も長らく護送船団方式で相互競争が見られなかった。学生も入

学試験を通ることで向学心を消耗してしまう。多くの学生が全然勉強しない。教える先生のほうがもう逆にまいっているというような言い方もされている。

だから活性化を持たせるために危機感を持たせなきゃいけない。国立大学だからつぶれることはないと思うから駄目なんで特殊法人か私立大学みたいに学校法人にしちゃえとなってきた。

B：いま小さな政府ということがいわれていますね。国立大学のかなりのものを地方政府に任せることも考えられます。そして画一的でなく，独自の行き方を考えればもっと活力が出てくると思います。できるだけ文科省のコントロールを外してね。大学の経費も直接地方財源から賄うように税金の流れも変える必要があると思います。

A：文部省も小学校から大学まで研究機関も抱え大変だ。だから国際学術局と科学技術庁と工業技術院を合体して科学研究省かなんか作ればいい，といってたら21世紀になって省庁統合でそうなってきた。

文科省の予算は6兆円ある。そうするとその中で研究もやったらいいじゃないかとこういわれるが。あにはからんや，小学校の先生の給料の半分を補助するとかなんとかいろいろある。それが4兆円以上かかる。残ったあとわずかな分を研究費にあてるわけ，新しい立案なんか入れる余地がない。そこで固定経費を削り，競争的研究費が登場してきた。

B：私は地方の大学をなくすというのはまずいと思うんですよ。ますます中央に集中する。やっぱり地方の大学を育てるようにしないといけない。まあアメリカのように州立大学に国が関与するとしても大部分は地方自治体で賄う地方の時代へ転換し，財源も国から地方へ移すことを考えるべきです。

D：地方に任すと大学みたいなところになかなかお金を回さないんじゃないですか。

B：それは逆だと思います。大学のシステムがそのように変わってしまうと，その地域が発展するかどうかはアメリカのように大学の良し悪しで決まってしまいますからね。

D：例えば同じ都市にある国立大学と公立大学とを比べてみた場合に公立がう

まくいっているとは思えない。選挙とかいろいろなことがあって金を十分使えないような状況じゃないんでしょうか。

B：そうじゃないと思います。公立大学のいままでの発想は独自のことをやるというよりはむしろ国立大学と同じことをやろうとしている。もっとフレキシブルに国立大学では文科省のコントロールのためにやりにくいことがあったら、それが公立大学ではできるようにすることです。

D：いやいやそういうことじゃなくて，地方自治体というのは選挙とかそういうものに左右されて大学に対してそれほどお金を使わなくなるんじゃないか，だから大学自身が非常にやりにくくなるんじゃないかと思う。

B：そうなると長い目で見るとその地方は没落ということになります。

A：そういうようなポジションに置かれるものもあるだろうし，地方をおおいに盛り上げようといって特徴を出してくる。そういう可能性もあるね。首長しだいだと思う。さっきの話に戻るけど，国立大学を全部独立法人にして，独自の財政でやるようにすれば，大学は自分でなんとかしなけりゃだめだということで活性化する。うまく行くか，どんなものかね。

B：アメリカではかなりの州が州立大学を強力にバックアップしています。カリフォルニア州でもカリフォルニア大学に相当つぎ込んでいます。そうしないとハイテクで生きていけないですから。

A：確かに小さな政府っていう形にすれば，意外に地方機関というのはオリジナリティを出すチャンスが生まれますね。いまは小学校だって教育指導要項でなにからなにまで完全にコントロールされているから，教師が創意を出せない。指導書から外れると，なぜ外れたかっていって教育委員会からチェックを受ける。

E：確かに大学とか国研の研究をもっと活性化するというのはやはり21世紀において大切なポイントだという感じがします。企業の人はずいぶんやってきたと思うんですが，国立の場合はなかなかそうはいかなくて，親方日の丸という感じが強かった。自己責任で必死になって研究をやるようになったら日本の研究水準が向上する。ただし競争的研究費のソースは色々複雑です。特にその配

分と評価が結びついていないのが問題です。

B：長い目で見ると，国鉄も株式会社にしたからほかの交通機関とサービスの競争が出てきました。教育システムについても同じようなことがいえるのではないでしょうか。これからできるだけデレギュレーションの方向へ進むべきです。小中学校のゆとり教育も問題だが，高等教育についてはかなりそういうことが必要になっています。

A：そうすると21世紀ユートピアに向けてはやはり人材教育が根本である。

全員：まあそうです。最後はそうですよね。

A：いまのやり方では結局は未来へ通じない。いまのままの教育体制では新しい日本は支えられない。これまでが悪かったっていうんじゃなくて，世の中が変わって大学のあり方にも転機が来ているということです。国鉄だってかつては非常にうまくやってきたわけです。ところがモータリゼーションが普及して代替交通機関が現れ，競争能力がなくなり，JRに転換した。電電公社もNTTとなった。やっぱりシステムは生き物ですから，時代時代に合わせて変わっていかなければならないんです。レーザートピアを追究するにはスピリットを持った人材をいかに養成するかということが重要であるという結論となりました。どうも貴重なお時間をありがとうございました。

語 句 説 明

本書で用いられている語句〔＊ をつけたもの〕を五十音順にならべて解説しています。

AVLIS

AVLIS は atomic vapor laser isotope separation の略である。原子蒸気中にレーザー光を照射し，原子の光電離を利用して，特定の同位体だけを選択的に励起し，生成したイオンを電気的に回収して，濃縮した同位体を得る技術である。遠心分離に代わる手法としてウランの同位体分離に適用する研究が進められた。

ITER

ITER は International Thermonuclear Experimental Reactor の略で，国際熱核融合実験炉の意味である。ITER 計画は，人類初の核融合実験炉を実現しようとする超大形国際プロジェクトで，この計画は，2013 年ころの完成を目指し，ヨーロッパ・日本・ロシアの三極により進められている。設計に基づく技術開発は各極が分担して行い，設計は国際共同中央チームが中心になって行った。ITER 計画の目標は，50 万 kW の核融合出力を長時間にわたって実現し，核融合エネルギーが科学・技術的に実現可能であることを実証することである。ITER は，将来の発電炉に不可欠な主要な技術をすべて含んでいる，したがって，この装置を安全に信頼性高く運転することで，将来の発電炉の技術的見通しを得ることができるといわれている。日本は青森の六ケ所村を候補地として提案している。

アレニウスの式 (Arrhenius equation)

$$k \propto \exp(-E_a/RT)$$

化学反応の速度定数 k と温度との関係について S. A. アレニウスが 1889 年に提出した式で，R は気体定数，T は絶対温度，E_a は活性化エネルギーである。

異性化反応 (isomerization)

分子式が同じで構造が異なる化合物（異性体）の間の転換を引き起こす化学反応。

位相共役 (phase conjugation)

ある伝搬光に対して，波面が同じで進行方向のみが逆向きになった光との関係を指す言葉。位相共役光は，四光波混合や誘導ブリユアン散乱などで波面を形成し発生させる。

$E \times B$ ドリフト ($E \times B$ drift)

電磁界中に置かれた荷電粒子は電界 E の方向に力を受ける。ところが同時

に磁界 B がかかっていると荷電粒子は電界 E と磁界 B の両方に直角な $E \times B$ の方向に平均として移動する。これを $E \times B$ ドリフトという。

ウォークオフ角 (walk off angle)

非線形光学結晶の複屈折を利用して波長変換を行う場合，相互作用する光の間に生じる伝搬方向の"ずれ"の角を指す。変換効率，ビームパターン品質の低下を引き起こす。複屈折が大きい結晶ほど大きな角度を生じる。

宇宙デブリ (space debris)

人類の宇宙開発に伴い発生してしまった宇宙のごみ，打上げロケットや人工衛星の破片などである。これらは宇宙活動にとって危険であり，除去が急務となっている。

エキシマレーザー (excimer laser)

アルゴン (Ar)，クリプトン (Kr) などの希ガスは化学的に安定で，ほかの原子と結合することはない。しかし，ポンピングによりエネルギーを与えるとほかの原子と結合して ArF*，Kr_2* のような分子を形成する。この分子はエキシマと呼ばれ，励起状態でのみ存在することができる。* は励起状態を表す。分子の結合は弱く，励起状態から光を放出して基底状態へ遷移するとすぐ解離してしまう。エキシマから発生するレーザーをエキシマレーザーといい，紫外域で発振するレーザーとして重要である。

NQW (QW) 設計

一般に反射増加膜は，膜厚 $\lambda/4$ (λ: レーザー光の波長) の高屈折率蒸着物質と低屈折率物質を交互に蒸着し，所定の反射率を得る。このように $\lambda/4$ 構成で設計された蒸着膜を QW (quarter wave) 設計という。

大出力レーザーで蒸着膜の高耐力化を図るために数層だけ QW 設計からずらしたものを NQW (non quarter wave) 設計という。

MO (光磁気) ディスク

コンピュータにおいて，ばく大な量のデータを記憶するのに用いられるもので，円板 (ディスクと呼ばれる) に磁気の状態で貯蔵するようにしたものである。オーディオのテープをレコード盤に貼りつけたようなものと考えればよい。

開口数 (numerical aperture)

光学系の明るさや分解能を表す量の一つで，略号は NA。通常のレンズの場合では，光軸上の物点がレンズ半径に対して張る角 α の正弦 $\sin \alpha$ をいう。写真レンズでいえば，F ナンバ (=焦点距離/直径) の逆数の $1/2$ にほぼ等しい。

回折効果 (diffraction effect)

光の進行路中に置かれた遮光物体の影の部分に光が回り込む現象を回折効果という。光をある開口板で制限すると透過後の光のパターンに回折じまが発生し，強度分布が一様でなくなる。

化学量論 (stoichiometry)

多くの無機化合物は，簡単な整数比率の成分元素からなり，成分元素の質量の割合はつねに一定であるという定比例の

法則に従う。定比例の法則に従う化合物を化学量論化合物という。例えば，水に含まれる成分元素の水素と酸素の質量比は約1:8で，製法や出所来歴によらず一定である。しかし，格子欠陥や2種以上の原子価を持つ元素の存在のもとでは，化合物の成分元素の割合が簡単な整数比にならない場合がある。

核巨大共鳴（giant resonance）
原子核の高い励起エネルギー（10～30 MeV）領域に現れる原子核全体の集団振動状態で，共鳴の幅は数MeV程度である。

核融合炉（fusion reactor）
核融合反応が起こっているプラズマを閉じ込め，そこからのいろいろな放射線を外界から遮蔽し，放射線のエネルギーを熱エネルギーや電気エネルギーに変換して取り出す容器およびその付属装置のことである。レーザー核融合炉や，トカマク核融合炉など，取り扱うプラズマの特性に応じて特色のある炉が設計されている。

カットオフ波長（cut-off wavelength）
光が透過しなくなる波長で，通常透過率が50%になる波長を表す。

ギガビット
ビット（bit：binary digitの略）とは，コンピューターや通信システム上で扱われる情報の最小単位のことで，2進数の一けたを表し，1ビットは0か1のどちらかで2種類の情報を表す。これを組み合わせることで膨大な量の情報をすべてビット単位で表すことができる。また，ギガ（giga）は10^9（10億）を意味し，例えば1ギガビット/秒は1秒間に10^9ビットの情報を伝送する速度を意味する。この伝送速度は，電話回線が5キロビット/秒程度であることを考えると，きわめて高速であることがわかる。

寄生発振（parasitic oscillation）
増幅媒質中で，自然放出光が増幅されて発振する現象をいう。寄生発振が生じると，増幅率が大幅に減少する。

キロジュール，テラワット（kJ, TW）
エネルギーの単位を日常生活で経験する量で示すと，1J（ジュール）とはマッチ棒1本の熱エネルギー程度，1kJとはライフル弾1発分の運動エネルギー程度である。

禁制帯（バンドギャップ）
原子が配列して格子を形成すると各原子の電子準位が共鳴状態になる。そのため，あるエネルギーの電子は自由に通過できる伝導帯があり，一方電子が存在できない禁制帯が存在する。

近接場（near field optics）
例えば，直径が波長よりも小さな開口からは光波は放射せず，開口の近傍（ニアフィールド）のみに存在するエバネセント波と呼ばれる場になる。このような場を近接場と呼び，これを扱う光学を近接場光学という。

クライオジェニックターゲット (cryogenic target)

重水素 (D) と三重水素 (T) のガスを封入したターゲットに対し，液体ヘリウムで D-T ガスを冷却し，ペレット内面の固化した層にしたものをクライオジェニックターゲットと呼ぶ。ガスターゲットに比べて，圧縮時の燃料温度を低くすることができ，より高密度の圧縮が可能である。

クリーン度クラス

1立方フィート中に $0.5\,\mu m$ 以上のゴミが100個以下の場合，クラス100という。普通の屋内のクリーン度はクラス100万〜500万程度である。

グレーザー

γ線レーザー (gamma ray laser) をグレーザーと呼ぶことがある。γ線は通常波長が $0.1\,nm$ 以下の電磁波を総称し，エネルギーは MeV 単位で表される。原子核励起状態の中で寿命が非常に長いもの (アイソマー，核異性体と呼ぶ) を用いれば，十分大きな反転分布が得られると予測され，その実現可能性が検討されている。

KDP 結晶 (KDP crystal)

化学式は KH_2PO_4 である。リン酸第一カリウムといい，KDP と略称する。K_2CO_3 水溶液にリン酸を加えて濃縮すると得られる。204°C で脱水が始まり，258°C で強い吸熱反応によって KPO_3 になる。K を NH_4 で置き換えたリン酸二水素アンモニウム (略称 ADP) とともに，圧電素子，電気光学素子として，また，非線形特性を利用して，レーザーの光高調波発生に用いられる。肥料にも用いられ，無毒である。

光学的シャッタ (optical shutter)

光学的シャッタとは，光の透過率の時間的制御を光学的に行うもので従来の機械的シャッタに対比される。通常，光の偏光方向の制御素子と特定の偏光方向の光のみを通過させうる偏光板を組み合わせて作られる。機械的なものに比べ，動作速度がきわめて早く 10 億分の 1 秒以下で開閉可能である。

コヒーレンス (干渉性) (coherence)

たがいに干渉することができる光波の性質。一つの光源からの二つの波の到達時間に差のある場合の時間コヒーレンスを問題にする場合と，有限の広がりを持つ光源についての空間コヒーレンスを問題にする場合がある。

コロナ (corona)

太陽表面のはるか上空 (高度が太陽半径以上にも達する) に存在する希薄で高温のプラズマをコロナと呼ぶ。日食のときには，肉眼でも観測することができる。

色素レーザー (dye laser)

一般に衣類や食料品を着色するのに有機色素 (染料) が使われている。これらの有機色素は光を当てると，普通蛍光を発する。したがって，有機色素も立派なレーザー材料となる。普通，有機色素をアルコールなどの有機溶剤に溶かして，液状で使われるので，液体レーザーとも

呼ばれる。特長は，有機色素の持つ広い蛍光スペクトルの全体にわたって，発振光を同調できることである。したがって，和周波光や差周波光の発生で少なくとも一方のレーザーが色素レーザーであれば，和周波光や差唐波光も波長可変にできる。色素レーザーの代表的なものには，波長 600 nm 付近で発振するローダミン 6G レーザーがある。

自然放出光（spontaneous emission）

レーザー媒質中に蓄えられたエネルギーが，外部からの入力光に無関係に，光として放出されてしまうことをいう。

自由エネルギー（free energy）

系のエネルギーを E，エントロピーを S，絶対温度を T とするとき，ギブスの自由エネルギー F は，$F=E-TS$ で与えられる。低温では，物体は規則正しい構造を持った固体になり，秩序化・安定化を目指しエネルギー最小化の傾向をとる。一方，多数の粒子からなり多数の自由度を有する系では温度が上がるにつれ，無秩序化・自由化が支配的となり，ランダムな状態へ移行しエントロピーは最大化の傾向をとる。これら二つの相反する傾向を最大限に満足するために，系は自由エネルギーが最少になるような状態へ収束する。

自由電子レーザー（free electron laser）

通常のレーザーは，イオンに束縛された電子のエネルギー状態，あるいは分子振動のエネルギーを利用している。これに対し，自由に空間を飛び回る電子ビームのエネルギーを用いたレーザーとして，このような名前がつけられている。

周波数の国際標準
（international frequency standard）

従来，メートルは ^{86}Kr ランプの波長で定義されていた。しかし，スペクトル広がりのため，その波長には $\pm(3～4)\times 10^{-9}$ の不確かさがあった。一方，レーザーの発振周波数は，CH_4 の振動回転遷移で安定化した $3.39\mu m$ He-Ne レーザーの場合 0.44×10^{-10}，可視光においても $2～4\times 10^{-10}$ と，非常に高い精度で測定されるようになった。光の速度は，光の波長と周波数の積で与えられるが，波長標準の不確かさにより，この基本定数を厳密に定義できなくなってきた。このため，1983 年 10 月の第 17 回国際度量衡総会で，メートルを光の速度により定義することが決まった。この結果，「メートルは，1 秒の 299 792 458 分の 1 の時間に光が真空中を伝わる行程の長さとする」と定義され，従来の ^{86}Kr のスペクトル線による定義は廃止された。また同時に，レーザー光を用いた分子遷移の周波数および波長が，CH_4 および $^{127}I_2$ の五つの遷移に対して標準値として定義された。

スプレー洗浄（spray cleaning）

容積が約 30 l の高圧タンクにフレオンまたは超純水を満たし，これを約 70 気圧のクリーンな窒素ガスで加圧し，直径 1.3 mm のノズルから洗浄液を噴出させて洗浄する方法。金属類に付着したダストを 1/1 000 以下に減少させることができる。

セルマイヤー方程式
（Sellmeier's dispersion formula）

光学材料の屈折率波長分散を表現した近似式。特に，光学部品の設計や，非線形光学結晶の波長変換を行う場合に必要となる。

先行加熱 （preheating）

熱伝導，ふく射熱とか衝撃波などにより，ペレット内部が圧縮される前に加熱されることをいう。先行加熱が大きいと圧縮することが困難となるため，レーザー強度を制限したり，断熱層を設けたりして先行加熱を防ぐ。

相対論的質量係数
（relativistic mass factor）

相対論によれば，運動する粒子の質量 m は速度とともに増加し，速度を v，静止質量を m_0 とすれば，$m = m_0/(1-\beta^2)^{1/2}$ となる。ここで，$\beta = 1 - v^2 c^2$，c は光速である。$1/(1-\beta^2)^{1/2}$ を γ で表し，相対論的質量係数と呼ぶ。電子の場合，そのエネルギーを E_b〔MeV〕とすると，$\gamma = 1 + E_b/0.511$ で与えられる。これは，電子の静止質量 (0.511 MeV) を単位とする電子エネルギーともみなせる。

ダストカウント

スプレー法によって約 10 気圧の窒素ガスで加速したフレオンを洗浄物表面に噴射し，表面から流出するフレオンを採取してダストの寸法と数を光学顕微鏡で数える。

単結晶 （single crystal）

内部のすべての微少部分が全体にわたり特定の結晶軸を共通に持っているような物体。つねに規則正しい外形を持つのが特徴。

中性子線 （neutron radiation）

原子核を構成する基本粒子に陽子と中性子がある。重水素と三重水素が核融合を起こしたとき，α 粒子（ヘリウム原子）と同時にはだかの中性子が発生する。その中性子の流れを中性子線と呼び，核融合エネルギーの約 4/5 を運ぶ。

対創成 （pair creation）

高エネルギー光子と原子核ポテンシャルとの相互作用により，電子，陽電子の対が真空より生成される。

テラワット （TW）

単位時間当りのエネルギー量を表す単位は W（ワット）である。短パルスレーザーでは，わずかなエネルギーでも極短時間に放出することができ，膨大なパワーを実現できる。10 TW（テラワット = 1 兆ワット）のパワーは全世界中の発電電力に匹敵する。

電位障壁 （potential barrier）

電子をキャリヤとする n 形半導体と正孔をキャリヤとする p 形半導体を接合すると，接合面で拡散が起こり，電子と正孔が引き合い，キャリヤのない空乏層ができる。この空乏層は，両側から電子と正孔が行き来するのを防ぐ壁となってしまう。このとき，各半導体の間には電位を生じていることになり，この壁を電位障壁という。

260　　語　句　説　明

電気光学結晶
(electro-optic crystal)
　電界を印加したときに複屈折を生じるような結晶。誘起される屈折率変化が電界の1乗に比例する場合は「ポッケルス効果」を持つといい，2乗に比例する場合は「カー効果」を持つという。

電子蓄積リング
(electron storage ring)
　電子の運動経路を磁界を使って回転させ，リング状に閉じ込める装置。これに小電流の電子ビームを入射して蓄えることができる。この原理からこのような名前がつけられている。

電子ビーム制御炭酸ガスレーザー
　電子ビームにより励起放電を均一，安定になるよう制御する炭酸ガスレーザー。大容量，高気圧媒質中でもきわめて安定な放電が得られ，また励起効率の高いレーザーである。

d_{36}
　2次の非線形光学効果の中で，光-光相互作用の大きさを表現した非線形光学定数のテンソル成分の一つ。誘電主軸 xy 面内の電場成分の2乗と，z 軸方向電場との相互作用の大きさを表す。

等ポテンシャル面
(equi-potential surface)
　平行平板に電圧を印加すると電界は平板に垂直となり，平板に平行に電位の等しい面が想定できる。これを等電位面，あるいは等ポテンシャル面という。

トランス・シス型（trans-, cis-）
　炭素-炭素2重結合の両側に結合する2個ずつの原子または原子団がそれぞれ同一でない場合に存在する**付図1**(a)，(b)のような分子をたがいに幾何異性体といい，図(a)をシス型，図(b)をトランス型分子という。

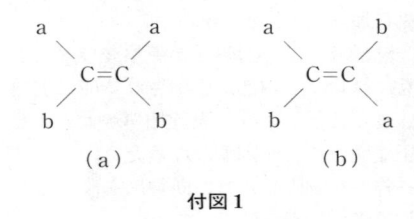

```
    a       a           a       b
     \     /             \     /
      C = C               C = C
     /     \             /     \
    b       b           b       a
      (a)                 (b)
```
付図1

ナノメータ（nm）
　国際単位系（SI）の規定は基準量の 10^n 倍に対して**付表1**の呼び方をするよう定めている。例えば1nmは1mの 10^{-9} であり，10Åに当たる。

付表1　SI 接頭語

倍数	接頭語	記号	倍数	接頭語	記号
10^{18}	エクサ	E	10^{-1}	デシ	d
10^{15}	ペタ	P	10^{-2}	センチ	c
10^{12}	テラ	T	10^{-3}	ミリ	m
10^{9}	ギガ	G	10^{-6}	マイクロ	μ
10^{6}	メガ	M	10^{-9}	ナノ	n
10^{3}	キロ	k	10^{-12}	ピコ	p
10^{2}	ヘクト	h	10^{-15}	フェムト	f
10^{1}	デカ	da	10^{-18}	アト	a

軟 X 線（soft X-rays）
　波長が200nm〜0.2nmの光は空気によって強く吸収されるので光路を真空にする必要があり，「真空紫外線（VUV）」と呼ばれる。また VUV に対して最も透明な LiF でも透過限界が105nm なので，100〜0.2nm の光を「極端

紫外線（EUV）」と呼ぶ。さらに，約30 nm以下の光は「軟X線」と呼ばれるが，EUVと重なっているので略してXUVと呼ぶこともある。0.2〜0.001 nmの電磁波は透過力が強いので「硬X線」あるいは単に「X線」と呼ばれる。

ニオブ酸リチウム（Lithium Niobate）

化学記号は$LiNbO_3$で強誘電体物質。単結晶は溶融法で作られる。大形の製作は困難であるが，小形のものはレーザー光の2倍高調波発生，パラメトリック発振などによく用いられる。

2重ヘテロ接合（ダブルヘテロ接合）(double heterojunction)

異なる半導体を急峻な組成変化を示す界面によって接合したものをヘテロ接合という。レーザー増幅を行う活性層をp形とn形のクラッド層ではさみ込んだ構造では，ヘテロ接合を二つ有するためダブルヘテロ接合と呼ぶ。

波面収差（wave aberration）

光（電磁波）の進行面（等位相面）の球面からの偏差。

反射防止膜（antireflection coating）

ガラスの屈折率を$n=1.5$とすると，垂直入射に対して1面当り4％の反射損失が生じる。そこでガラス表面上に屈折率がガラスより低い膜厚$\lambda/4$（λ：光の波長）の薄膜をつけると反射が減少する。一般に，反射損失を1％以下とするには高屈折率と低屈折率物質を2層以上つける。

非球面加工研磨（aspherical polishing）

幾何光学的に考えても球面のレンズでは近軸光線しか正しく集光されない。大口径レンズで周辺部に入射する光まで極限的小ささに集光するには，計算機解析による球面からずれた研磨（これを非球面研磨という）が必要となる。大形の非球面研磨技術は先端技術の一つである。

ビット（bit）

一番簡単な情報は，ある事象が起こったか，起こらなかったか，つまり1か0を伝達してもらうことである。これは情報の最小単位として用いられ，現在のコンピュータはすべての情報をビットに分解して処理している。

ファブリペロー共振器 (Fabry-Pérot resonator)

二つの平面鏡を正対させその間に反転分布物質を入れると，その間隔がLのとき光の振動数$f=(c/2L)n$（nは整数）の定常波が発生する。

ファラデー回転素子 (Faraday rotator)

ある種の透明物質は磁界中に置かれると，そこを通過する光の偏光面を回転する旋光性がある。これをファラデー効果と呼ぶ。回転方向は磁界の向きにより決まるので，光の進行方向に磁界をかけておくと，逆進光に対しては逆回転（正進光と同方向）の偏光回転が与えられ，偏光板との組合せにより，一方向のみ通過可能な光学系を組むことができる。

語句説明

フォトリソグラフィー (photolithography)

ICやLSIなどの工程に使われている技術。写真技術を応用して、非常に微細なパターンを被加工物上に塗付された感光性材料に投影露光し、現像によって感光性材料の微細なパターンを得、これを保護膜として、エッチング工程で、被加工物上に微細なパターンを加工する。

フォトレジスト (photoresist)

接着剤として用いられる高分子化合物（プラスチック）に感光性を持つ分子を添加して作られる。リソグラフィーで不可欠の材料で、単にレジストと呼ばれることもある。紫外線を照射するとプラスチックの結合が破れて、現像液に溶けやすくなるポジ型レジストと、紫外線により結合が強まり、現像されずに残るネガ型レジストの2種類がある。図10.6で示されているのは前者である。

プラズマ中の熱伝導

プラズマ中には自由に移動できる自由電子が存在し、鉄とか銅などの金属と同じように、電気や熱を運ぶことができる、高温になると電子は非常に速く動き、しかもイオンとの衝突も小さくなるため非常に熱伝導がよくなる。また、原子番号の大きい原子核からなるプラズマではX線ふく射熱による熱伝導が大きくなる。

ブランケット (blanket)

毛布などのように熱を遮断したり、放射線を遮へいしたりするものの総称。核融合炉では、炉心のプラズマを取り囲み、核融合反応で発生する中性子、X線、γ線などを外界から遮断し、そのエネルギーを吸収して熱エネルギーに変換する炉壁構造物を示す。レーザー核融合炉では、流体リチウム層もブランケットの一部と考えられている。

ブルースター角 (Brewster angle)

ガラスなどの表面で光が反射されるのは、空気との境界面で光に対する屈折率に不連続性があることに起因している。反射の強さは、入射光の偏光方向入射角により異なる。ガラスでは垂直入射光の4%を反射する。入射面に並行な偏光が、物質に特有な角度で入射すると反射が生じない。この角度を発見者にちなみブルースター角という。

ブルースター窓 (Brewster window)

光軸に対してブルースター角に配置した光学窓。特殊なコーティングを施さなくても高い透過率を得ることができる。また、同時に光の偏向方向の制御機能を持つ。

分極 (polarization)

原子または分子を電界の中に置くと、これらが電界の影響により電荷分布に変化を生じる現象。電界が時間的に変化すれば電荷分布も変化し、これにより新しく電磁波が発生する。

ボーアの振動数条件

ボーアの原子モデルにおいて原子がエネルギー E_n から別のエネルギー E_m に遷移するとき、放出または吸収する光の振動数 f_{mn} は $hf_{mn}=|E_n-E_m|$ で決めら

語句説明

れる。

ホットバンド (hot band)
分子の吸収スペクトルまたはラマンスペクトルの中で，電子的基底状態の振動量子数の値が1以上の振動励起状態からの遷移に対応するバンド。低温では分子は振動励起されないが高温になると振動励起準位に存在するようになるため，振動励起準位からの吸収バンドが現れるようになる。それらのバンドはホットバンドと呼ばれる。

ホログラフィー (holography)
光波の干渉性を用い，物体から出る波面を写真感光材料などに記録し（これをホログラムと呼ぶ），それを照射して波面を再生する技術。

ポンピング (pumping)
レーザー作用を得るためには物質中の原子のうち，より高いエネルギーに励起されている原子数を低いエネルギーの原子数より多くしなければならない。そのためには，その物質に外部からなんらかの方法でエネルギーを注入しなければならない。このことをポンピングという。ポンピングには，光で照らす，電流を流す，電子ビームを照射する，化学反応を起こさせる，など種々の方法がある。

マクスウェル・ボルツマン分布 (Maxwell–Boltzmann distribution)
熱平衡にある理想気体において1分子がエネルギー E を持つ確率は $\exp(-E/kT)$ に比例する。k はボルツマン定数。

メーザー
誘導放出によって，コヒーレントな電磁波，特にミリメートル波，マイクロ波の発振・増幅を行う装置。maser は microwave amplification by stimulated emission of radiation の略。

ヤケ
ヤケは水分や酸などによってガラス表面の組成が変化する現象であり，ヤケを生じたガラス表面は洗浄をしてもきれいにならない。

誘電体偏光子 (dielectric polarizer)
ガラス基板上に高屈折率の薄膜を蒸着すると反射率が増加するが，この値は斜入射に対してはp成分とs成分とで異なり，ある入射角（普通ブルースター角）でp成分の反射率が0となるのを利用したものである。一般に1層だけではs成分の反射率が小さいため，高屈折率と低屈折率の薄膜を交互に20層以上蒸着してs成分の反射率を大きくする。

誘導放出
(induced emission, stimulated emission)
励起状態にある原子・分子は，高いエネルギー状態にある電子を有している。この電子は自然の状態では一定の確率で基底状態に移り，状態間のエネルギー差に相当する光を放出する（自然放出）。この自然放出と同じ波長の光が励起状態の原子に入射すると，原子はその光の刺激を受け，なかば強制的に基底状態に戻る。そのときに入射光と同波長，同位相の光が放出され，光を増幅する。レーザーを作り出すためには，エネルギー順位

ラグランジコード (Lagrangean code)

流体の運動を解析したり，計算機シミュレーションしたりするときの方法の一つとして，流体を多数の要素に分割し各流体要素の運動を追跡する方法（ラグランジ法）があり，この手法を用いて計算するコードをラグランジコードと呼ぶ。

ラジカル

分子が光や熱などにより分解してできる化学種のことをいう。化学的に不安定なため，ほかの原子や分子と化学反応を起こしやすい性質を持っている。

ランベルトの法則 (余弦則)
(Lambert's law)

拡散性の光源から角 θ の方向に放射される光の強度 I_θ は法則方向への光の強度を I_n とすると $I_\theta = I_n \cos \theta$ となる。

リソグラフィー (lithography)

もともと石版刷を意味する言葉であったが，現在では光や放射線に感応する物質を利用して微細なパターンを複製・量産する技術を総称するのに使われている。原理は写真技術と化学エッチング（食刻）の組合せで，写真製版やプリント基板などの製法として実用化されてきた。最近は半導体集積回路（IC）を初めとする小形電子デバイスや微細加工技術に欠くことのできないものとなっている。

冒頭部分：
の低い状態の原子・分子よりもエネルギー順位が高い状態の原子・分子が多くなっている条件が不可欠である。

リチウム (lithium)

アルカリ金属のうちで最も軽い金属で，約 450 K で液体になる。その化学的性質は非常に激しく，空気中で加熱すると激しく燃える。高温にすると鉄でも溶かすようになり，核融合炉ではあまりリチウムの温度を上げないように工夫される。また，液体状態でもよい電気伝導性を持つため，磁場による流れの制御が可能である。

流線図 (flow diagram)

レーザー照射以前のペレットの球殻や封入した重水素や三重水素の燃料層を多数の薄い球殻（流体要素）に分割し，各流体要素の運動の軌跡を描いたものを流線図と呼ぶ。球対称な 1 次元のシミュレーションでは，流体要素の軌跡は半径方向の座標と時間座標の平面で描かれ，軌跡の傾きから流速を知り，軌跡の間隔の変化から密度の増減を知ることができる。

流体粒子コード

シミュレーション手法の一つで，流体を多数の素片に分割し，その素片を一つの超粒子（粒子群）とみなし，その運動を追跡することによって流体運動を模擬する。

量子井戸活性層
(quantum well active layer)

量子井戸とは，電子や正孔を幅 20 nm 以下のきわめて狭い半導体層の中に閉じ込めるポテンシャル構造のことであり，この狭い囲いの境界の影響によって，電子や正孔はとびとびのエネルギー状態を

とるようになる。このため，この狭いポテンシャルの井戸を量子井戸と呼んでいる。この量子井戸は，半導体レーザー活性層として用いられ，活性層の厚さを調節して，井戸形ポテンシャルの中に新しいエネルギー準位を人為的に作ることにより，特徴ある半導体レーザーの開発ができる。

励起 (excitation)

物質をエネルギーの高い状態に変化させることを励起と呼ぶ。原子核の周りの電子軌道で最もエネルギーの低い状態を基底状態 (ground state) と呼び，これより大きいエネルギーの状態（余分にエネルギーを与えられエキサイトした状態）を励起状態 (excited state) という。

レーザー

誘導放出によって，光の発振・増幅を行う装置。laser は light amplification by stimulated emission of radiation の略。

レーザー干渉計
(laser interferometer)

レーザー光をガラス板で分割し，それぞれを鏡で反射した後，再び合成すると，二つのレーザー光の波が干渉して，強め合ったり弱め合ったりする。一方の反射鏡を動かすと，検出器の出力が周期的に変化し，その1周期がレーザー光の1波長に相当する。したがって検出器の出力の変化を数えることによって鏡が何

波長分動いたか測定される（付図2参照）。

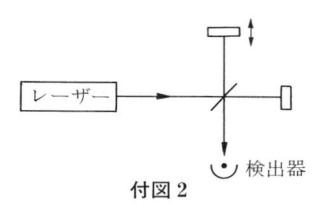

付図2

レイリー・テイラー不安定性
(Rayleigh Taylor instability)

密度の小さい，軽い液体の上に，密度の大きい重い液体を乗せたとき，境界面の平面からのわずかなひずみが成長する。そして，ついには，重い液体がしずくとなって軽い液体中に沈んでいく。このように液体とか気体の境界面が重力中で不安定となることをレイリー・テイラー不安定性と呼ぶ。

連続出力とパルス出力

レーザー光あるいは粒子ビームが連続的に放出される場合，これを連続出力という。1秒間に1J（ジュール）の割合で放出される場合が1W（ワット）であり，これの1000倍（10^3倍）を1kW（キロワット），100万倍（10^6倍）を1MW（メガワット），10億倍（10^9倍）を1GW（ギガワット）という。MW, GW のような高出力は連続的には発生できず，パルス動作により瞬時パワーとして発生する。

参 考 文 献

レーザーの基礎
1) 宅間　宏：量子エレクトロニクス，オーム社（1967）
   レーザーを含む量子エレクトロニクス分野で初期のころから参考書になっている。
2) 霜田光一，矢島達夫，他編著：量子エレクトロニクス，裳華房（1972）
   多くの類書で定性的な説明や解釈にとどまることが多い部分をも議論している。
3) G. Bekefi：Principles of Laser Plasmas, Wiley Interscience Publications (1976)
   放電励起のレーザーにおいてプラズマの果たす役割およびレーザーとプラズマの相互作用，分光に関して非常にわかりやすくまとめられており，昔の解説書や論文などでよく引用されていた名著である。
4) サージェント，スカリー，ラム著（霜田光一他訳）：レーザー物理，丸善（1978）
5) 山中千代衛：レーザー光線，東海大学出版会（1979）
   レーザー一般について初心者によくわかるよう配慮されて書かれており，入門書として最適。
6) 稲場文男監修：新版レーザー入門，電子通信学会（1979）
7) 横田英嗣：美しい光の世界―レーザーとホログラフィ，東海大学出版会（1980）
8) 山中千代衛監修：レーザ工学，コロナ社（1981）
   数式を用いてやや高度に非線形光学を取り扱っている。大学専門課程の学生向きに書かれている。
9) 久保宇市他：現代レーザ工学，オーム社（1981）
   レーザー技術の普及を目的に大学院・学部学生の教科書として編集してある。医学への応用は5章「レーザ光」の応用の中で採りあげられ，わかりやすく解説してある。
10) 末松安晴：半導体レーザと光集積回路，オーム社（1981）
    半導体レーザーについて，その第一人者である著者が基礎理論から詳細に解説したものであり，現在にいたるまで半導体レーザーを研究する者にとり必読の書である。
11) 松岡　徹：レーザー読本，オーム社（1982）
    レーザー応用システムの解説がやさしく理解しやすい。

12) 霜田光一：レーザー物理入門，岩波書店（1983）
　　レーザーに関する物理の基礎を，厳密さを犠牲にせず，しかもわかりやすく取り扱った好著。
13) 中島尚男：半導体レーザ入門，広済堂産報出版（1984）
　　半導体レーザーに初めてかかわる人，使おうとする人，作ろうとする人のために開発の歴史・動作原理・構造・材料・製作法・特性・信頼性・新しい型・応用について，わかりやすく解説した。
14) レーザー学会編：レーザーハンドブック，オーム社（1988）
　　レーザー全般のハンドブックでわかりやすい記述がされている。初版は1982年。レーザーハンドブックとしては他の追随を許さない充実した内容であり，各章の解説が専門書レベルで記載されているきわめて有用な一冊である。
15) 伊藤良一，中村道治共編：半導体レーザー基礎と応用，培風館（1988）
　　半導体レーザーの物理的原理，製造プロセス技術，設計技術，応用技術についての具体的かつ統一的な説明がなされている。
16) A. Yariv：Quantum Electronics, John Wiley & Sons, Inc.（1989）
　　レーザー一般の古典的名著。アメリカ式のわかりやすいテキストであるとともに，専門家が読んでも面白い。工学的な視点からの具体的な数値も交えて解説してあり，初心者にとってもわかりやすい。また専門家も研究を進めていくうえでしばしば参照できる充実した内容である。
17) 応用物理学会編/伊賀健一編著：半導体レーザ，オーム社（1994）
　　オプトエレクトロニクス分野におけるキーデバイスとしてきわめて重要な半導体レーザーについて，基礎編・応用編に分け解説した。
18) （財）レーザー技術総合研究所編：レーザーの科学，丸善（1997）
　　レーザーとはどのようなものか，どのようなところに応用されているのか。本書では同封したCD-ROMを通してこれらをビジュアルに知ることができる。またその基礎であるレーザー物理については，数式や細部の議論は極力避け，本の中の図表を使ってわかりやすく内容を解説してある。本書は映像や図を駆使し，基礎から応用までを幅広く学ぶことができるユニークなレーザーの入門書である。
19) 栖原敏明：半導体レーザの基礎，共立出版（1998）
20) M. Born, E. Wolf（草川徹，横田英嗣共訳）：Principles of Optics, 7 th ed. 光学の原理，Cambridge Univ. Press（1999）
　　電磁光学，幾何光学，および波動光学の古典的名著。レーザーの本というよりは，光学一般の本として教科書的な存在。レーザー技術の視点からも大事な本である。初版は1974年。原本はPERGAMON PRESS。
21) M. J. Weber：Handbook of Laser Wavelengths, CRC Press（1999）
　　1 500本のレーザー波長をコンパクトに1冊にまとめて便利な本である。
22) C. H. タウンズ（霜田光一訳）：How the Laser Happened, レーザーはこうし

て生まれた，岩波書店（1999）
アメリカのレーザーの権威が書いた読み物を日本のレーザーの権威が翻訳した本。
23) 櫛田孝司編：実験物理学講座—レーザー測定，丸善（2000）
レーザー装置から原子冷却，量子暗号通信などへの応用まで，基礎的なことが平易に書かれている。

レーザー光学

1) ホールデン，A.，シンガー，P.：結晶の科学，河出書房新社（1971）
水溶性結晶作り方の入門書。溶液の作製方法から種結晶の入れ方までやさしく説明がされており，自分で作ってみたいと思う人に一読をおすすめする。
2) 後藤顕也：オプトエレクトロニクス入門，オーム社（1981）
3) 桜庭一郎：オプトエレクトロニクス入門，森北出版（1983）
4) 末田 正：光エレクトロニクス，昭晃堂（1985）
5) 黒田登志雄：結晶は生きている，サイエンス社（1985）
結晶成長理論の入門書。専門的に結晶育成を目指す人に最適。溶液相からの成長のみならず気相，溶融相等結晶育成全般についての説明がなされている。
6) 末田哲夫：光学部品の使用法と留意点，オプトロニクス社（1985）
光学部品の動作・原理，使用法を平易に解説。現場技術者向き。
7) A. Yariv（多田郁雄，神谷武志訳）：光エレクトロニクスの基礎，丸善（1988）
量子論的取扱いを用いずに，多くの量子エレクトロニクス的な現象を記述した名著である。読みながら数式を追いかけていける完成度の高い記述も高く評価できる。初心者学生の教材としても，専門家が読み返すとしてもきわめて有用な一冊である。
8) 左貝潤一：位相共役光学，朝倉書店（1990）
位相共役光の基本概念と応用を紹介している。
9) S. L. Chuang：Physics of Optoelectronic Devices, Wiley Interscience Publication.（1995）
半導体のバンド計算などに優れた記述がなされている。丁寧，正確，精密な著作。学生から専門研究者まで，有益な本である。
10) 宮澤信太郎：光学結晶，培風館（1995）
11) 西原 浩，裏 升吾：光エレクトロニクス入門，コロナ社（1997）

光通信，情報処理

1) 飯塚啓吾：光工学，共立出版（1977）
光情報工学の教科書的な書籍である。
2) 小山次郎，西原 浩：光波電子工学，コロナ社（1978）

光波の基礎およびホログラフィーなどへの応用についての有用な参考書である。
3) 中島平太郎, 小川博司：コンパクトディスク読本, オーム社 (1982)
   光ディスクの原理から実際までを豊富な図を用いて平易に解説してある。
4) 野田健一：レーザと光ファイバ通信, 共立出版 (1983)
   少し専門的であるが平易に解説してあり, 読みやすい。
5) 西原　浩, 春名正光, 栖原敏明：光集積回路, オーム社 (1985)
   光 IC について系統的に解説した専門書。
6) 末松安晴, 伊賀健一：光ファイバ通信入門 (改訂 3 版), オーム社 (1989)
   わが国の光通信技術を引っ張ってきた著者による, 明解な入門書。基礎的かつ実用的知識が得られる。
7) 西原　浩他：ここまできたレーザー応用, 通信・情報産業分野, レーザー研究 26 (1998)
8) 森　昌文, 久保高啓：光ディスク, オーム社 (1998)

レーザー医学

1) L.O.ビヨルン著（宮地重遠監訳）：光と生命—光生物学入門—, 理工学社 (1976)
   レーザー医療を理解するうえで, その基礎となる光と人体との関係などについて詳しく解説してある。
2) 渥美和彦編：レーザー医学, 中山書店 (1980)
   おもに, 医学関係者によって書かれたものであり, 内科, 外科など多方面にわたり, 原理から臨床例までを詳しく解説してある。
3) 渥美和彦監修：レーザーの臨床, メディカルプランニング (1981)
   医学各科の専門家が臨床例から問題点まで写真を豊富に用いて解説してある。
4) ジェイムズ E.ワスコ著（浦田　卓訳）：医学最前線からの報告, 保健同人社 (1982)
   医学最前線でレーザー技術があらゆる点で活躍していることがわかる医学専門家の報告。
5) 久保宇市：医用レーザー入門, オーム社 (1985)
   レーザー技術およびレーザー医療について, 初心者から理工学・医学関係者まで幅広い方々に理解されるように, イラスト・写真を多く採り入れて平易に解説してある。
6) M. H. Niemz：Laser-Tissue Interactions Fundamentals and Applications, Springer-Verlag (1996)
   レーザー光と生体組織の相互作用につき, 光化学的過程, 熱的過程, 光アブレーション, プラズマ誘起アブレーション, 光破壊に分け, 理論, 実験の両面より解説するとともに, 各科の臨床応用例につき豊富な写真を用いて紹介している。

7) 渥美和彦，荒瀬誠治，大城俊夫，中島龍夫編：皮膚科・形成外科のためのレーザー治療，メディカルビュー社（2000）
写真，図表を多く取り入れ，一部 Atlas Book 型式をまねている。皮膚科・形成外科以外，一般外科，開業医にも利用しやすいよう，レーザーの原理，レーザー生体反応からレーザー機器まで含め，工夫がなされている。

レーザー加工

1) 岡　清威，二瓶公志：フォトエッチングと微細加工，総合電子出版社（1977）
光化学反応を利用したレーザー加工は最近急速に発展を遂げている分野で，まとまった参考書はないが，本書はリソグラフィーについての一般書で，レーザーに関する記述は少ないが微細加工の現状を理解するのに役立つ。
2) 難波　進編：レーザー加工，共立出版（1983）
レーザーによる熱加工について平易な入門書。
3) 池田正幸，藤田知夫，堀池靖浩，丸尾　大，吉川省吾編：レーザプロセス技術ハンドブック，朝倉書店（1996）
レーザープロセシングに関するハンドブックで広範囲をカバーしている。
4) W. M. Steen：Laser Material Processing, 2nd Edition, Springer-Verlag（1998）
レーザー加工の原理から，レーザー切断やレーザー溶接ならびにレーザーによる各種の表面処理やラピッド成型，レーザープロセシングの自動化やレーザー安全などについて，豊富な図解によりわかりやすく解説している。また，各章末には楽しい漫画のイラストもあり，レーザー加工の一通りについて，親しみをもって読める好著。

レーザー装置

1) T. Tamir：Integrated Optics, Springer-Verlag（1979）
光導波路の入門書として最適，基礎から一部応用事例まで。
2) 前田三男：量子エレクトロニクス，昭晃堂（1987）
本書は，学生やエンジニアなどを対象とした，レーザー工学の入門書である。レーザー装置や光波の制御，非線形光学など実用技術を念頭においてその物理的メカニズム，電磁波理論，レーザー動作など，量子エレクトロニクスの基礎がわかりやすく説明されている。難解で高度な内容の"量子エレクトロニクス"を，本質を外すことなく，系統的に読者にわかりやすく書かれており，レーザーや光エレクトロニクスの基礎を固めるためには最良の入門書である。
3) 小川智哉：結晶工学の基礎，裳華房（1988）
線形光学から高次高調波発生まで学部学生にもわかりやすく解説された古典的名著「結晶物理工学」を著者自身が書き改めたもの。特に，実際の結晶を例に

非線形光学マトリックスの係数の決定法などを具体的に示すなど，実用的な応用分野への配慮も深い．

4) Raymond C. Elton：X-Ray Lasers, Academic Press（1990）
X線レーザーに関する唯一の解説書であり，執筆時点での現状とその後の課題などがよくまとめられており，X線レーザーの研究を行う者であれば必ず目を通していると思われる名著である．

5) 工藤恵栄：光物性基礎，オーム社（1996）
古典的名著「光物性の基礎」を著者自身が書き改めたもの．前書ともども固体と光の相互作用について，古典的な内容から量子論的なバンド構造に至るまできわめて丁寧に説明されている．

6) N. Hodgson, H. Weber：Optical Resonators Fundamentals, Advanced Concepts and Applications, Springer-Verlag（1997）
レーザー共振器について，その基本的特性から，安定共振器，不安定共振器など各種の実用的レーザー共振器について，豊富な図表を駆使して，総合的に解説している．特に高出力・高輝度固体レーザーの開発などに携わる研究者・技術者にとって，必携の書である．

7) W. Koechner：Solid-State Laser Engineering, Springer-Verlag（1999）
固体レーザーの産業への応用の見地から，固体レーザーの材料やレーザー発振特性，レーザー増幅特性，ならびに，励起光源や電源，冷却器を含めた固体レーザーの装置構成や，Qスイッチ，モード同期などのレーザー発振制御法などについて，有用な技術内容が総合的かつ明快に解説されたロング・ベストセラー．固体レーザーの技術の進展は早いが適時的に改訂されており，最近のLD励起固体レーザーなどについても詳しい解説があり，座右の書として有用．

索引

【あ】

あざ消し	58
アナログ量	79
アブレータ	153
アルゴンレーザー	214
アルファ粒子	117
アレキサンドライトレーザー	217
アレニウスの式	96
アンジュレータ	195

【い】

異常吸収	116
異常光線	39
異性化反応	97
位相共役鏡	42
位相整合	38
位相整合条件	45
色収差	136

【う】

ウィグラ	195
ウェーキ	198
ウォークオフ角	46
宇宙デブリ	204
ウラン濃縮	12, 102
上向きリーダ	205

【え】

エキシマレーザー	216
液体金属	162
エッジコート	139
エネルギー準位	2, 23
エネルギー蓄積効率	123
エネルギー抽出効率	123
遠心分離法	102

【お】

オスカー形研磨機	140

【か】

回折効果	130
科学技術基本計画	245
化学反応	96
核巨大共鳴	201
角度許容幅	46
核破砕	200
核分裂	102
核変換	200
ガラスファイバ	9
慣性閉込め核融合	111
慣性閉込め方式	111
がん組織	66
眼底出血	55

【き】

寄生発振	139
気体レーザー	30
キャノンボールターゲット	165, 176
共振周波数	22
禁制帯	32

【く】

空間コヒーレンス	21
空間フィルタ	130
屈折率整合	140
クライオジェニックターゲット	149
クリプトンレーザー	214
クリーン度	145
グレーザー	228
クーロン爆発	98

【け】

激光XII号	120, 124

【こ】

工学的ブレークイーブン	114
光合成	100
光線力学的治療法	66
高速点火	118
高調波成分	36
高レベル放射性廃棄物	105
黒体輻射	151
国立点火施設	121
コヒーレント化学	98
コロナプラズマ	150
コンピュータ実験	149
コンピュータシミュレーション	149
コンピュータシミュレーションコード	155
コンプトン散乱	199

【さ】

再結合	32
差周波	40
サーフィン	194
サーボ機構	81
三重水素	109

索引

【し】

時間コヒーレンス	20
時間分解分光法	101
自己集束	119
自然放出	3, 24
自動制御	135
磁場閉込め方式	111
遮断密度	119
自由エネルギー	101
集光スポット	80
重水素	109
自由電子レーザー	193
常光線	39
焦点深度	81
心筋梗塞	62
新式内燃機関	120

【す】

ストークス線	41
スーパキャビティ	199
スーパクリーンルーム	145
スーパコンピュータ	149
スプレー洗浄	146
スラブ形レーザー	221

【せ】

赤外多光子解離	95
セシウム・リチウム・ボレート	47
セルマイヤー方程式	49
遷移	18
線形加速器	196
先行加熱	117, 150
全反射	71

【そ】

相対論的効果	119
相対論的質量系数	195
像転送	131
ゾルゲル膜技術	140

【た】

ダイオード	186
太陽エネルギー	108
太陽励起宇宙レーザー	203
多光子吸収	96
多重パス増幅	191
脱励起	93
種光	227
炭酸ガスレーザー	59, 189, 214
断熱膨張	104

【ち】

チタンサファイアレーザー	217
チャネリング現象	207
チャープパルス増幅技術	133
中心点火	118
中性子星	160
中性子線	159
超純水	146
超新星 1987 A	121
超新星爆発	160
超短パルスレーザー	206

【つ】

追加熱	133
対創成	201

【て】

ディジタル変換	79
ディジタル量	79
ディスク形	138
ディスク形増幅器	129
電荷移動	101
電気光学結晶	36
電子軌道	2
電子蓄積リング	201
電子ビーム制御放電技術	190
伝送損失	72

【と】

同位体	101
同位体シフト	103
冬季雷	205
トランス・シス型	97

【な】

波跡	198
軟X線	226

【に】

ニトロベンゼン	41

【ね】

熱拡散法	102
熱加工	166
熱伝導	154
燃料ペレット	117

【の】

濃縮ウラン	102

【は】

爆縮	114
白色レーザー	207
白内障	56
バーコード	87
バーコードリーダ	87
波長可変固体レーザー	217
波面収差	141
パラメトリック発振器	43
パルサー	160
パルスパワー技術	183
反射防止膜	138
反ストークス線	41
反転分布	19, 25
半導体レーザー	32, 73, 121, 218
半導体レーザー励起固体レーザー	222
反応制御	98

索引

【ひ】

光解離	94
光活性イエロータンパク	100
光コンピュータ	89
光集積回路	88
光重畳蓄積	199
光通信	70
光通信システム	74
光ディスク	77, 83
光電離	94
光の圧力	146
光破壊	125
光ファイバ	71
光ファイバ増幅器	75
非球面加工	132
微細加工	165
非接触加工	169
非線形結晶	131
非線形光学	34
非線形光学結晶	45
ピックアップレンズ	80
ビッグバン	121
ピット	77
ピーニング	171
表面処理	170

【ふ】

ファブリペロー共振器	28
ファラデー回転素子	124, 131
ファラデー効果鉛ガラス	138
フィゾー干渉計	141
フィードバック	27
フェムト秒レーザー	98, 179
複屈折	38
ブリユアン散乱	41
ブレークイーブン	112

【へ】

ペインクリニック	65

【ほ】

ベクトル演算	158
ヘマトポルフィリン誘導体	66
ヘリウム-ネオンレーザー	30
ペレットの燃焼率	112

【ほ】

ボーアの振動数条件	23
飽和現象	28
ポッケルス素子	124
ホットスパーク	117
ポリフィリン誘導体	100
ホログラム	11
ポンピング	26

【ま】

マイクロ加工	168
マイケルソン干渉計	20
埋蔵量	107
マスクパターン	169

【む】

無血手術	61
無血切除	61

【め】

メガジュールレーザー	121
メーザー	4

【も】

網膜剥離	55
モード同期技術	126

【や】

焼きつき	145

【ゆ】

誘電体多層膜	142
誘電体偏光子	139
誘導ブリユアン散乱	42
誘導放出	3, 24
誘導ラマン散乱	41

【ら】

ライダー	207
ラジカル	166
ラマン散乱	41
ラマン分光学	41

【り】

リソグラフィー	172
リチウム鉛流体壁	162
粒子加速	196
粒子ビーム	184
流線図	153
流体要素	155
量子井戸活性層	74
リング形研磨機	140
リングレーザー	213
リン酸系レーザーガラス	138

【る】

ルビーレーザー	29

【れ】

励起	93
励電IV号	185
レイリー・テイラー不安定性	152
レーザー	5
レーザーCVD	175
レーザー核融合	13, 109
レーザー加工	12, 165
レーザー干渉計	213
レーザー光化学	94
レーザージャイロ	213
レーザー鍼灸治療	64
レーザー耐力	142
レーザー脱毛	58
レーザーディスク	85
レーザー内視鏡	62
レーザーによる切断・溶接	168
レーザー発振器	27

索引 275

レーザープリンタ	86			ロッド形増幅器	127
レーザー虫歯予防	67	【ろ】		ロッド形レーザー	221
レーザーメス	60	6フッ化ウラン	103	ロドプシン	100
レーザー誘起エッチング	173	ロケット作用	116		
		ロケット推進	204	【わ】	
レーザー誘雷	205	ローソンの条件	110	和周波	40
		ロッド形	138		

【C】
CD　　　　　　　　83
CLBO　　　　　　47
CPA技術　　　　133

【D】
D-T燃料　　　　151
DVD　　　　　　85

【E】
$E \times B$ ドリフト　　187
EUVリソグラフィー　178

【G】
GaAsダブルヘテロ半導体
　レーザー　　　　32
GFLOPS　　　　158

【H】
He-Neレーザー　30, 211
HpD　　　　　　66

【I】
ILESTA　　　　　155

【K】
KDP結晶　　　36, 139

【L】
LIDAR　　　　　207
LMJ　　　　　　121

【M】
MD　　　　　　　84
MO　　　　　　　83

【N】
Nd：YAGレーザー　62, 216
NIF　　　　　　121

【P】
PC　　　　　　　83

PYP　　　　　　100

【Q】
Qスイッチ技術　　126

【T】
Tキューブレーザー　222

【U】
^{235}U　　　　　　102
UF_6　　　　　　103

【X】
X線レーザー　　224

【Y】
YLF結晶　　　　126

【γ】
γ線レーザー　　228

レーザーと現代社会
―レーザーが開く新技術への展望―
Laser and Modern Applications
―New Technologies Developed by Laser―
　　　　　　　　　　　　Ⓒ　財団法人　レーザー技術総合研究所　2002

2002 年 10 月 31 日　初版第 1 刷発行

検印省略	編　者	財団法人 レーザー技術総合研究所
	発行者	株式会社　コロナ社 代表者　牛来辰巳
	印刷所	新日本印刷株式会社

112-0011　東京都文京区千石 4-46-10
発行所　株式会社　コロナ社
CORONA PUBLISHING CO., LTD.
Tokyo Japan
振替 00140-8-14844・電話(03)3941-3131(代)

ホームページ http://www.coronasha.co.jp

ISBN 4-339-00744-7　　　　（金）　　（製本：染野製本所）
Printed in Japan

無断複写・転載を禁ずる
落丁・乱丁本はお取替えいたします

大学講義シリーズ (各巻A5判)

配本順			頁	本体価格
(2回)	通信網・交換工学	雁部頴一著	274	3000円
(3回)	伝送回路	古賀利郎著	216	2500円
(4回)	基礎システム理論	古田・佐野共著	206	2500円
(5回)	通信伝送工学	星子幸男著		品切
(6回)	電力系統工学	関根泰次他著	230	2300円
(7回)	音響振動工学	西山静男他著	270	2600円
(8回)	改訂 集積回路工学(1)──プロセス・デバイス技術編──	柳井・永田共著	252	2900円
(9回)	改訂 集積回路工学(2)──回路技術編──	柳井・永田共著	266	2700円
(10回)	基礎電子物性工学	川辺和夫他著	264	2500円
(11回)	電磁気学	岡本允夫著	384	3800円
(12回)	高電圧工学	升谷・中田共著	192	2200円
(13回)	電子計測	須山正敏他著		品切
(14回)	電波伝送工学	安達・米山共著	304	3200円
(15回)	数値解析(1)	有本卓著	234	2800円
(16回)	電子工学概論	奥田孝美著	224	2700円
(17回)	基礎電気回路(1)	羽鳥孝三著	216	2500円
(18回)	電力伝送工学	木下仁志他著	318	3400円
(19回)	基礎電気回路(2)	羽鳥孝三著	292	3000円
(20回)	基礎電子回路	原田耕介他著	260	2700円
(21回)	計算機ソフトウェア	手塚・海尻共著	198	2400円
(22回)	原子工学概論	都甲・岡共著	168	2200円
(23回)	基礎ディジタル制御	美多勉他著	216	2400円
(24回)	新電磁気計測	大照完他著	210	2500円
(25回)	基礎電子計算機	鈴木久喜他著	260	2700円
(26回)	電子デバイス工学	藤井忠邦著	274	3200円
(27回)	マイクロ波・光工学	宮内一洋他著	228	2500円
(28回)	半導体デバイス工学	石原宏著	264	2800円
(29回)	量子力学概論	権藤靖夫著	164	2000円
(30回)	光・量子エレクトロニクス	藤岡・小原齊共著	180	2200円
(31回)	ディジタル回路	高橋寛他著	178	2300円
(32回)	改訂 回路理論(1)	石井順也著	200	2500円
(33回)	改訂 回路理論(2)	石井順也著	210	2700円
(34回)	制御工学	森泰親著	234	2800円

以下続刊

電気機器学	中西・正田・村上共著	電力発生工学	上之園親佐著
電気物性工学	長谷川英機著	電気・電子材料	家田・水谷共著
通信方式論	森永・小牧共著	情報システム理論	長谷川・高橋・笠原共著
数値解析(2)	有本卓著	現代システム理論	神山真一著

定価は本体価格+税です。
定価は変更されることがありますのでご了承下さい。

図書目録進呈◆

光エレクトロニクス教科書シリーズ

(各巻A5判, 全7巻)

コロナ社創立70周年記念出版
■企画世話人
西原　浩　　神谷　武志

配本順		著者	頁	本体価格
1. (1回)	光エレクトロニクス入門	西原　浩・裏　升吾 共著	224	2900円
2. (2回)	光波工学	栖原　敏明 著	254	3200円
4. (3回)	光通信工学（1）	羽鳥光俊 監修／青山友紀・小林郁太郎 編著	176	2200円
5. (4回)	光通信工学（2）	羽鳥光俊 監修／青山友紀・小林郁太郎 編著	180	2400円
6. (6回)	光情報工学	黒川隆志・滝沢國治・徳丸春樹・渡辺敏 共著	226	2900円
7. (5回)	レーザ応用工学	小原實・荒井恒憲・川克美 共著	272	3600円

以下続刊

3. 光デバイス工学　小山二三夫 著

フォトニクスシリーズ

(各巻A5判)

■編集委員　伊藤良一・神谷武志・柊元　宏

配本順		著者	頁	本体価格
4. (1回)	超格子構造の光物性と応用	岡本　紘 著	272	4100円
6. (2回)	Ⅲ-Ⅴ族半導体混晶	永井治男 他著	278	4200円
9. (3回)	強誘電性液晶の構造と物性	福田敦夫 他著	462	7000円
12. (4回)	光メモリの基礎	寺尾元康 他著	150	2300円
13. (5回)	光導波路の基礎	岡本勝就 著	376	5700円

以下続刊

1. 光物性の基礎　蟹江壽 他著
2. 光ソリトン通信　中沢正隆 著
3. 太陽電池
5. 短波長レーザ　中野一志 他著
7. 超高速光物性とデバイス　荒川泰彦 他著
8. 近接場光学とその応用
10. エレクトロルミネセンス素子　小林洋治 他著
11. レーザと光物性　櫛田孝司 他著
14. 量子効果光デバイス　岡本紘 監修

定価は本体価格+税です。
定価は変更されることがありますのでご了承下さい。

図書目録進呈◆